高等学校应用型特色系列教材

Photoshop CC 图像处理项目教程

（第3版）（微课版）

主编　郭　雅　王国强　蔡翠翔

副主编　李泗兰　赵　峰

電子工業出版社

Publishing House of Electronics Industry

北京 · BEIJING

内 容 简 介

本书基于“任务驱动”教学法进行编写，在充分汲取课程教学改革的成果及作者多年教学与实践经验的基础上，以“案例教学”和“项目制作流程”为导向，以 Photoshop CC 的具体应用为学习目标，系统地介绍了 Photoshop 软件的基本操作方法和图形图像的处理技巧。

本书分为 10 个项目，分别为 Photoshop CC 入门、图像选取与变换、图层、图像绘制与修饰、蒙版、通道、路径、图像调整、滤镜、综合案例。在大部分项目中，通过“知识准备”使学生快速熟悉软件的相关操作，通过任务培养学生艺术设计的素养，提高学生的图像处理和创作能力，通过“课后习题”让学生进一步巩固所学知识，拓展 Photoshop 的应用能力。

本书深入浅出、图文并茂、直观生动，每个项目都设计了多个学习任务，具有很强的操作性和实用性。本书提供教学大纲、电子课件、全部案例素材和微课视频等资源，适合作为应用型本科院校、职业本科院校、高职高专院校相关专业的教材，也可作为广大平面设计人员及计算机图像处理爱好者的参考用书。

图书在版编目（CIP）数据

Photoshop CC 图像处理项目教程 ： 微课版 / 郭雅，王国强，蔡翠翔主编. -- 3 版. -- 北京 ： 电子工业出版社，2025. 6. -- ISBN 978-7-121-50429-7

Ⅰ. TP391.413

中国国家版本馆 CIP 数据核字第 2025BY2941 号

责任编辑：刘　瑀
印　　刷：三河市华成印务有限公司
装　　订：三河市华成印务有限公司
出版发行：电子工业出版社
　　　　　北京市海淀区万寿路 173 信箱　　邮编：100036
开　　本：787×1 092　1/16　印张：13.5　　字数：346 千字
版　　次：2018 年 8 月第 1 版
　　　　　2025 年 6 月第 3 版
印　　次：2025 年 6 月第 1 次印刷
定　　价：49.90 元

凡所购买电子工业出版社图书有缺损问题，请向购买书店调换。若书店售缺，请与本社发行部联系，联系及邮购电话：（010）88254888，88258888。

质量投诉请发邮件至 zlts@phei.com.cn，盗版侵权举报请发邮件至 dbqq@phei.com.cn。

本书咨询联系方式：liuy01@phei.com.cn。

前言

本书是根据当前教材改革的新思路编写的，内容分为 Photoshop CC 入门、图像选取与变换、图层、图像绘制与修饰、蒙版、通道、路径、图像调整、滤镜、综合案例，共 10 个项目，在每个项目中以典型工作任务为载体，引领软件知识点的学习，使学生掌握所需的基本理论和技能。

作者团队由教学经验丰富、行业背景深厚的高职院校一线“双师型”教师和企业专家共同组成，融理论知识、实践技能、行业经验于一体。本书内容注重和职业岗位相结合，遵循职业能力培养的基本规律，采用“任务驱动”的编写模式，基于 Windows 操作系统进行实际操作，通过大量典型实例讲解 Photoshop CC 图形图像处理的基本技巧。

本书内容由浅入深、通俗易懂，实例丰富，图文并茂，可操作性强，较好地做到了理论与实践的统一、内容与形式的一致。

本书由郭雅、王国强和蔡翠翔任主编，负责整书思路、主要框架、大纲的编写和统稿；李泗兰、赵峰任副主编。全书编写分工如下：项目 2、项目 8 由赵峰编写，项目 7、项目 10 由李泗兰编写，项目 3、项目 6 由郭雅编写，项目 4、项目 5 由王国强编写，项目 1、项目 9 由蔡翠翔编写。广州首季风信息科技有限公司首席平面设计总监魏志平担任技术顾问，在本书的项目设计、任务编排等方面从企业实际工作过程和工作内容的角度给予有益的指导。

本书配有丰富的教学资源，包括教学大纲、电子课件、全部案例素材和微课视频，读者可登录华信教育资源网（www.hxedu. com.cn）免费下载。

由于作者水平有限，书稿内容涉及面广，将各个知识点融入每个项目案例中是一项难度很大的工作，书中难免有疏漏之处，欢迎广大读者批评指正。

编者

目 录

项目 1 Photoshop CC 入门 …… 1
任务 1 认识 Photoshop CC …… 1
1.1.1 Photoshop 概述 …… 1
1.1.2 Photoshop 发展史 …… 1
1.1.3 Photoshop CC 2025 新增的功能 …… 3
1.1.4 矢量图、位图 …… 4
1.1.5 像素、分辨率 …… 5
1.1.6 颜色模式 …… 6
1.1.7 图像存储格式 …… 8
任务 2 安装 Photoshop CC …… 9
任务 3 Photoshop CC 基本操作 …… 10
1.3.1 认识 Photoshop CC 的工作界面 …… 10
1.3.2 Photoshop 基本操作 …… 11
课后习题 …… 13
项目 2 图像选取与变换 …… 14
任务 1 利用选区运算制作梅花插画 …… 27
2.1.1 任务目标及效果说明 …… 27
2.1.2 制作步骤 …… 27
任务 2 利用变换制作折扇 …… 38
2.2.1 任务目标及效果说明 …… 38
2.2.2 制作步骤 …… 39
任务 3 利用变换制作创口贴包装盒 …… 44
2.3.1 任务目标及效果说明 …… 44
2.3.2 制作步骤 …… 45
任务 4 利用裁剪制作一寸照 …… 49
2.4.1 任务目标及效果说明 …… 49
2.4.2 制作步骤 …… 49
课后习题 …… 51
项目 3 图层 …… 53
任务 1 制作奥运五环 …… 56

3.1.1 任务目标及效果说明 ········· 56
3.1.2 制作步骤 ········· 57
任务 2 利用图层样式制作水滴效果 ········· 60
3.2.1 任务目标及效果说明 ········· 60
3.2.2 制作步骤 ········· 61
任务 3 利用文字图层制作海报 ········· 66
3.3.1 任务目标及效果说明 ········· 66
3.3.2 制作步骤 ········· 67
任务 4 利用调整图层进行调色 ········· 71
3.4.1 任务目标及效果说明 ········· 71
3.4.2 制作步骤 ········· 71
课后习题 ········· 74
项目 4 图像绘制与修饰 ········· 77
任务 1 照片修复 ········· 86
4.1.1 任务目标及效果说明 ········· 86
4.1.2 制作步骤 ········· 87
任务 2 人像美容 ········· 89
4.2.1 任务目标及效果说明 ········· 89
4.2.2 制作步骤 ········· 90
课后习题 ········· 93
项目 5 蒙版 ········· 94
任务 1 利用图层蒙版制作建筑物与风景合成特效 ········· 94
5.1.1 任务目标及效果说明 ········· 94
5.1.2 制作步骤 ········· 95
任务 2 利用快速蒙版制作“花开季节” ········· 100
5.2.1 任务目标及效果说明 ········· 100
5.2.2 制作步骤 ········· 100
任务 3 利用剪贴蒙版制作网格状效果图像 ········· 103
5.3.1 任务目标及效果说明 ········· 103
5.3.2 制作步骤 ········· 104
任务 4 利用蒙版进行人与橘子的合成 ········· 107
5.4.1 任务目标及效果说明 ········· 107
5.4.2 制作步骤 ········· 108
课后习题 ········· 109
项目 6 通道 ········· 110
任务 1 利用通道抠图为照片更换背景 ········· 111
6.1.1 任务目标及效果说明 ········· 111
6.1.2 制作步骤 ········· 111
任务 2 利用 Alpha 通道绘制太极图图像 ········· 114

6.2.1 任务目标及效果说明 …… 114
6.2.2 制作步骤 …… 114
任务 3 利用通道进行人物磨皮 …… 120
6.3.1 任务目标及效果说明 …… 120
6.3.2 制作步骤 …… 121
任务 4 利用通道进行火焰抠图 …… 123
6.4.1 任务目标及效果说明 …… 123
6.4.2 制作步骤 …… 124
课后习题 …… 126
项目 7 路径 …… 127
任务 1 利用路径制作霓虹灯效果的文字 …… 128
7.1.1 任务目标及效果说明 …… 128
7.1.2 制作步骤 …… 128
任务 2 利用路径绘制“荷塘月色” …… 131
7.2.1 任务目标及效果说明 …… 131
7.2.2 制作步骤 …… 132
任务 3 利用路径绘制插画 …… 140
7.3.1 任务目标及效果说明 …… 140
7.3.2 制作步骤 …… 141
课后习题 …… 150
项目 8 图像调整 …… 151
任务 1 制作糖水效果 …… 154
8.1.1 任务目标及效果说明 …… 154
8.1.2 制作步骤 …… 155
任务 2 制作四季变化效果 …… 156
8.2.1 任务目标及效果说明 …… 156
8.2.2 制作步骤 …… 157
任务 3 利用照片滤镜制作“岁月静好” …… 157
8.3.1 任务目标及效果说明 …… 157
8.3.2 制作步骤 …… 158
任务 4 修复图像中的偏色 …… 162
8.4.1 任务目标及效果说明 …… 162
8.4.2 制作步骤 …… 162
课后习题 …… 165
项目 9 滤镜 …… 166
任务 1 利用液化滤镜瘦身 …… 167
9.1.1 任务目标及效果说明 …… 167
9.1.2 制作步骤 …… 168
任务 2 利用高反差保留滤镜进行人物磨皮 …… 169

9.2.1　任务目标及效果说明……169
9.2.2　制作步骤……170
任务 3　利用滤镜制作下雪效果……171
9.3.1　任务目标及效果说明……171
9.3.2　制作步骤……172
任务 4　利用树滤镜制作“松鼠乐园”……173
9.4.1　任务目标及效果说明……173
9.4.2　制作步骤……174
任务 5　利用极坐标滤镜制作“星球小镇”……178
9.5.1　任务目标及效果说明……178
9.5.2　制作步骤……179
课后习题……182
项目 10　综合案例……184
任务 1　制作“冰爽一夏”海报……184
10.1.1　任务目标及效果说明……184
10.1.2　制作步骤……184
任务 2　绘制国画兰花……196
10.2.1　任务目标及效果说明……196
10.2.2　制作步骤……197
课后习题……208

项目 1

Photoshop CC 入门

任务 1 认识 Photoshop CC

1.1.1 Photoshop 概述

Adobe Photoshop，简称 PS，是由 Adobe Systems 开发和发行的图像处理软件，是世界上非常畅销的图像处理软件之一。1987 年，攻读博士学位的研究生托马斯·诺尔（Thomas Knoll），购买了一台苹果计算机（MacPlus），用来帮助他撰写博士论文，他发现当时的苹果计算机无法显示带灰度的黑白图像，因此他自己写了一个程序 Display。他的兄弟约翰·诺尔（John Knoll）这时在导演乔治·卢卡斯（George Lucas）的电影特殊效果制作公司 Industry Light Magic 工作，对 Display 很感兴趣。于是兄弟俩开始一起修改 Display 程序，经过一年多的时间，Display 程序具有了更强大的图像编辑功能，如羽化、色彩调整和颜色校正等，并可以读取各种格式的文件，托马斯将这个程序改名为 Photoshop。此外，约翰也写了一些程序，后来成为了插件（Plug-in）的基础。

1.1.2 Photoshop 发展史

随着技术的不断发展，Photoshop 技术团队也在对软件功能进行不断的优化。从 20 世纪 90 年代至今，Photoshop 经历了多次版本的更新，具体如表 1-1 所示。

表 1-1 Photoshop 版本更新列表

发布时间	版　本	版本介绍
1990 年 2 月	Photoshop 1.0	Photosho 版本 1.0.7 正式发行，大小仅为 100KB
1991 年 2 月	Photoshop 2.0	引入路径的概念，同时支持栅格化 Illustrator 文件，支持 CMYK 模式、双调图 Adobe 成为行业的标准
1994 年	Photoshop 3.0	引入调色板标签和图层功能
1997 年 9 月	Photoshop 4.0	增加可调整的图层，可编辑类型
1998 年 5 月	Photoshop 5.0	创造性地新增多次撤销（历史面板）功能和色彩管理功能；其中 5.0.2 是第一个中文版本
2000 年 9 月	Photoshop 6.0	更新用户界面，引入“溶解”滤镜，图层模式/混合图层
2002 年 3 月	Photoshop 7.0	新增修复画笔工具、修补工具，增加了控制面板的“泊坞”功能，集成了图片浏览与管理功能

（续表）

发布时间	版　　本	版本介绍
2003 年 9 月	Photoshop CS	支持相机 RAW 2.x、高度修改的“切片工具”、阴影/高光命令、颜色匹配命令、“镜头模糊”滤镜、实时柱状图、使用 Safecast 的 DRM（Digital Rights Management）复制保护技术；支持 JavaScript 脚本语言及其他语言
2005 年	Photoshop CS2	增加很多新功能，例如，更多的创造性选项，按照用户使用习惯定制工作环境；增加更多可以提高工作效率的文件处理功能，进一步增强滤镜功能，新增修复工具、网格变形命令等
2007 年	Photoshop CS3	增加智能滤镜、视频编辑功能、3D 功能等，软件页面也进行了重新设计
2008 年 9 月	Photoshop CS4	增加旋转画布、3D 模型，GPU 显卡加速等功能
2010 年 4 月	Photoshop CS5	新增轻松完成复杂选择、内容感知型填充、操控变形、GPU 加速、自动镜头校正等功能，具有出众的绘图效果和 HDR 成像、简化的创作审阅、更简单的用户界面管理、出色的媒体管理、最新的原始图像处理等功能
2012 年 4 月	Photoshop CS6	新增内容感知修补（Content-AwarePatch）功能，使用户可以选择和复制图像的某个区域以填补或“修补”另一区域，从而获得更好的操控体验；新增内容感知移动（Content-AwareMove）功能，可以让用户选择图像中的某个对象，并将其移动到一个新位置
2013 年 7 月	Photoshop CC（Creative Cloud）	新增相机防抖动、CameraRAW 功能改进、图像提升采样、属性面板改进、Behance 集成等功能
2014 年 6 月	Photoshop CC 2014	极大地丰富了对数字图像的处理体验
2015 年 6 月	Photoshop CC 2015	新增画板、设备预览和 Preview CC 伴侣应用程序，模糊画廊|恢复模糊区域中的杂色，Adobe Stock，设计空间（预览），Creative Cloud 库，导出画板、图层等功能
2016 年 12 月	Photoshop CC 2017	新增文档模板，以帮助用户更快上手使用；新增搜索功能，允许用户能够在 Photoshop 中快速找到所需工具，无须一个一个菜单进行翻找；用户还可以筛选 Adobe 提供的帮助信息和 Adobe Stock 库
2017 年 10 月	Photoshop CC 2018	更新相机色域蒙板，支持选择主体，支持 Microsoft Surface Dial，优化了画笔的描边平滑、可变字体、弯度钢笔工具等功能
2018 年 10 月	Photoshop CC 2019	更新 Ctrl+Z 撤销键、图框工具、色轮取色器等功能
2019 年 11 月	Photoshop CC 2020	采用 Sensei AI 人工智能技术为用户提供一键式主题选择、一键抠图、自动照片效果一键改变景深,让处理图片变得更轻松
2020 年 10 月	Photoshop CC 2021	新增智能神经网络滤镜 Neural Filters、天空替换；用户可直接在应用程序中了解更多信息；提供增强的云文档、图案预览功能
2021 年 10 月	Photoshop CC 2022	新增 iPad 版 Photoshop、邀请参与编辑和功能、保存副本功能；改进了 Neural Filter；用户可直接在应用程序中了解详情、同步预设
2022 年 10 月	Photoshop CC 2023	对象选择工具在检测和建立选区方面得到了改进，支持一键式删除和填充，支持新型相机和镜头等
2023 年 10 月	Photoshop CC 2024	集成“Generative Fill”（AI 生成图像），扩展“神经滤镜”库，支持文本生成矢量图形
2024 年 10 月	Photoshop CC 2025	目前为市场最新版本，引入了生成式人工智能（AIGC）技术，利用深度学习和神经网络，用户可以通过简短的文字描述自动生成高质量图像。例如，用户输入文字提示，Photoshop 会自动生成插图或转换普通照片为艺术风格作品，极大地提升了创作效率

1.1.3　Photoshop CC 2025 新增的功能

Photoshop CC 2025（以下简称 Photoshop 2025）新增了以下功能。

1．智能化图像处理

Photoshop 2025 新增了智能修复工具和干扰移除功能，能够自动识别并修复图像中的瑕疵，如噪点、污渍等，节省修图时间并提升作品质量。此外，干扰移除功能可以自动检测并删除背景中不必要的元素，如电线杆等，用户只需单击一下即可完成，如图 1-1 所示。

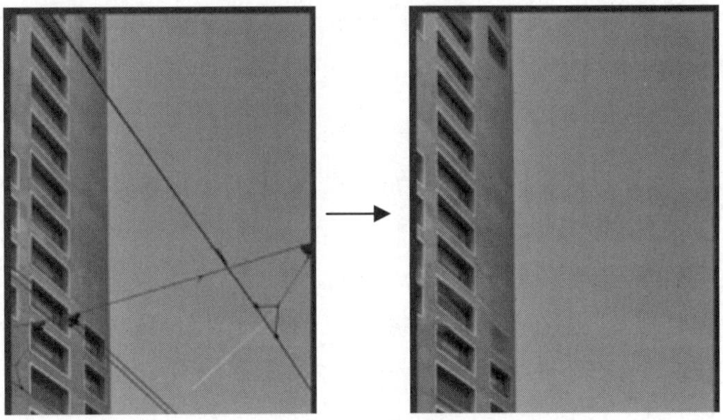

图 1-1　干扰移除功能

2．AI 技术的应用

Photoshop 2025 深度融合了 AI 技术，特别是在 AIGC 技术的应用上取得了显著提升。用户可以通过简短的文字描述生成高质量图像，极大地提升了创作效率。例如，用户可以在 Photoshop 中输入简单的文字提示，软件即可自动生成精美插图或转换普通照片为艺术风格作品，如图 1-2 所示。

图 1-2　自动生成精美插图

3．色彩管理与校正的增强

新的色彩管理系统提供了更强大的色彩校正能力，新增的色彩匹配和校正工具使得用户能在不同图像间保持一致的色彩效果。

4．高分辨率画布的支持

Photoshop 2025 支持 4K 及以上显示器的高分辨率画布，适合进行高质量的图像处理和设计工作。

5．其他新功能

软件界面进行了全面优化，启动界面更加现代时尚，不同软件间的跨界功能集成使得操作更为流畅。此外，Photoshop 2025 还支持动态图像编辑，利用最新的深度学习和计算机视觉技术，用户可以通过简便的操作生成高质量的视觉作品。

1.1.4 矢量图、位图

计算机的数字化图像分为两种：矢量图和位图；Illustrator 和 CorelDRAW 主要处理矢量图，Photoshop 主要处理位图。

1．矢量图

矢量图根据几何特性来绘制图形，矢量可以是一个点或一条线，矢量图只能靠软件生成，文件占用内在空间较小，如图 1-3 所示。矢量图放大后不失真，如图 1-4 所示。

矢量图的优点是与分辨率无关，在进行缩放、旋转等操作时，可以保持对象光滑无锯齿；缺点是不易制作色彩变化丰富的图像，且绘制出来的图像也不是很逼真，也不易在不同的软件中交换使用。矢量图适用于图形设计、文字设计、标志设计、版式设计等。

图 1-3 矢量图

图 1-4 矢量图放大后不失真

2．位图

位图（bitmap）也称为点阵图像或绘制图像，是由像素（pixel，图片元素）点组成的，如图 1-5 所示。位图放大后会失真，如图 1-6 所示。

图 1-5 位图

图 1-6 位图放大后会失真

位图的优点是与分辨率有关，可以表现丰富的色彩变化并产生逼真的效果，容易在不同软件之间交换使用；缺点是占用的存储空间较大。

1.1.5　像素、分辨率

1．像素

像素是指图像中的的小方格，这些小方格都有一个明确的位置和被分配的色彩数值，小方格的颜色和位置决定该图像所呈现出来的样子。一个图像包含的像素越多，颜色信息越丰富，图像效果就越好，但文件也会随之增大。

将任意一张图片放大，最后看到的都是不同颜色及亮度的正方形色块，每个色块就是一个像素，如图 1-7 所示。

图 1-7　像素示意图

2．分辨率

分辨率是指单位长度内包含的像素点的数量，它的单位通常为像素/英寸（ppi），例如，100ppi 表示每英寸包含 100 个像素点。分辨率决定了位图细节的精细程度，通常情况下，分辨率越高，图像包含的像素越多，图像就越清晰。图 1-8 所示的是相同打印尺寸但不同分辨率的两个图像，可以看到，低分辨率的图像有些模糊，高分辨率的图像就清晰很多。

（a）低分辨率

（b）高分辨率

图 1-8　不同分辨率图像对比效果

在新建文档时可以设置图像尺寸。在打开图像后，也可以改变图像尺寸，可以通过改变图像的长、宽来改变图像尺寸，也可以通过改变图像分辨率来改变图像尺寸。图像尺寸越大，图像越清晰。设置图像尺寸的具体方法为：执行【图像】→【图像大小】命令，打开【图像大小】对话框，如图 1-9、图 1-10 所示。

常见的分辨率类别如下。

屏幕分辨率是指屏幕显示的分辨率。屏幕分辨率用于确定计算机屏幕上显示多少信息，以水平和垂直像素来衡量。如果将屏幕分辨率设置为 1920×1200，这就表示在屏幕的宽度上有 1920 个像素点，在高度上有 1200 个像素点。在屏幕尺寸一样的情况下，分辨率越高，显示效果就越细腻。

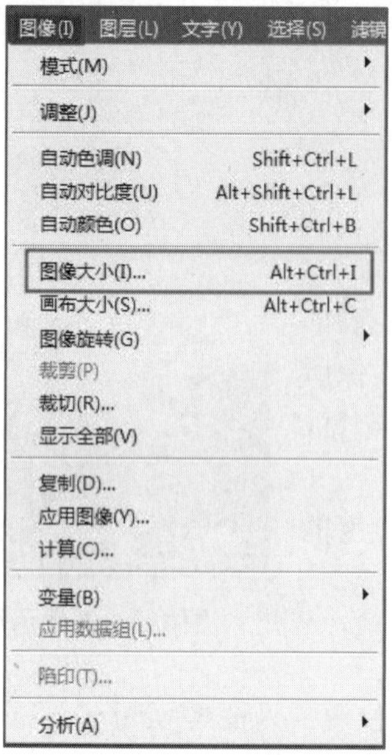

图 1-9 执行【图像】→【图像大小】命令

图 1-10 【图像大小】对话框

打印机分辨率又称为输出分辨率，是指在打印输出时横向和纵向两个方向上每英寸最多能够打印的点数，单位通常以“点/英寸”（Dot Per Inch，DPI）表示。

扫描分辨率是指在多功能一体机在实现扫描功能时，扫描对象每英寸可以被扫描元件表示成的点数，单位是 DPI，DPI 值越大，扫描的效果也就越好。但与打印机分辨率不同，如果扫描的源图像不清晰，即使设置再高的扫描分辨率，也只是会得到较大的图像文件，而不会增加图像的清晰度。

1.1.6 颜色模式

颜色模式是指将某种颜色表现为数字形式的模式，或者说是一种记录图像颜色的模式。颜色模式分为：位图模式、灰度模式、双色调模式、索引颜色模式、RGB 颜色模式、CMYK 颜色模式、Lab 颜色模式和多通道模式，如图 1-11 所示。

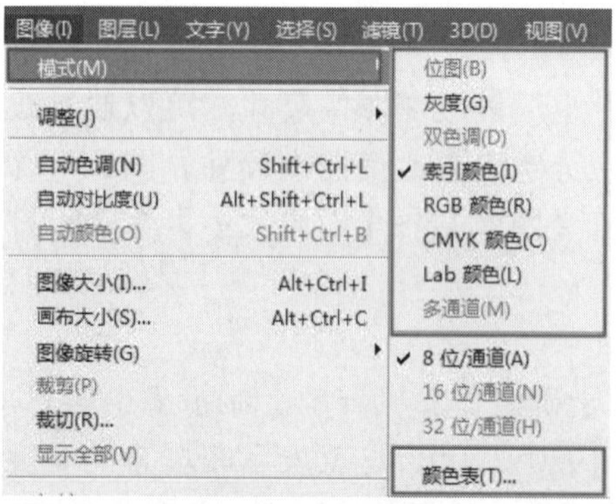

图 1-11 颜色模式

1. 位图模式

位图模式用两种颜色（黑色和白色）表示图像中的像素。由于位图模式只用黑色和白色来表示图像的像素，因此在将图像转换为位图模式时会丢失大量细节。Photoshop 提供了几种算法来模拟图像中丢失的细节。在宽度、高度和分辨率相同的情况下，位图模式下的图像尺寸最小，约为灰度模式下的 1/7 和 RGB 颜色模式下的 1/22。

2．灰度模式

灰度模式可以使用多达256级灰度来表现图像，使图像的过渡更平滑、细腻。灰度图像的每个像素有一个0（黑色）～255（白色）之间的灰度值。灰度值也可以用黑色油墨覆盖的百分比来表示（0%等于白色，100%等于黑色）。

3．双色调模式

双色调模式采用2～4种彩色油墨来创建由双色调（2种颜色）、三色调（3种颜色）和四色调（4种颜色）混合其色阶组成的图像。在将灰度模式转换为双色调模式的过程中，可以对色调进行编辑，产生特殊的效果。

4．索引颜色模式

索引颜色模式是互联网上和动画中常用的图像模式，当彩色图像转换为索引颜色模式的图像后，图像包含近256种颜色。索引颜色模式包含一个颜色表，如果原图像中的颜色不能用256种颜色表现，那么Photoshop会从可使用的颜色中选出与之最相近颜色来模拟这些颜色，这样可以减小图像文件的大小。颜色表用来存放图像中的颜色并为这些颜色建立索引，颜色表可在转换的过程中定义或在生成索引图像后修改。

5．RGB颜色模式

RGB颜色模式是指通过对红（Red）、绿（Green）、蓝（Blue）三种颜色通道的变化及它们相互之间的叠加来得到各种颜色的模式。使用RGB颜色模型时，将为图像中每个像素的RGB分量分配一个0～255范围内的强度值。

6．CMYK颜色模式

CMYK颜色模式是一种印刷模式。CMYK指青（Cyan）、洋红（Magenta）、黄（Yellow）、黑（Black），在印刷中代表四种颜色的油墨。CMYK颜色模式在本质上与RGB颜色模式没有什么区别，两者的区别仅在于产生色彩的原理不同，在RGB颜色模式中，光源发出的色光混合后生成颜色，而在CMYK颜色模式中，光线照到有不同比例C、M、Y、K油墨的纸上（部分光谱被吸收）后，由反射到人眼中的光生成颜色。

7．Lab颜色模式

Lab颜色由RGB三基色转换而来，它是将RGB颜色模式转换为HSB颜色模式和CMYK颜色模式的桥梁。该颜色模式由一个发光率（Luminance）和两个颜色（a,b）轴组成。它由颜色轴所构成的平面上的环形线来表示颜色的变化，其中径向表示色饱和度的变化，自内向外，饱和度逐渐增高；圆周方向表示色调的变化，每个圆周形成一个色环；而不同的发光率表示不同的亮度并对应不同环形颜色变化线。

8．多通道模式

多通道模式对有特殊打印要求的图像非常有用。例如，在图像中只使用了一两种或两三种颜色时，使用多通道模式可以减少印刷成本并保证图像颜色的正确输出。默认情况下，

8 位通道中包含 256 个色阶，如果增到 16 位通道，则每个通道的色阶数为 65536 个，这样能得到更多的色彩细节。Photoshop 可以识别和输入 16 位通道的图像，但对这种图像的限制有很多，所有的滤镜都不能使用，另外，16 位通道的图像不能被印刷。

1.1.7 图像存储格式

图像存储格式决定了图像的特点和使用方式，不同格式的图像在应用过程中区别很大，用途决定了要采用的图像存储格式。

1．PSD 格式

PSD 格式是 Photoshop 的专用格式，它其实是 Photoshop 进行平面设计的“草稿图”格式，该格式的图像包含了图层、通道、路径等各种设计样稿，方便用户在下次打开时修改上一次的设计。

2．JPG 格式

JPG 全名是 JPEG。JPEG 图像以 24 位颜色存储单个位图，是与平台无关的格式，支持最高级别的压缩，这种压缩是有损耗的。

3．EPS 格式

EPS（Encapsulated Post Script）是 Illustrator 和 Photoshop 之间可交换的文件格式。EPS 文件是目前桌面印刷系统普遍使用的通用交换格式中的一种综合格式。EPS 格式又称为带有预视图像的 PSD 格式，它由一个 PostScript 文本文件和一个低分辨率的由 PICT 或 TIFF 格式描述的代表图像（可选）组成。EPS 文件就是包括文件头信息的 PostScript 文件，利用文件头信息可使其他应用程序将此文件嵌入文档。

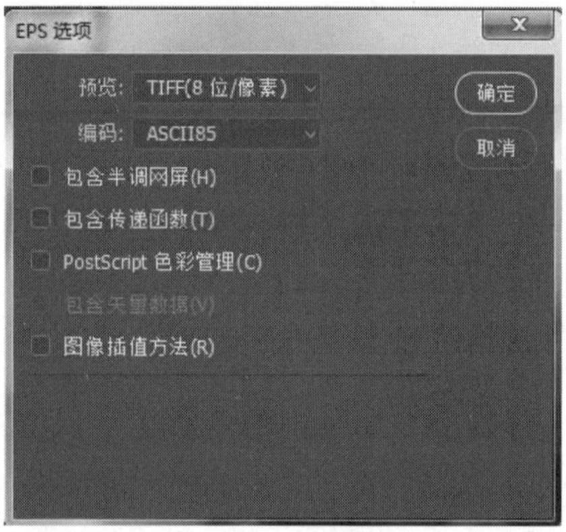

图 1-12 【EPS 选项】对话框

EPS 文件大多用于印刷和在 Photoshop 和页面布局应用程序之间交换图像数据。保存 EPS 文件时，Photoshop 将出现【EPS 选项】对话框，如图 1-12 所示。

4．DICOM 格式

DICOM（Digital Imaging and Communications in Medicine，医学数字成像和通信）是医学图像和相关信息的国际标准（ISO 12052）格式。它定义了质量能满足临床需要的可用于数据交换的医学图像格式。

5．GIF 格式

GIF（Graphics Interchange Format，图形交换格式）文件是由 CompuServe 公司开发的图形文件格式，是一种基于 LZW（串表压缩算法）的连续色调的无损压缩格式。其压缩率一般在 50%左右，它不属任何应用程序。GIF 格式的特点是其在一个 GIF 文件中可以保存多个彩色图像，如果把存于一个文件中的多个图像逐个读出并显示到屏幕上，就可以构成一种简单的动画。我们平常在网页中看到的动态图片一般都是 GIF 格式的。

6. TIFF 格式

TIFF（Tagged Image Tile Tormat）为通用文件格式，该格式支持 256 色、24 位真彩色、32 位色、48 位色等多种色彩，支持 RGB、CMYK 及 YCBCR 等多种颜色模式，支持多平台。

任务 2　安装 Photoshop CC

首先介绍如何安装 Photoshop CC。不同版本的 Photoshop CC 的安装方式略有不同，本书讲解的是 Photoshop CC 2025 的安装步骤。

从 CC 版本开始，Photoshop 开始了一种基于订阅的服务，我们需要通过 Adobe Creative Cloud 将 Photoshop CC 2025 的安装文件下载下来。

步骤 1　打开 Adobe 的官方网站，单击【支持】菜单中的【下载和安装】按钮，如果已有 Adobe ID，单击【登录】按钮输入电子邮件地址和密码，如果没有账号，单击【创建一个账户】按钮，按要求创建好账户登录。进入图 1-13 所示的页面，单击 Creative Cloud 下面的【下载】按钮，下载好直接安装。

图 1-13　Creative Cloud 下载页面

步骤 2 运行 Creative Cloud Desktop 程序，输入电子邮件地址和密码登录，可以看到所有应用程序，如图 1-14 所示，单击 Photoshop 下面的【免费试用】按钮，下载完会自动安装好。

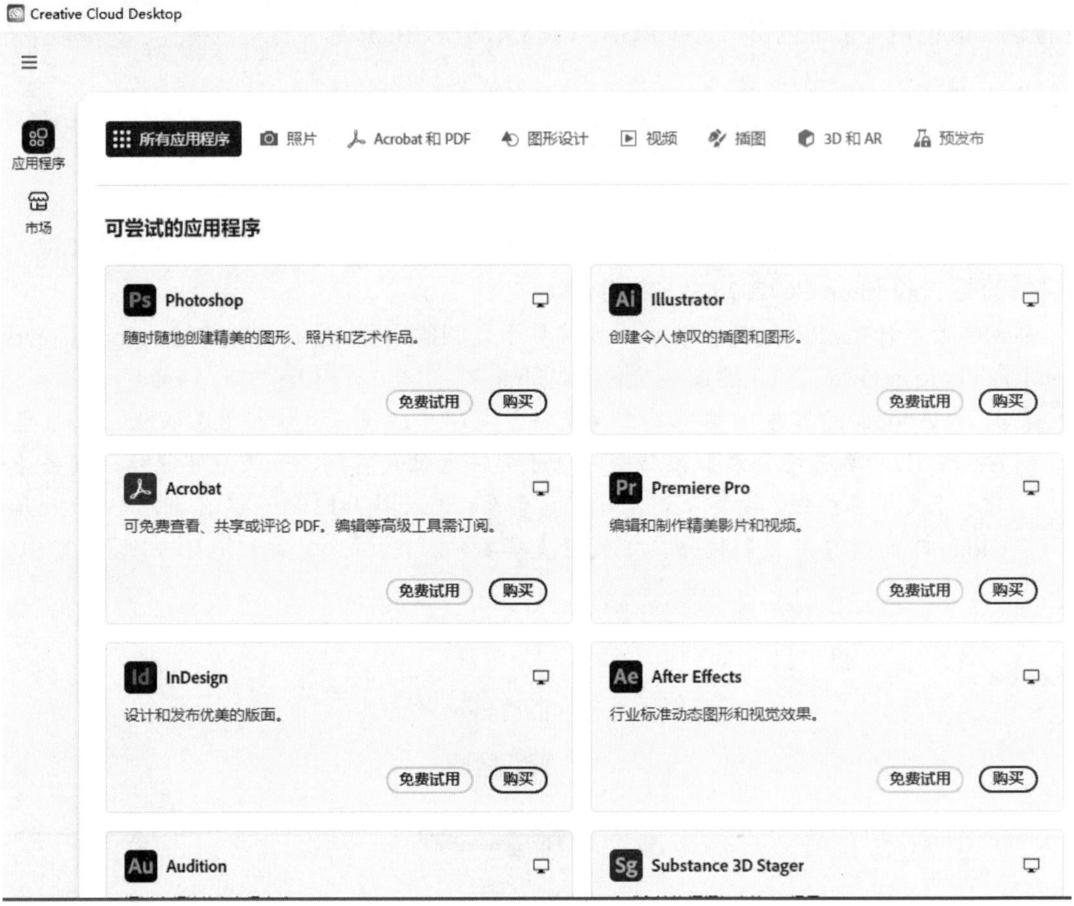

图 1-14　所有产品页面

提示：试用与购买

上述安装过程是以“试用”的方式进行下载安装的，在没有付费购买的 Photoshop 软件之前，我们可以免费试用 7 天，如果需要长期使用，则需要购买。

任务 3　Photoshop CC 基本操作

1.3.1　认识 Photoshop CC 的工作界面

完成安装后，双击桌面上的 Adobe Photoshop 2025 图标，打开 Photoshop，Photoshop CC 的工作界面如图 1-15 所示。

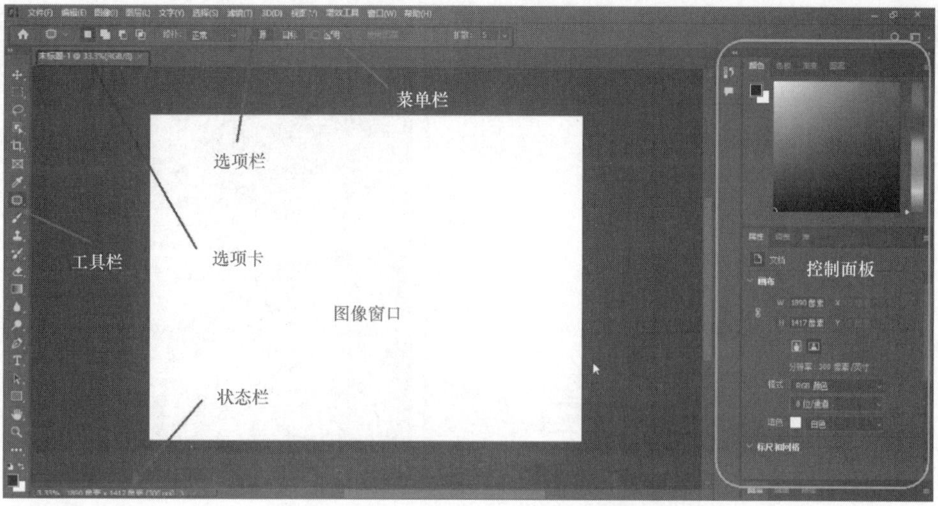

图 1-15　Photoshop CC 的工作界面

1.3.2　Photoshop 基本操作

1. 新建文档

执行【文件】→【新建】命令，在弹出的【新建文档】对话框中，设置高度、宽度、分辨率、颜色模式等参数，如图 1-16 所示。

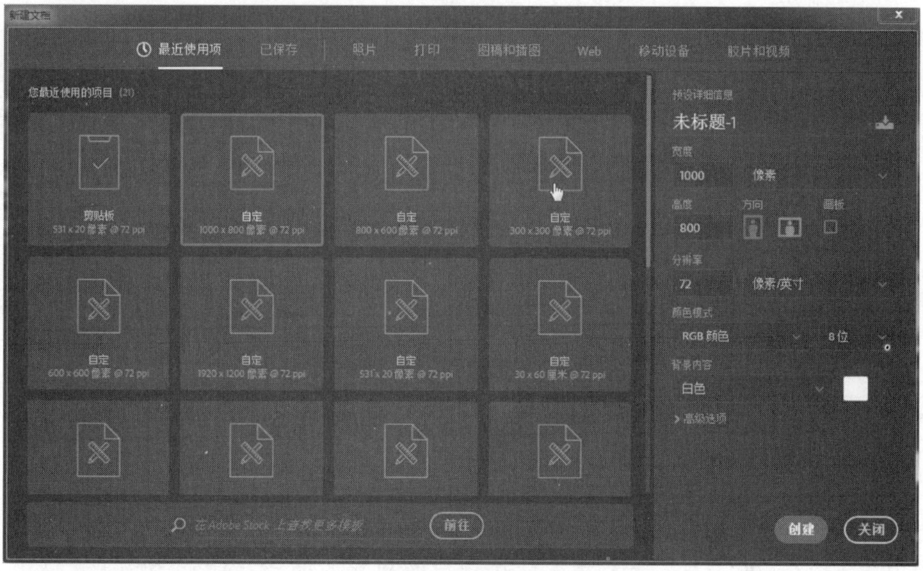

图 1-16　新建文档

2. 打开单个文档

执行【文件】→【打开】命令，在弹出的【打开】对话框中选择一个文件，然后单击【打开】按钮，如图 1-17 所示。

图 1-17　打开单个文档

3．打开多个文档

执行【文件】→【打开】命令，在弹出的【打开】对话框中选择多个文件，然后单击【打开】按钮，如图 1-18 所示。

4．保存文档

执行【文件】→【存储为】命令，在弹出的【另存为】对话框中输入文件名，选择保存格式，然后单击【保存】按钮。

图 1-18　打开多个文档

5．打开为智能对象

在打开文档后，执行【文件】→【打开为智能对象】命令，在弹出的【置入嵌入对象】对话框中选择需要置入的图像，置入图像后可调整图像的大小，如图 1-19 所示。

提示

嵌入的智能对象可以无损任意缩放，图片的清晰度不会改变。

图 1-19 打开为智能对象

课后习题

1. 下载 Photoshop CC 2025 软件，在个人计算机上正确安装并了解相关功能。
2. 掌握 Photoshop CC 2025 软件的最新功能。
3. 掌握 Photoshop CC 2025 软件打开文档、创建文档及存储文档的方法。

项目 2 图像选取与变换

微课视频

知识准备

1. 移动工具

移动工具（V）如图 2-1 所示，主要用于图像、图层或选择区域（简称“选区”）的移动，使用它可以完成排列、组合、移动和复制等操作。

图 2-1 移动工具

如图 2-2 所示，在移动工具的选项栏中，若勾选【自动选择：图层】选项，则 Photoshop 将会自动选择光标所在的图层；若勾选【显示变换控件】选项，则被操作的图像上将出现 8 个控制点。

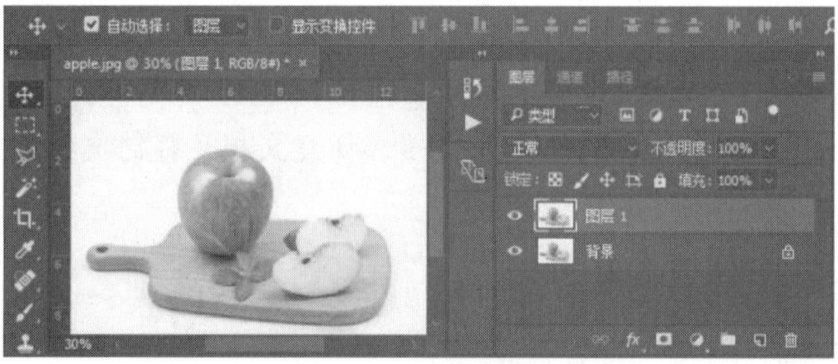

(a) 勾选【自动选择：图层】选项

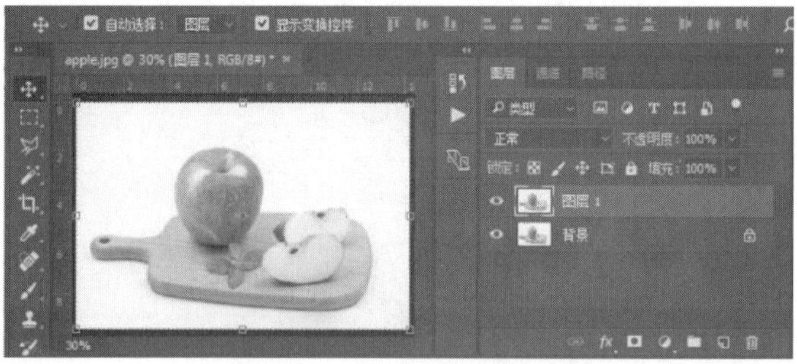

(b) 勾选【显示变换控件】选项

图 2-2 移动工具的选项栏

操作技巧

在使用移动工具时，按键盘上的方向键可以每次 1 像素的距离移动图像，按住【Shift】键后再按方向键，则可以每次 10 像素的距离移动图像，而按住【Alt】键拖动选区，可将选区图像复制后进行移动操作。

2. 画板工具

画板工具提供了一张无限画布，帮助用户简化设计的过程，用户可以在画布上进行适合不同设备和屏幕的设计。画板工具对于管理庞大的设计工程和输出多种格式的文件是非常有用的，下面介绍创建画板的两种方法。

方法 1：直接创建画板。

（1）执行【文件】→【新建】命令，在弹出的【新建文档】对话框中，【画板】选项默认是没有被勾选的，如图 2-3 所示。将【画板】选项勾选上，然后单击【创建】按钮，创建“画板 1”，得到如图 2-4 所示的效果。

图 2-3 【画板】选项默认是没有被勾选的

图 2-4　创建画板

（2）使用【文字工具】 中的【横排文字工具】输入文字，如图 2-5 所示；执行【文件】→【打开】命令，选择素材，如图 2-6 所示；使用【移动工具】将素材置入画板，如图 2-7 所示。

图 2-5　输入文字

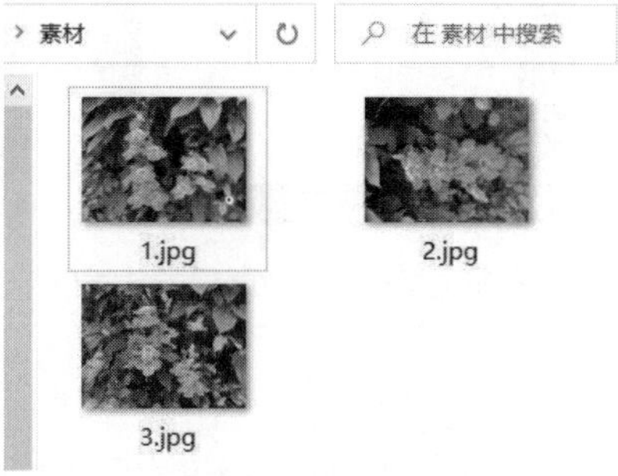

图 2-6　选择素材

图 2-7　将素材置入画板

（3）选中“画板 1”，其上、下、左、右各出现一个⊕符号，单击右边的⊕符号，创建“画板 2”，如图 2-8 所示，参考步骤（2）完成“画板 2”中的文字输入和素材置入，如图 2-9 所示。

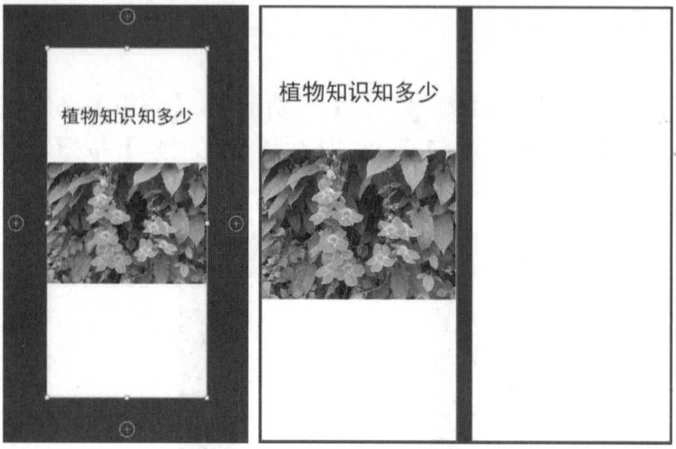

图 2-8　创建“画板 2”

图 2-9　在“画板 2”中输入文字和置入素材

方法 2：将现有的 PSD 文件转换为画板。

（1）新建文档，选择【画板工具】，单击图像窗口左上角的位置，将 PSD 文件转换为画板，如图 2-10～图 2-12 所示。

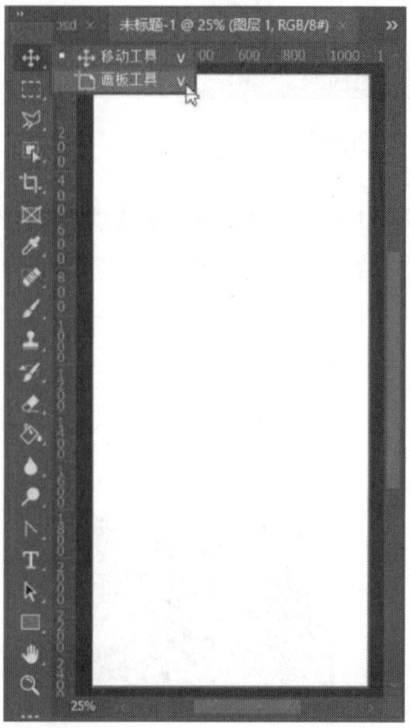

图 2-10　选择【画板工具】

图 2-11　单击图像窗口左上角

图 2-12　转换为画板

3．选框工具

选框工具（M）是用来选取像素的，如图 2-13 所示，选框工具共有 4 种，包括矩形选框工具、椭圆选框工具、单行选框工具和单列选框工具。

4 种选框工具功能相似，但各自又有不同的特点。用选框工具选择出的区域是要进行处理的区域，选择区域后，所执行的命令只对选区内的对象有效。

利用矩形选框工具可以方便地在图像中制作出长宽任意的矩形选区。操作时，在图像窗口中按下鼠标左键同时移动鼠标，生成矩形框，当矩形框大小合适时松开鼠标，即可建立矩形选区。在选择【矩形选框工具】后，Photoshop CC 的选项栏中会显示矩形选框工具参数设置。

选项栏中的矩形选框工具参数包括：选择方式、羽化和消除锯齿、样式、选择并遮住，它们分别提供对矩形选框工具不同参数的控制，如图 2-14 所示。

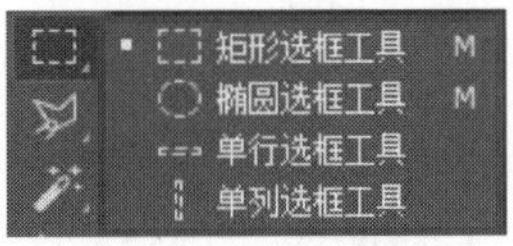

图 2-13　选框工具

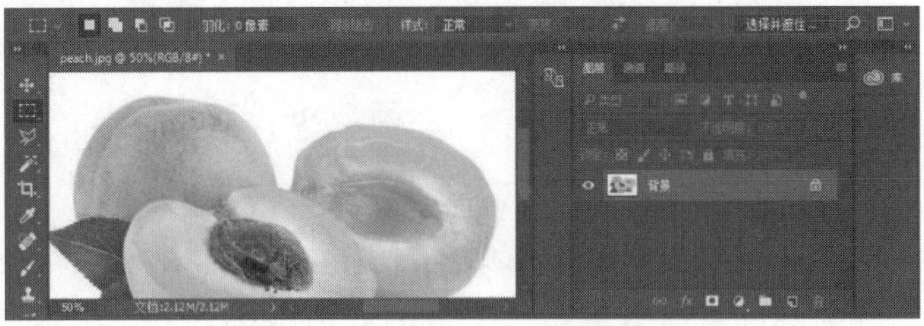

图 2-14　矩形选框工具的选项栏

（1）选择方式，它有 4 个选项。

- 新建选区：是 Photoshop CC 中默认的选择方式，使用简单。在图像中按住鼠标左键，然后将鼠标拖动到合适的位置松开即可，如图 2-15 所示。
- 添加到选区：在原有选区的基础上，增加新选择的区域，形成最终的选区，如图 2-16 所示。

图 2-15　新建选区

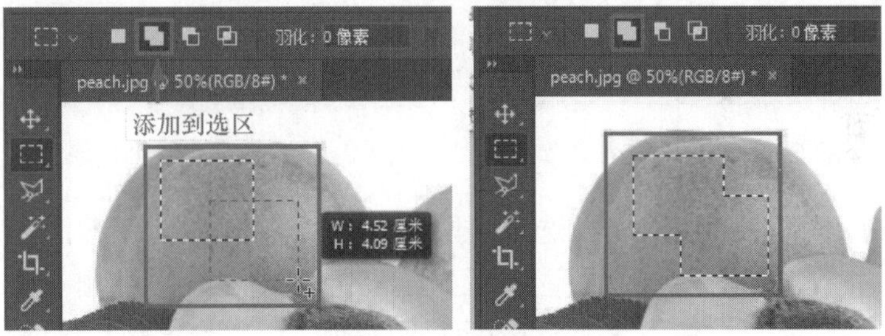

图 2-16　添加到选区

- 从选区中减去：在原有选区中，减去与新选择的区域相交的部分，形成最终的选区，如图 2-17 所示。

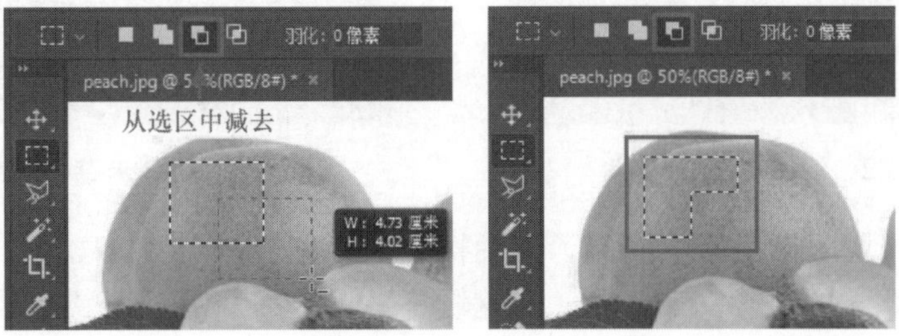

图 2-17　从选区中减去

- 与选区交叉：使原有选区和新选择的区域相交的部分成为最终的选区，如图 2-18 所示。

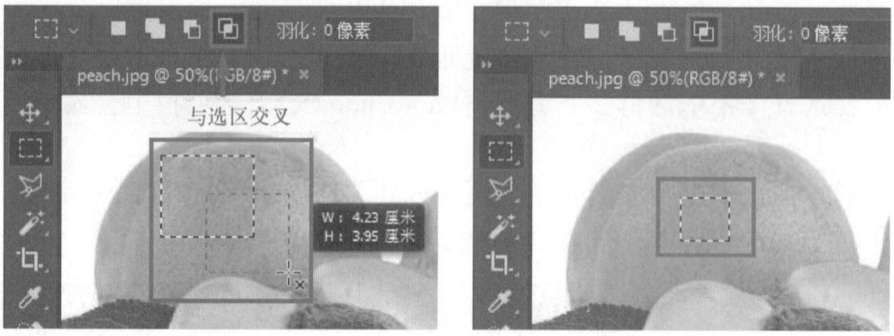

图 2-18　与选区交叉

（2）羽化和消除锯齿。

- 羽化。羽化参数可以有效消除选区中的硬边界并将它们柔化，使选区的边界产生朦胧渐隐的过渡效果。该参数的取值范围是 0～1000 像素，取值越大，选区的边界会相应变得越朦胧。羽化参数是进行图像合成处理中经常用到的参数，能够使图像边界柔和过渡，效果自然。羽化值为 0 像素、10 像素和 20 像素的效果如图 2-19～图 2-21 所示。

图 2-19　羽化值为 0 像素

图 2-20　羽化值为 10 像素

图 2-21　羽化值为 20 像素

- 消除锯齿。未勾选【消除锯齿】选项时，选取的图像边缘会存在明显的锯齿状；勾选【消除锯齿】选项后，选取的图像边缘不会出现锯齿状，如图 2-22、图 2-23 所示。当使用【矩形选框工具】时，【消除锯齿】选项是不可勾选的。

图 2-22　边缘存在锯齿状

图 2-23　边缘未存在明显锯齿状

（3）样式。样式下拉菜单中提供了 3 种样式。

- 正常：是默认的样式，最常用，在这种样式下，用户可以用鼠标创建长宽任意的矩形选区，如图 2-24 所示。

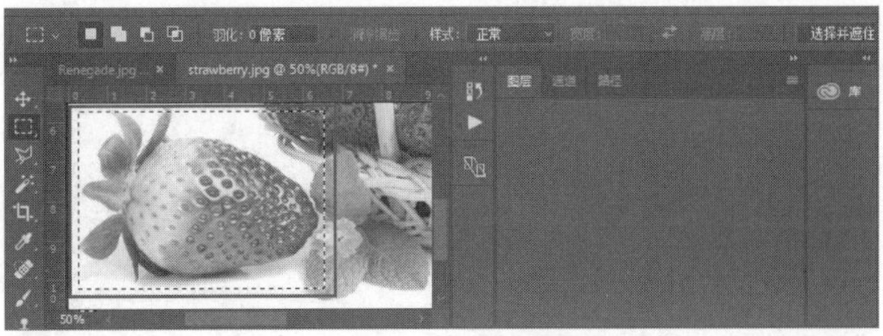

图 2-24　正常样式

- 固定比例：在这种样式下，可为矩形选区设定任意的宽高比，只要在对应的宽度和高度参数框中填入需要的宽度和高度的比值即可。在默认的状态下，宽度和高度的比值为 1∶1，如图 2-25 所示。

图 2-25　固定比例样式

- 固定大小。在这种样式下，可以通过直接输入宽度和高度来精确定义矩形选区的大小，如图 2-26 所示。

图 2-26　固定大小样式

（4）选择并遮住。

当创建选区以后，单击【选择并遮住】按钮，进入其工作界面，在该界面中可以使用快速选择工具、调整边缘工具、套索工具等，并进行透明度设置、边缘检测、全局调整、输出设置等操作，如图 2-27 所示。

4. 选择工具

选择工具包括对象选择工具、快速选择工具和魔棒工具，下面进行详细介绍。

（1）对象选择工具：用于查找并自动选择对象，使用方法如下。

- 选择【对象选择工具】。
- 在界面右上角的选项栏中，确保对象查找器处于启用状态。

图 2-27　创建或调整选区

- 将光标悬停在图像中要选择的对象或区域上，可选择的对象或区域将以叠加颜色突出显示。
- 单击即可自动选择对象或区域，如图 2-28 所示。

图 2-28　对象选择工具

此外，还可以按下键盘上的【Shift】键（macOS）/【Ctrl】键（Windows）将其他对象或区域添加到选区中，按下【Option】键（macOS）/【Alt】键（Windows）可以从选区中去除对象或区域。

（2）快速选择工具：通过查找和追踪图像中的边缘来创建选区，使用方法如下。

- 选择【快速选择工具】。
- 使用选项栏中的自定义工具进行设置，如【添加到选区】或【从选区中减去】，以获得所需的选区。
- 在要选择的区域中单击并拖动鼠标。拖动时，该工具会自动检测图像边缘以便创建选区，如图 2-29 所示。

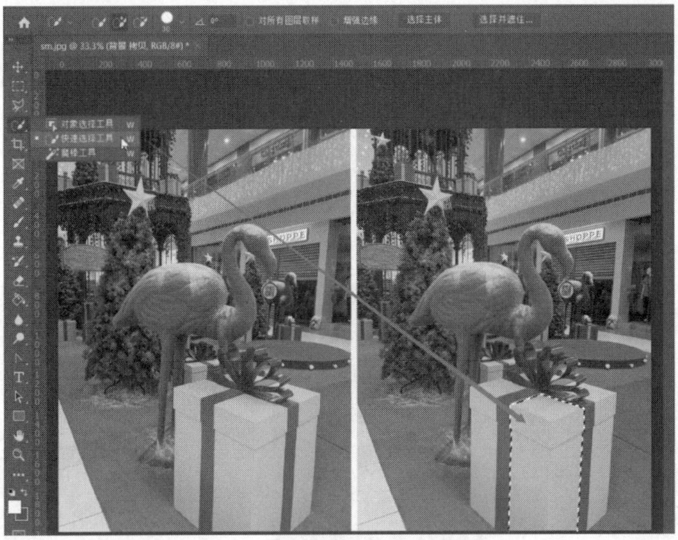

图 2-29　快速选择工具

（3）魔棒工具：根据颜色来选择区域，使用方法如下。

- 选择【魔棒工具】。
- 使用选项栏中的自定义工具进行设置，如【添加到选区】【从选区中减去】【与选区交叉】，以获得所需的选区。
- 移动光标，然后单击要在图像中选择的颜色，如图 2-30 所示。

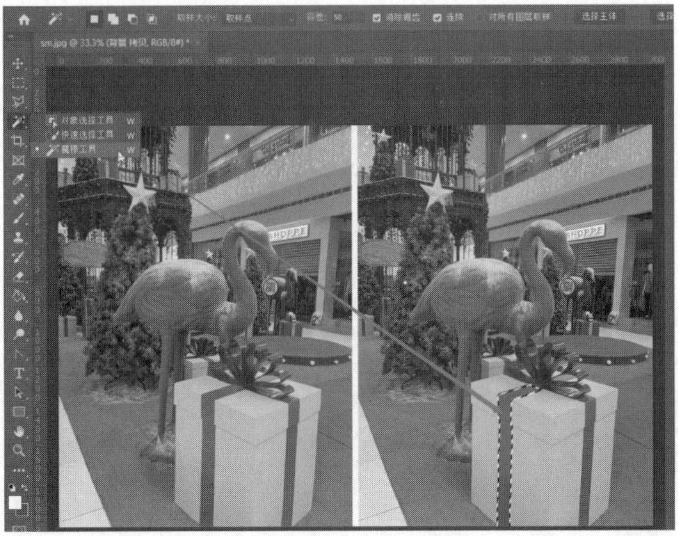

图 2-30　魔棒工具

- 使用选项栏中的自定义工具进行设置，如【容差】【消除锯齿】和【对所有图层取样】。
- 如果要选择颜色相近的非相邻区域，则不要勾选【连续】选项。

5．裁剪工具

（1）裁剪工具：裁剪或扩展图像的边缘，使用方法如下。

- 选择【裁剪工具】。
- 使用选项栏中的自定义工具进行设置，如设置宽高比或【宽度】【高度】，以获得所需的效果。
- 在裁剪边框内单击并拖动鼠标以调整图像的位置。
- 拖动图像上出现的裁剪边框的角或边缘手柄以指定裁剪边界。
- 按【Return】键（macOS）/【Enter】键（Windows）或来裁剪图像，如图 2-31 所示。

图 2-31 裁剪工具

（2）透视裁剪工具：裁剪图像以校正透视导致的扭曲，使用方法如下。

- 选择【透视裁剪工具】。
- 当光标变成了后，在图像的一个角处单击，再拖动鼠标，在图像的其他角处单击，以此类推，把所需要的图像框住，此时图像上将铺满网格，如图 2-32 所示。

图 2-32 使用【透视裁剪工具】选中对象

- 在网格上双击，完成透视裁剪操作，得到一张正面的图像，如图 2-33 所示。

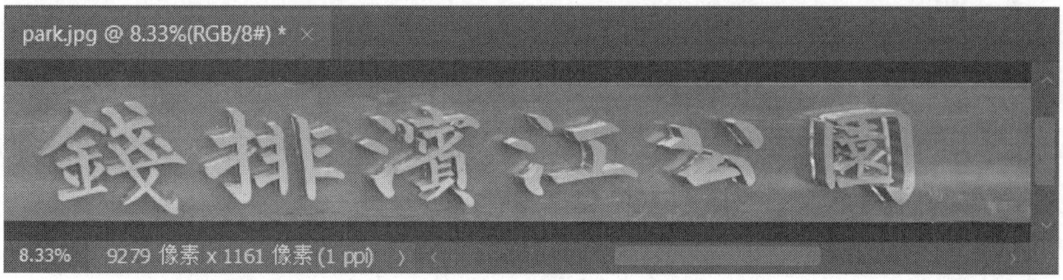

图 2-33　完成透视裁剪操作

6. 图框工具

图 2-34　绘制一个图框

图框工具：为图像创建占位符图框，使用方法如下。

- 选择【图框工具】。
- 在选项栏中选择矩形或椭圆形图框图标。
- 在图像窗口中绘制一个图框，如图 2-34 所示。
- 将图像从【库】面板或计算机的本地磁盘中拖动到图框中。放置的图像可自动缩放，以适应图框的大小，如图 2-35 所示。适当调整图像位置，如图 2-36 所示。

图 2-35　将图像拖动到图框中

图 2-36　适当调整图像位置

7. 变换与变形

在【编辑】菜单中提供了多种变换/变形的命令，包括【内容识别缩放】【操控变形】【透视变形】【自由变换】【变换】，其中【变换】命令下又有【缩放】【旋转】【斜切】【扭曲】【透视】【变形】等命令，如图 2-37 所示。

下面详细介绍【自由变换】和【变换】两个命令。

（1）自由变换。

【自由变换】命令可用于在一个连续的操作中

应用变换（旋转、缩放、斜切、扭曲和透视），也可以应用变形变换。不必执行其他命令，只需在键盘上按下一个键，即可在变换类型之间进行切换。

执行【编辑】→【自由变换】命令，图像上将出现一个变换框，以及 8 个控制点和 1 个中心点，如图 2-38 所示。

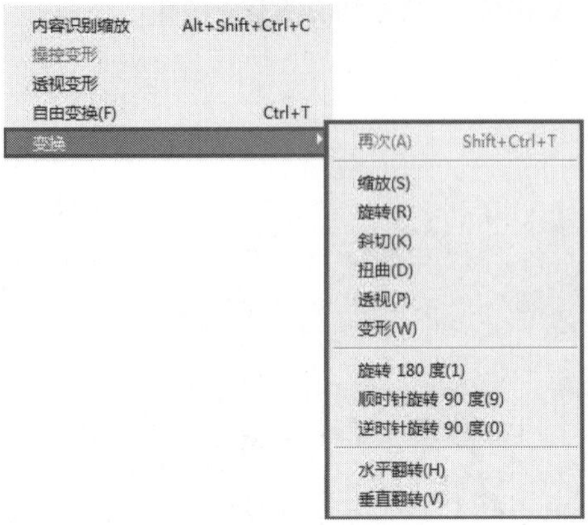

图 2-37 【变换】命令

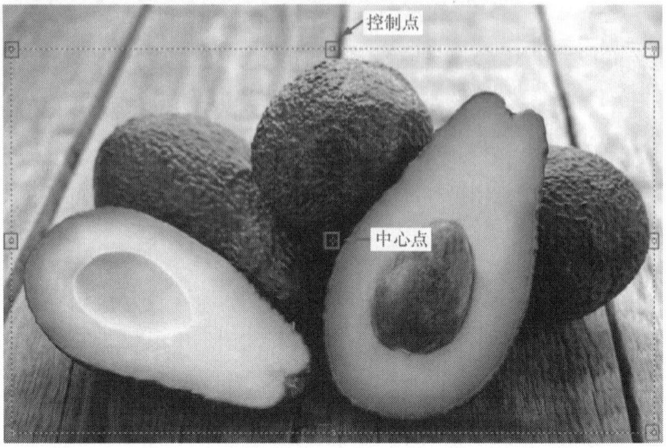

图 2-38 自由变换

自由变换的操作方法如下。

- 选择要变换的对象。
- 执行【编辑】→【自由变换】命令。
- 执行下列一个或多个操作。

① 按住【Ctrl】键并单击。拖动变换框四个角中的任一角点时，图像为其他三点不动的自由扭曲四边形；拖动变换框四边上的任一中间点时，图像为对边不变的自由平行四边形。

② 按住【Shift】键并单击。拖动变换框四个角中的任一角点时，图像对角点位置不变，可等比例放大或缩小，也可翻转，按下鼠标左键，在变换框外弧形处拖动鼠标时，图像可做 15° 增量的旋转，也可做 90°、180° 的顺、逆时针旋转。

③ 按住【Alt】键并单击。拖动变换框四个角中的任一角点时，图像为中心位置不变，可放大或缩小的自由矩形，也可翻转；拖动变换框四条边上的任一中间点时，图像为中心位置不变，等高或等宽的自由矩形。

④ 按住【Ctrl】+【Shift】键并单击。拖动变换框四个角中的任一角点时，图像可变为直角梯形，角点只可在坐标轴方向上移动；拖动变换框四条边上的任一中间点时，图像可变为等高或等宽的自由平行四边形，中间点只可在坐标轴方向上移动。

⑤ 按住【Ctrl】+【Alt】键并单击。拖动变换框四个角中的任一角点时，图像为相邻两角位置不变的菱形；拖动变换框四条边上的任一中间点时，图像为相邻两边中间点位置不变的菱形。

⑥ 按住【Shift】+【Alt】键并单击。拖动变换框四个角中的任一角点时，图像为中心位置不变，可等比例放大或缩小的矩形；拖动变换框四条边上的任一中间点时，图像为中心位置不变，等高或等宽的自由矩形。

⑦ 按住【Ctrl】+【Shift】+【Alt】键并单击。拖动变换框四个角中的任一角点时，图

像可变为等腰梯形、三角形或相对等腰三角形；拖动变换框四条边上的任一中间点时，图像可变为中心位置不变，等高或等宽的自由平行四边形。

- 完成后执行下列操作之一。

① 确认变换：按【Enter】键或单击选项栏中的【提交】按钮。

② 取消变换：按【Esc】键或单击选项栏中的【取消】按钮。

（2）变换。

- 缩放：执行【编辑】→【变换】→【缩放】命令，图像上会出现 8 个控制点，按住鼠标左键同时拖动四个角上的控制点，可以对图像进行纵向或横向的缩放，如图 2-39 所示。

图 2-39　缩放

- 旋转：执行【编辑】→【变换】→【旋转】命令，图像上会出现 8 个控制点，将光标放到四个角上的任意一个控制点上，当其变为弧形的双箭头形状时，按住鼠标左键并拖动鼠标即可旋转图像，如图 2-40 所示。
- 斜切：执行【编辑】→【变换】→【斜切】命令，图像上会出现 8 个控制点，将光标放到四个角上的任意一个控制点上，按住鼠标左键并拖动鼠标即可进行斜切操作，如图 2-41 所示。

图 2-40　旋转

图 2-41　斜切

- 扭曲：执行【编辑】→【变换】→【扭曲】命令，图像上会出现 8 个控制点，将光标放到四个角上的任意一个控制点上，按住鼠标左键并拖动鼠标，可进行水平方向的扭曲操作；将光标放在左右两条边的中间点上，按住鼠标左键并拖动鼠标，可进行垂直方向的扭曲，如图 2-42 所示。

- 透视：执行【编辑】→【变换】→【透视】命令，图像上会出现 8 个控制点，将光标放到四个角上的任意一个控制点上，按住鼠标左键并拖动鼠标，可产生透视的效果，如图 2-43 所示。

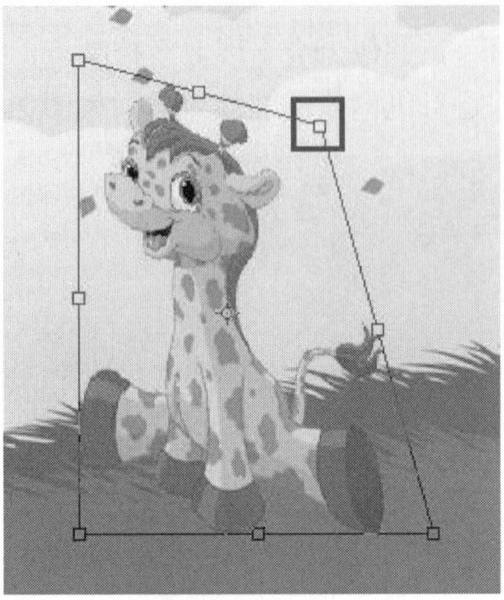

图 2-42　扭曲

图 2-43　透视

- 变形：执行【编辑】→【变换】→【变形】命令，图像上会出现 8 个控制点，将光标放到四个角上的任意一个控制点上，按住鼠标左键并拖动鼠标，可进行任意形状的变形，如图 2-44 所示。也可以使用 Photoshop CC 自带的形状并设置相关参数进行快速变形，如图 2-45 所示。

图 2-44　变形

图 2-45　快速变形

8. 网格

网格的主要功能是对齐对象。借助网格可以更精准地确定所绘制对象的位置，在制作标志、绘制像素图时，网格是必不可少的辅助工具。

执行【视图】→【显示】→【网格】命令，图像上将出现网格，如图 2-46 所示。在默认情况下，网格显示为不可打印出来的线条。

图 2-46　网格

任务 1　利用选区运算制作梅花插画

2.1.1　任务目标及效果说明

本任务通过移动工具、选框工具，使用【变换】命令，结合选区运算，制作梅花插画。本任务所用的素材如图 2-47 所示，完成的效果图如图 2-48 所示。

彩图

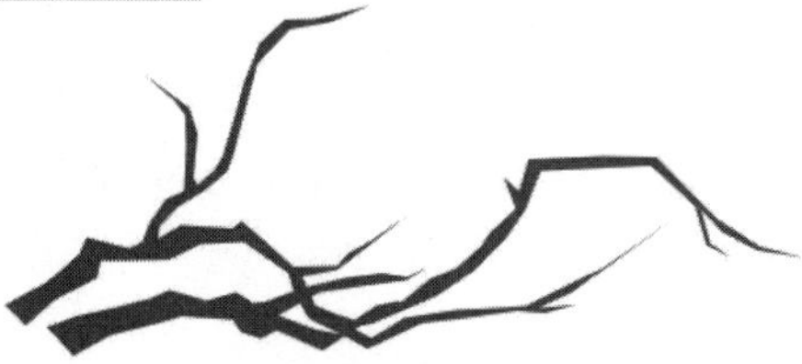

图 2-47　素材

图 2-48　完成的效果图

2.1.2　制作步骤

步骤 1　执行【文件】→【新建】命令，新建一个 1024 像素 × 800 像素，分辨率为 300 像素/英寸的文档，将其命名为“利用选区运算绘制梅花插图”并保存，如图 2-49 所示。

步骤 2 选择工具栏中的【渐变工具】，然后选择选项栏中的点按可编辑图标（如图 2-50 所示），打开【渐变编辑器】对话框，相关设置如图 2-51 所示。接下来使用【移动工具】单击【设置前景色】按钮，设置前景色和背景色，如图 2-52 所示。

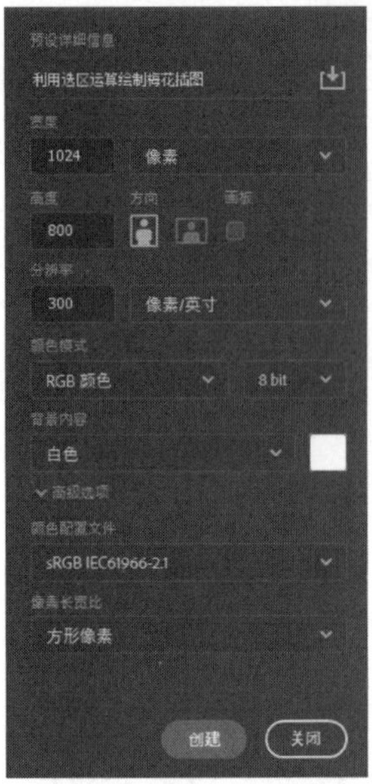

图 2-49 新建文档

图 2-50 点按可编辑图标

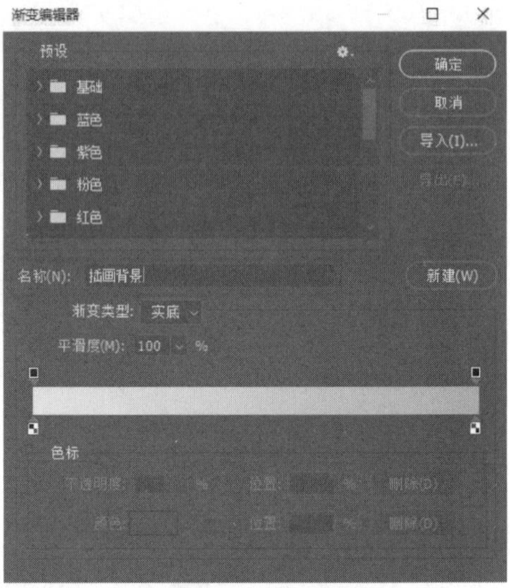

图 2-51 渐变编辑器

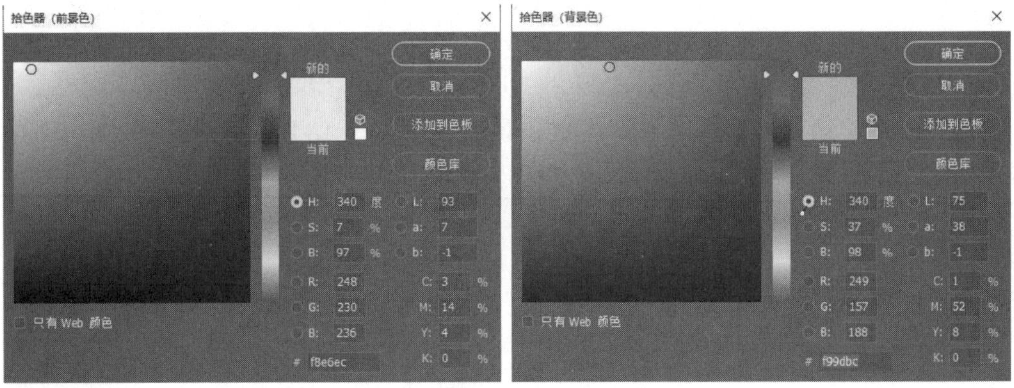

图 2-52 设置前景色和背景色

步骤 3 单击选项栏中的【线性渐变】按钮，执行从上到下的线性渐变填充，得到插画背景，如图 2-53 所示。

步骤 4 绘制梅花第 1 片花瓣。

（1）创建新组，使用【移动工具】单击【图层】面板下方的【创建新组】按钮，将其命名为“梅花 1”。接下来在“梅花 1”组下面创建一个图层，并命名为“梅花”，如图 2-54 所示。使用【移动工具】选择工具栏中的【矩形选框工具】，单击选项栏中的【添加到选区】按钮，设置矩形的样式和大小，绘制矩形，如图 2-55 所示。然后选择工具栏中的【椭圆选框工具】，单击选项栏中的【添加到选区】按钮，使用相同的方法设置椭圆的样式和大小，绘制圆形，如图 2-56 所示。绘制出的第 1 片花瓣选区如图 2-57 所示。

图 2-53　插画背景效果

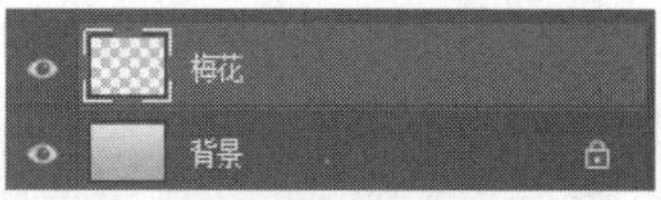

图 2-54　创建“梅花”图层

图 2-55　设置矩形的样式和大小并绘制矩形

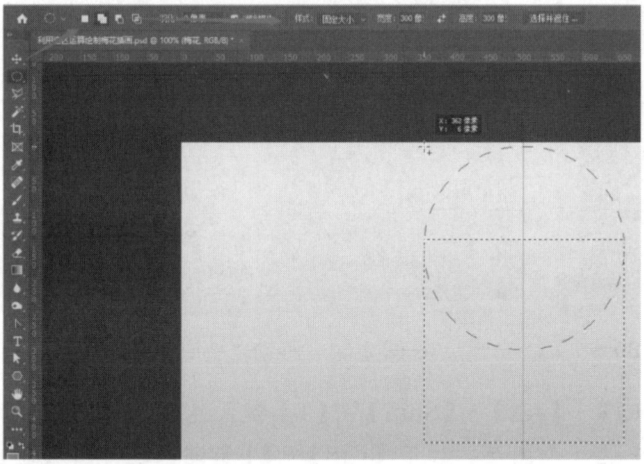

图 2-56　设置椭圆的样式和大小并绘制圆形

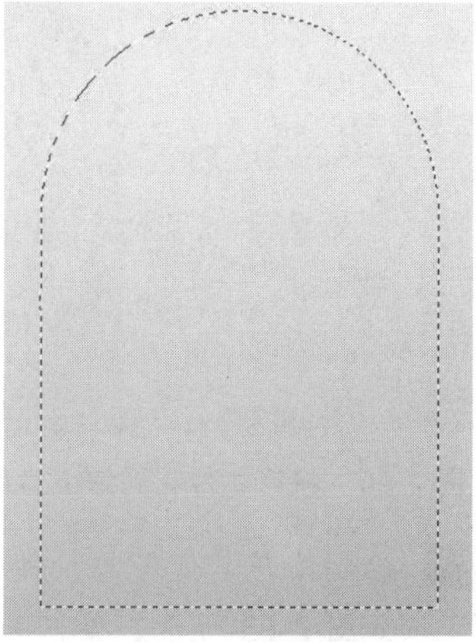

图 2-57　第 1 片花瓣选区

（2）填充第 1 片花瓣颜色。使用【移动工具】单击【设置前景色】按钮，设置前景色，如图 2-58 所示。接下来进行前景色填充，如图 2-59 所示。

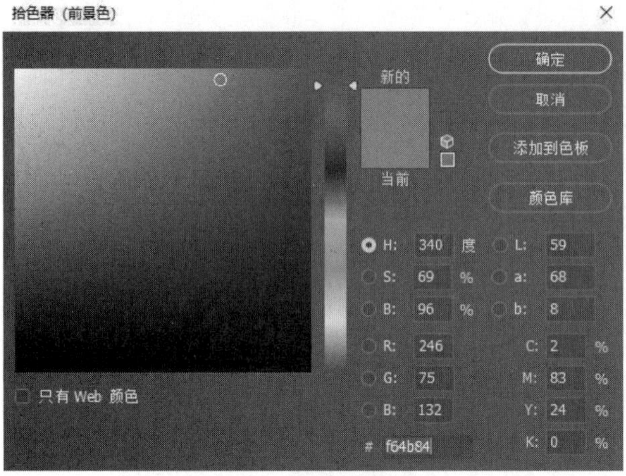

图 2-58　设置前景色

图 2-59　前景色填充

（3）选中“梅花”图层，执行【编辑】→【自由变换】命令，在选项栏的【W】和【H】框中输入 80%，将第 1 片花瓣缩小为原来的 80%，如图 2-60 所示。使用【移动工具】将“中心参考点”移到下方，如图 2-61 所示。接下来在选项栏的角度框 0.00 度中输入 72，设置旋转角度为 72°，然后按两次【Enter】键确定旋转，效果如图 2-62 所示。

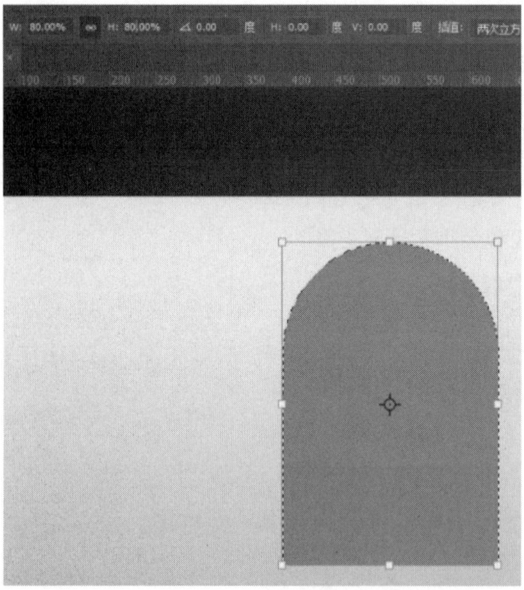

图 2-60　将第 1 片花瓣缩小为原来的 80%

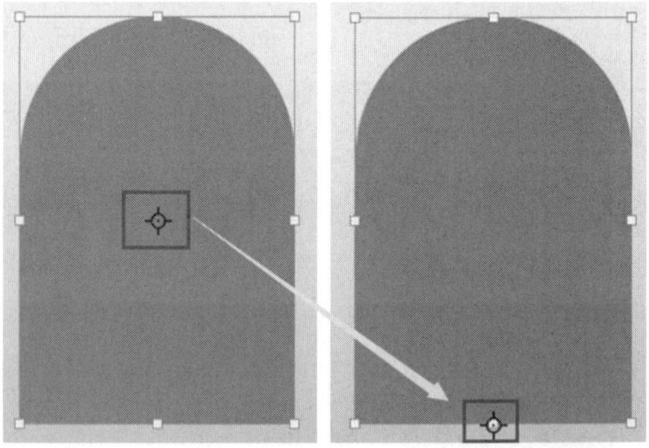

图 2-61　移动“中心参考点”

步骤 5　绘制梅花其他花瓣。按下【Ctrl】+【Alt】+【Shift】+【T】键，复制旋转图层 4 次，如图 2-63 所示。接下来，选中这 5 个图层，按下【Ctrl】+【E】键，进行图层合并，将合并后的图层重命名为“梅花 1”图层。

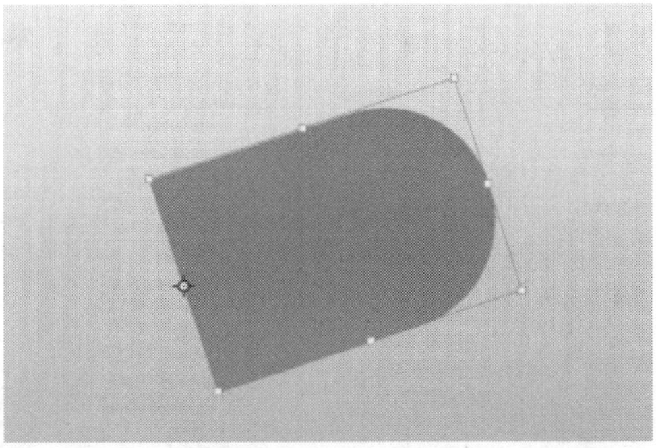

图 2-62　设置旋转角度并确定旋转

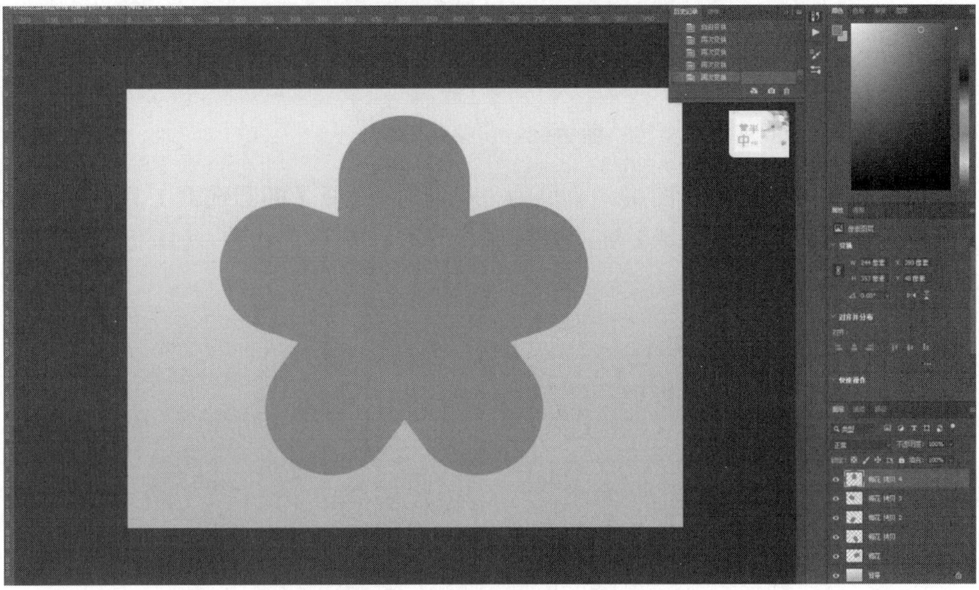

图 2-63　复制旋转图层 4 次

步骤 6　绘制梅花花蕊。

（1）使用【移动工具】单击【设置前景色】按钮，设置梅花花蕊颜色，如图 2-64 所示。

图 2-64　设置梅花花蕊颜色

（2）按住【Ctrl】+【R】键，使用【移动工具】拉出水平参考线和垂直参考线。然后使用【移动工具】选中“梅花 1”图层，执行【编辑】→【自由变换】命令，将花朵居中，如图 2-65 所示。

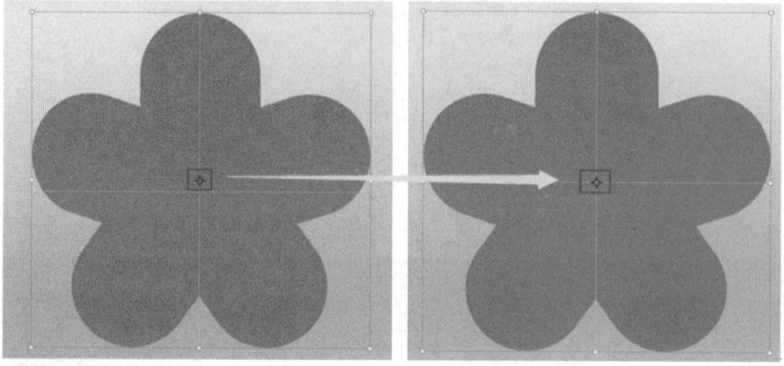

图 2-65 将花朵居中

（3）绘制圆心。创建一个图层，命名为“花蕊”，选择【椭圆选框工具】，对准中心参考点，同时按下【Alt】+【Enter】键，绘制圆心，然后按下【Alt】+【Delete】键填充前景色，如图 2-66 所示。

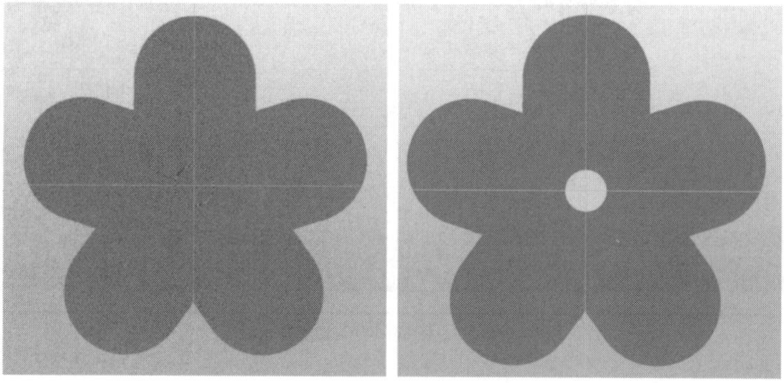

图 2-66 绘制圆心

（4）绘制 5 个小圆形。创建 5 个图层，分别命名为“花蕊 1”“花蕊 2”“花蕊 3”“花蕊 4”“花蕊 5”。参考上面的步骤 6 中的第（3）步，绘制小圆形并填充颜色，如图 2-67 所示。

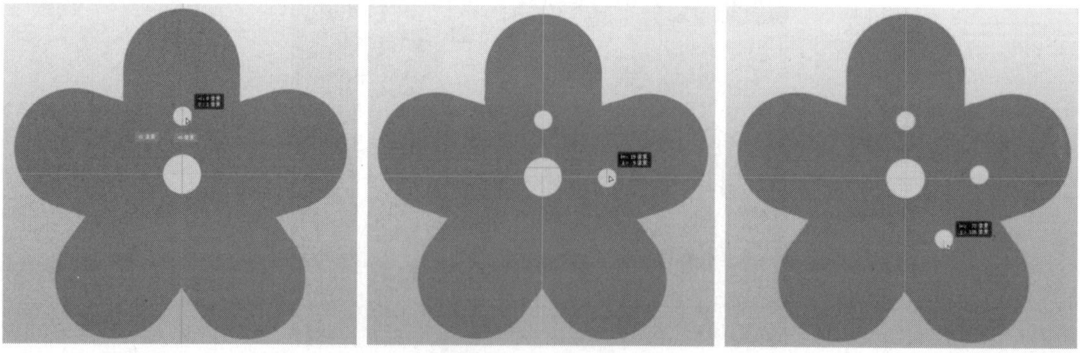

图 2-67 绘制 5 个小圆形

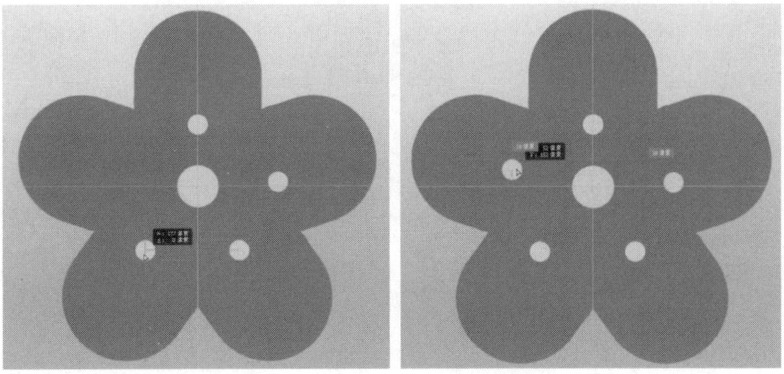

图 2-67　绘制 5 个小圆形（续）

（5）绘制直线。

- 创建一个图层，命名为“直线”。选择【矩形选框工具】，设置矩形的样式和大小，如图 2-68 所示。然后绘制矩形，按下【Alt】+【Delete】键填充前景色，如图 2-69 所示。接下来使用【移动工具】将矩形移到合适的位置，如图 2-70 所示。

图 2-68　设置矩形样式和大小

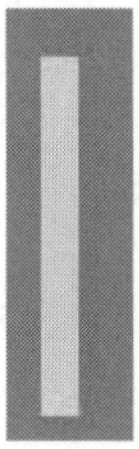

图 2-69　填充前景色

- 使用【移动工具】单击“直线”图层。按下【Ctrl】+【J】键，复制图层，得到“直线 拷贝 1”图层，按下【Ctrl】+【T】键，对“直线 拷贝 1”图层中的直线进行适当旋转，并将其移到合适的位置，如图 2-71 所示。
- 再复制 3 次“直线”图层，并完成 3 条直线的旋转和位置调整，如图 2-72、图 2-73 所示。至此，第 1 朵梅花绘制完成。

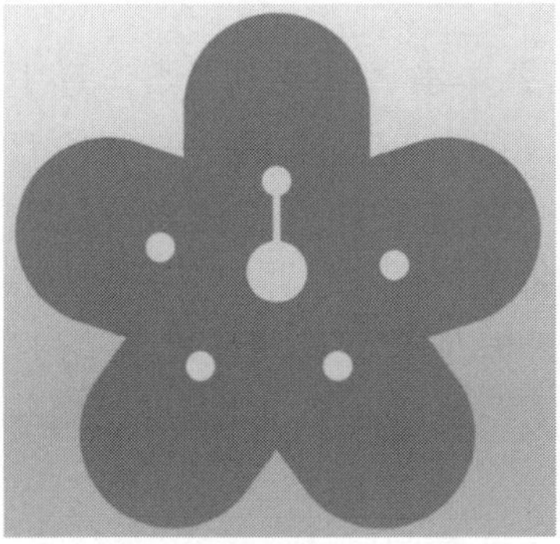

图 2-70　将矩形移到合适的位置

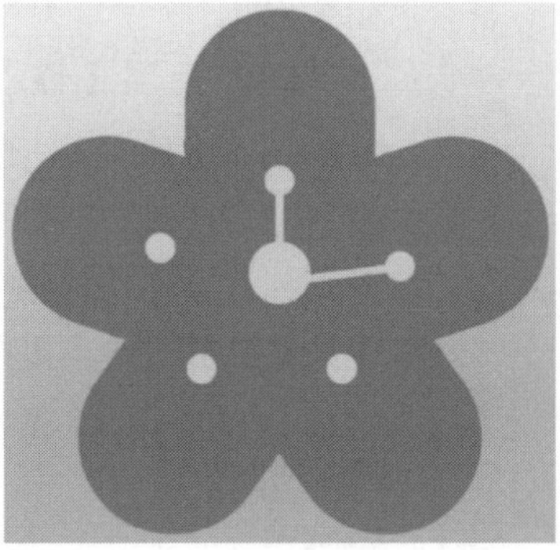

图 2-71　复制图层并移到合适的位置

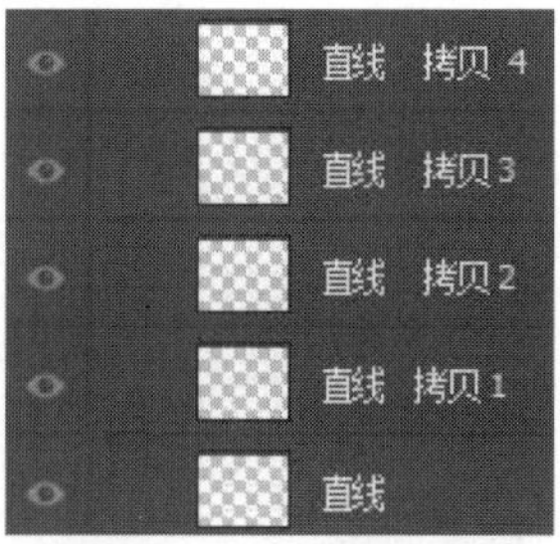

图 2-72　复制图层

步骤 7 绘制背景圆。参考步骤 6 中的第（3）步绘制圆形，设置前景色为白色，按下【Alt】+【Delete】键填充前景色，完成背景圆绘制，如图 2-74 所示。

图 2-73　对直线进行适当旋转及位置调整

步骤 8　移入梅枝。按下【Ctrl】+【O】键，打开素材文件夹，双击“梅枝.PSD”，打开后，使用【移动工具】将梅枝移入“利用选区运算绘制梅花插图.PSD”文档，并调整其位置和大小，如图 2-75 所示。

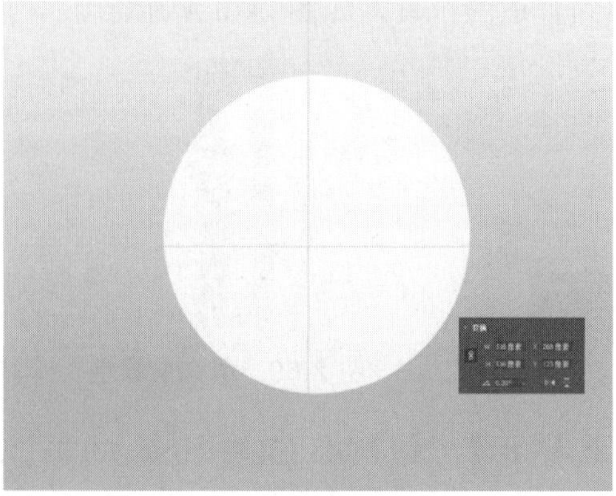

图 2-74　完成背景圆绘制

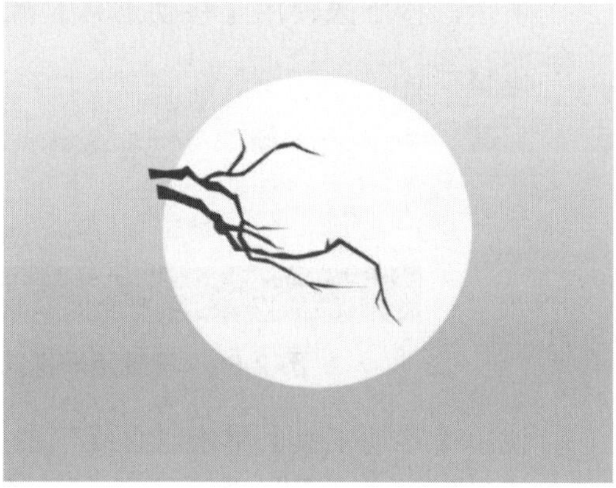

图 2-75　移入梅枝

步骤 9　创建“梅花朵朵”组。

（1）使用【移动工具】单击【图层】面板下方的【创建新组】按钮，将其命名为“梅花朵朵”。

（2）使用【移动工具】单击“梅花 1”组，选中组里所有的图层，按下【Ctrl】+【C】键，复制所有图层，然后按下【Ctrl】+【E】键，合并所有图层，得到一个新图层，将其命名为“梅花”，并将其移到“梅花朵朵”组中，同时隐藏“梅花 1”组（单击“梅花 1”组前面的小眼睛图标，使图标消失，即 梅花 1 → 梅花 1）。

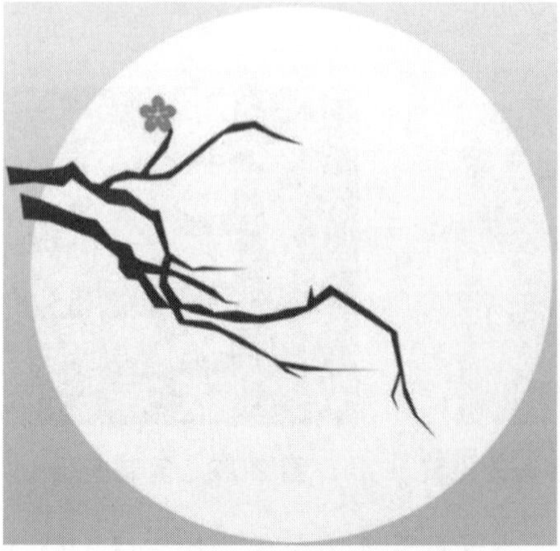

图 2-76　为梅枝添加第 1 朵梅花

步骤 10　为梅枝添加第 1 朵梅花。

（1）使用【移动工具】单击“梅花”图层，按下【Ctrl】+【T】键，设置“梅花”图层中梅花的位置和大小，如图 2-76 所示。

（2）添加其他梅花。

使用【移动工具】单击“梅花”图层，按下【Ctrl】+【J】键，得到“梅花 拷贝”图层，设置“梅花 拷贝”图层中的梅花的大小，使用【移动工具】将其移到合适的位置，如图 2-77 所示。接下来使用相同的方法，制作并添加其他梅花，如图 2-78 所示。

图 2-77　为梅枝添加第 2 朵梅花

步骤 11　为梅枝添加花苞。选择【椭圆选框工具】，单击选项栏中的【添加到选区】按钮，绘制两个相交的椭圆，并为该选区填充颜色，完成花苞的制作，如图 2-79 所示。使用相同的方法制作并添加其他花苞，如图 2-80 所示。

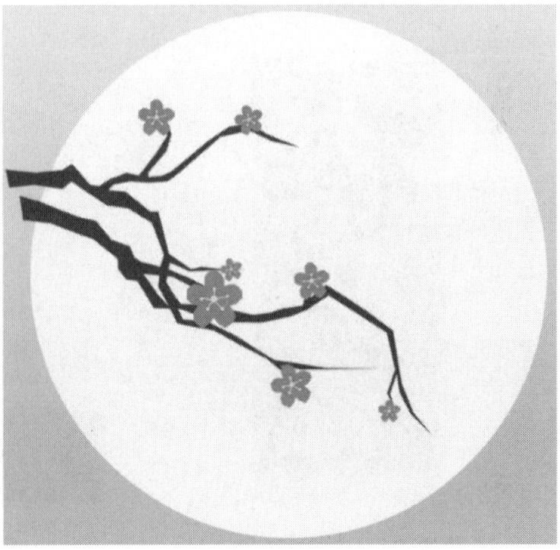

图 2-78　制作并添加其他梅花

步骤 12　输入文字。

（1）选择【直排文字工具】，在选项栏中将字体设置为华文行楷，字号设置为 70 点。接下来输入“梅花”二字，如图 2-81 所示，然后使用【移动工具】单击文字图层“梅花”的缩略图，得到文字选区，如图 2-82、图 2-83 所示。

（2）使用【移动工具】单击【设置前景色】按钮，设置文字颜色，如图 2-84 所示。创建一个图层，命名为“文字-梅花”，按下【Alt】+【Delete】键，填充前景色，如图 2-85 所示。与此同时，隐藏文字图层“梅花”。

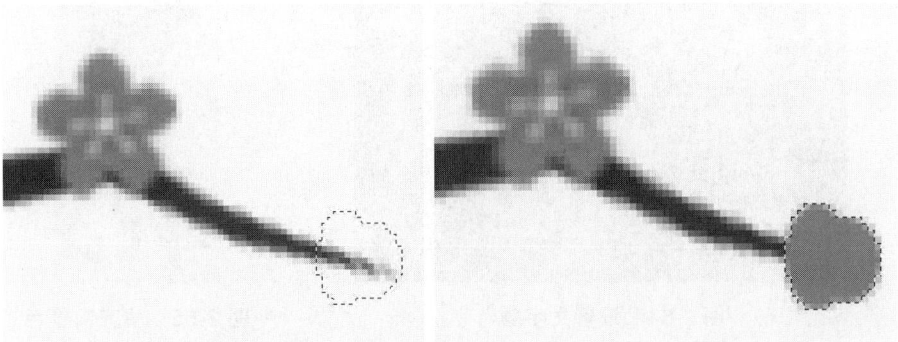

图 2-79　为梅枝添加第 1 个花苞

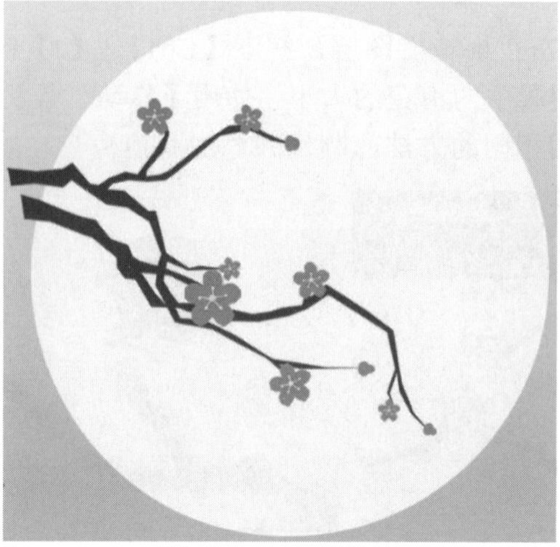

图 2-80　制作并添加其他花苞

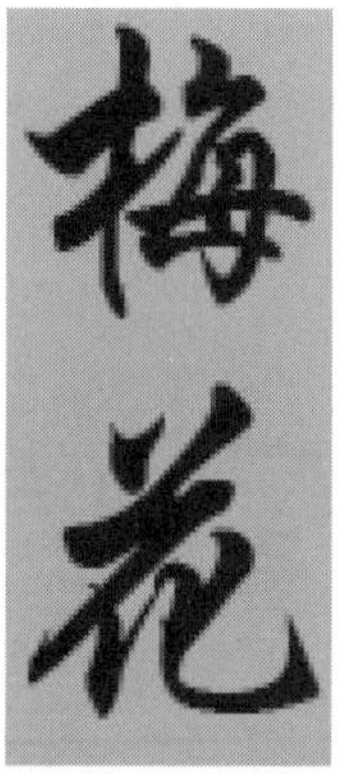

图 2-81　输入文字

图 2-82　单击缩略图

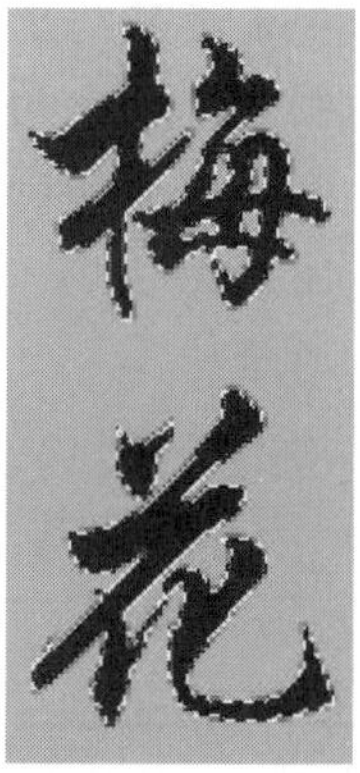

图 2-83　得到文字选区

图 2-84　设置文字颜色

图 2-85　填充前景色

（3）设置艺术字。选择【橡皮擦工具】，将“花”的笔画“丿”擦除掉，并参考步骤 10 的第（2）步“添加其他梅花”，在文字图层中添加一朵梅花，调整其位置和大小，如图 2-86 所示。

图 2-86　在文字图层中添加一朵梅花

（4）绘制画框。使用【移动工具】单击【设置前景色】按钮，设置画框颜色，如图 2-87 所示；用【移动工具】选择【自定形状工具】，如图 2-88 所示；在选项栏中将【形状】设置为【画框】组中的第 3 个形状，绘制画框，如图 2-89、图 2-90 所示；使用【移动工具】单击【路径】面板中的【将路径作为选区载入】按钮，如图 2-91 所示；创建一个图层，命名为“画框”，按下【Alt】+【Delete】键，填充前景色，如图 2-92 所示。

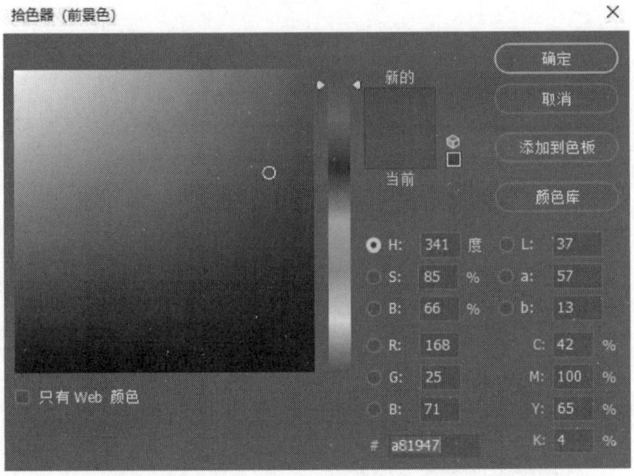

图 2-87　设置画框颜色

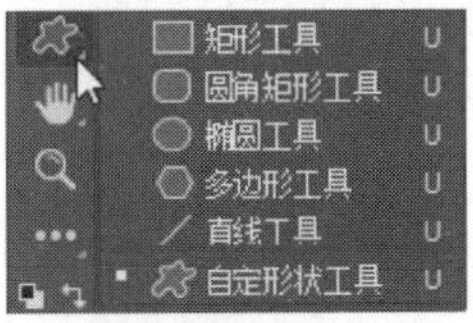

图 2-88　选择【自定形状工具】

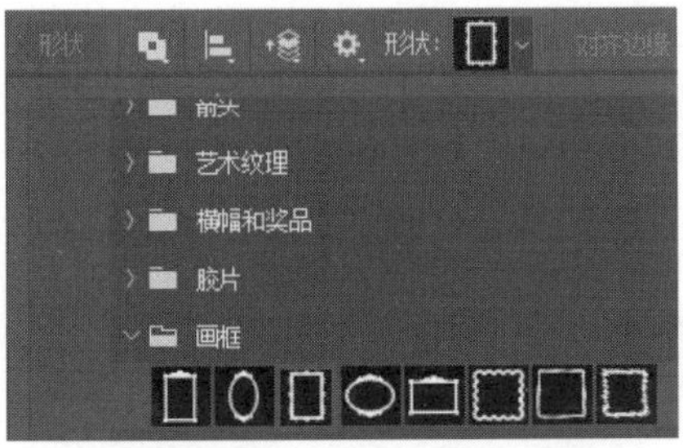

图 2-89　选择画框形状

图 2-90　绘制画框

（5）设置文字背景颜色。创建一个图层，命名为“文字背景颜色”，选择【矩形选框工具】，单击选项栏中的【与选区相交】按钮，绘制矩形，如图 2-93 所示。使用【移动工具】单击【设置前景色】按钮，设置文字背景填充颜色，然后按【Alt】+【Delete】键，填充前景色，如图 2-94 所示。到此，得到完成的效果图。

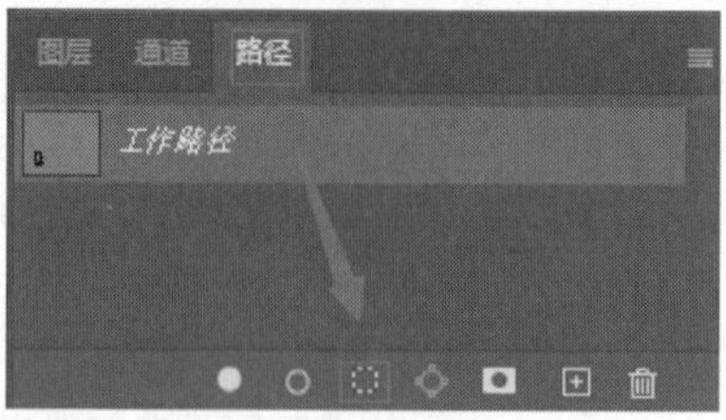

图 2-91　将路径作为选区载入

图 2-92　为画框填充前景色

图 2-93　绘制矩形

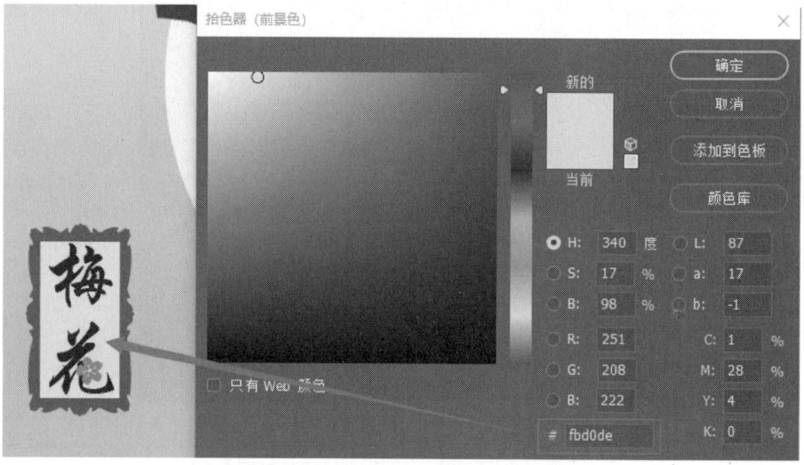

图 2-94　为文字背景填充颜色

操作技巧

进行变换时，首先选择要变换的对象，然后执行【变换】命令。必要时，可在处理变换之前调整参考点。另外，变换功能对于“背景”图层是不起作用的。

任务 2　利用变换制作折扇

2.2.1　任务目标及效果说明

本任务通过移动工具、矩形选框工具、椭圆选框工具、多边形套索工具、橡皮擦工具等，使用【变换】命令，绘制折扇。本任务所用的素材如图 2-95 所示，完成的效果图如图 2-96 所示。

彩图

图 2-95　素材

图 2-96　完成的效果图

2.2.2　制作步骤

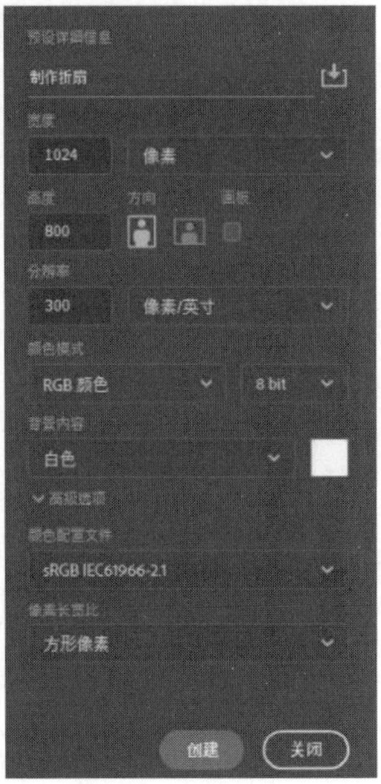

图 2-97　新建文档

步骤 1　执行【文件】→【新建】命令，新建一个 1024 像素 × 800 像素，分辨率为 300 像素/英寸的文档，将其命名为“制作折扇”并保存，如图 2-97 所示。

步骤 2　制作扇骨。

（1）创建新组，使用【移动工具】单击【图层】面板下方的【创建新组】按钮，将其命名为“扇骨”。

（2）使用【移动工具】单击【设置前景色】按钮，设置前景色和背景色，如图 2-98、图 2-99 所示。

（3）在“扇骨”组下创建一个图层，并命名为“蓝色”。使用【移动工具】选择工具栏中的【矩形选框工具】，在选项栏中设置矩形的样式和大小，然后绘制矩形，按【Alt】+【Enter】键，填充前景色，如图 2-100、图 2-101 所示。接下来创建一个图层，并命名为“黄色”，选择工具栏中的【椭圆选框工具】，在选项栏中设置椭圆的样式和大小，绘制圆形，如图 2-102、图 2-103 所示。

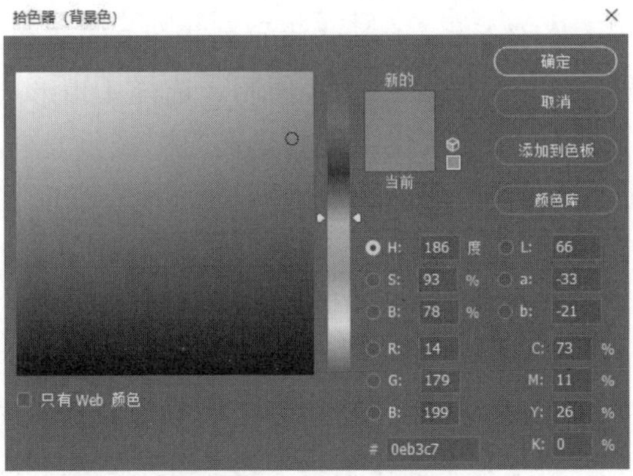

图 2-98　设置前景色

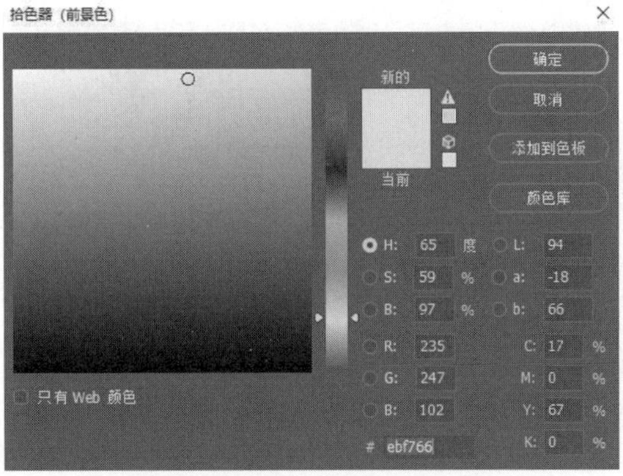

图 2-99　设置背景色

图 2-100　设置矩形的样式和大小

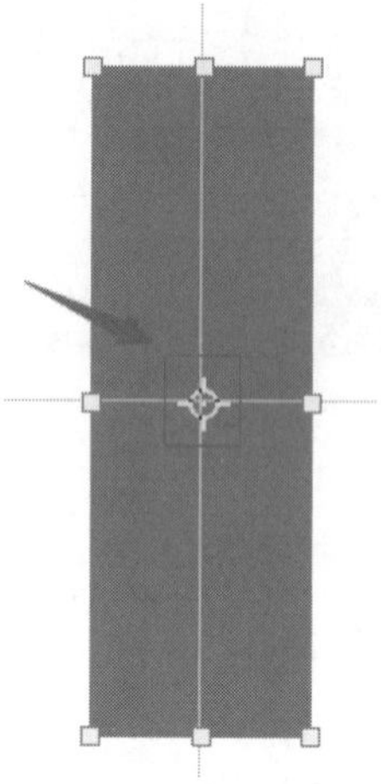

图 2-101　绘制矩形并填充前景色

图 2-102　设置椭圆的样式和大小

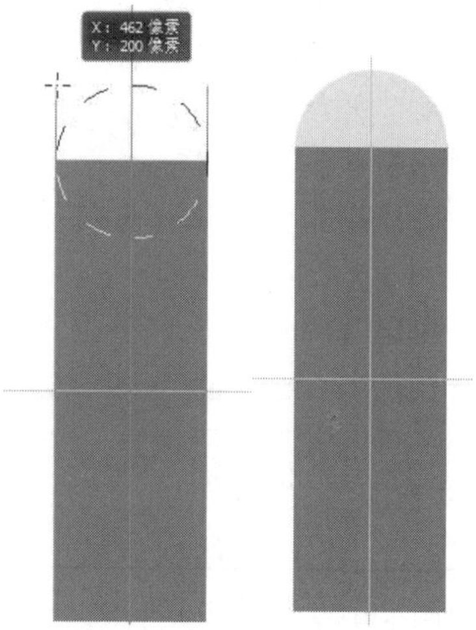

图 2-103　绘制圆形

图 2-104　设置前景色

（4）创建一个图层，并命名为“灰色”。使用【移动工具】单击【设置前景色】按钮，设置前景色，如图 2-104 所示。选择【矩形选框工具】，在选项栏中设置矩形的样式和大小，然后绘制矩形，如图 2-105、图 2-106 所示。按【Alt】+【Enter】键，填充前景色。使用【移动工具】单击“蓝色”图层，然后按住【Shift】键，单击“灰色”图层，将“蓝色”“黄色”“灰色”三个图层选中，使用【移动工具】单击选项栏中的【水平居中对齐】按钮，使三个图层中的图形水平居中对齐，如图 2-107 所示。

图 2-105　设置矩形的样式和大小

图 2-106　绘制矩形

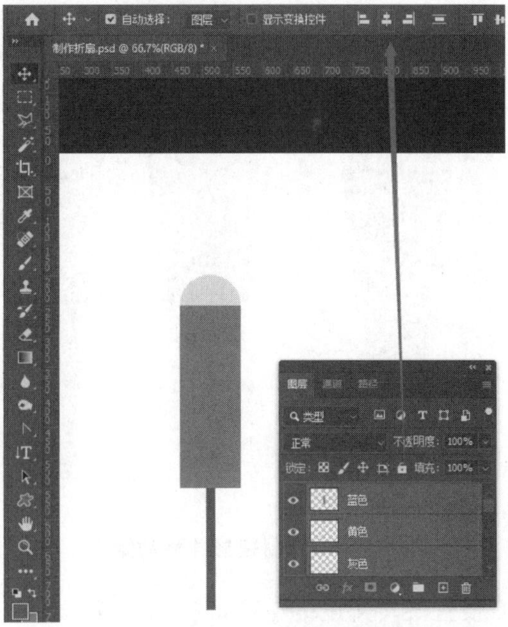

图 2-107　三个图层中的图形水平居中对齐

（5）使用【移动工具】单击“蓝色”图层，执行【编辑】→【变换】→【透视】命令。接下来，按下【Ctrl】+【E】键，将三个图层合并，重命名为“扇骨”。

（6）使用【移动工具】单击“扇骨”图层，按下【Ctrl】+【T】键将扇骨图形缩小为原来的70%，并放置在合适的位置上，如图 2-108 所示。

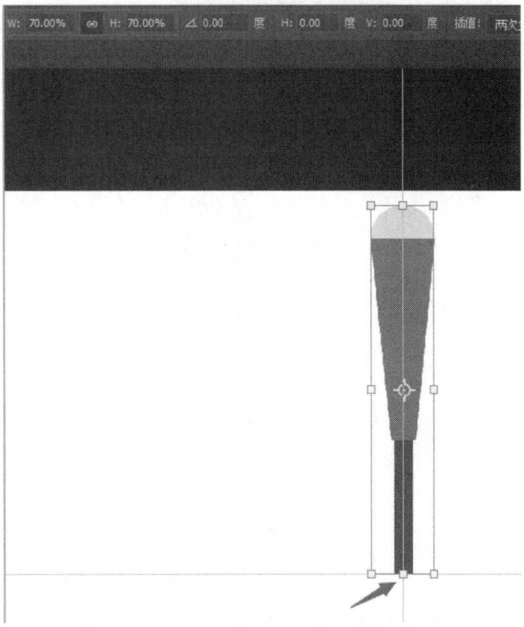

图 2-108　调整扇骨图形的大小和位置

（6）创建一个新图层，命名为“矩形”。选择【矩形选框工具】，设置矩形的样式和大小，如图 2-109 所示，绘制矩形。接下来按下【Ctrl】+【Delete】键填充背景色，然后按【Ctrl】+【T】键，移动矩形，使用【橡皮擦工具】将多余的部分擦除，效果如图 2-110 所示。

（7）使用【移动工具】单击“矩形”图层和“扇骨”图层，按下【Ctrl】+【E】键，合并这两个图层，并重命名为“扇骨”。

步骤 3　制作折扇。

（1）使用【移动工具】单击“扇骨”图层，按下【Ctrl】+【T】键，移动旋转中心点，如图 2-111 所示。

图 2-109　设置矩形的样式和大小

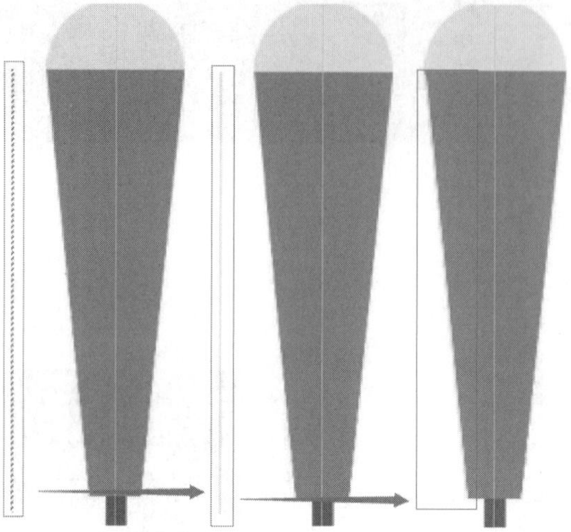

图 2-110　绘制矩形并移动矩形

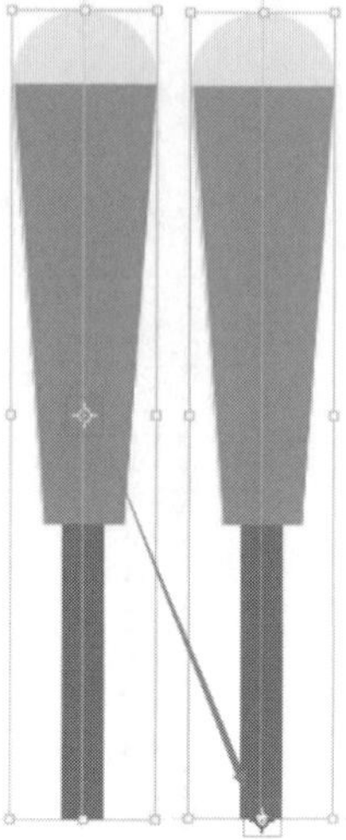

图 2-111　移动旋转中心点

（2）设置旋转角度为 10°，按两次【Enter】键确定旋转，如图 2-112 所示。按【Ctrl】+【Alt】+【Shift】+【T】键，复制旋转图层 16 次，效果如图 2-113 所示。

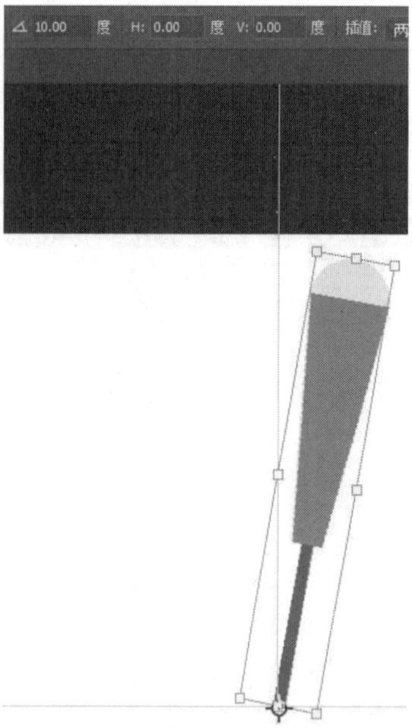

图 2-112　确定旋转

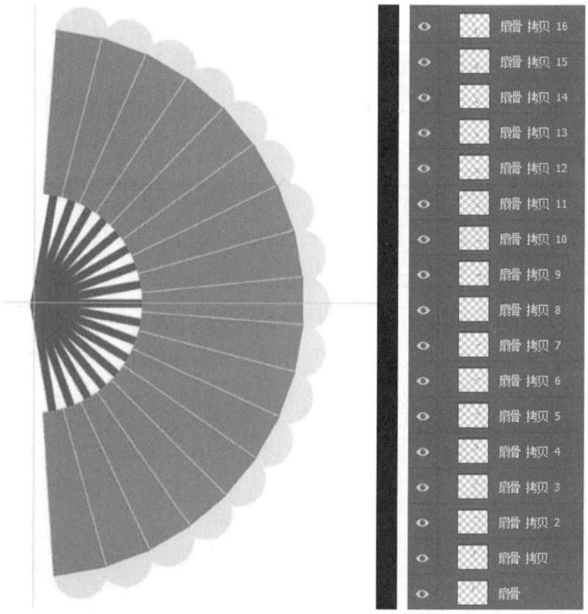

图 2-113　复制旋转图层 16 次

（3）选中所有的扇骨图层，按下【Ctrl】+【E】键，合并这 17 个图层，并重命名为“折扇”，按下【Ctrl】+【T】键对“折扇”进行−90° 旋转，调整其至合适的位置，如图 2-114 所示。

图 2-114　旋转并调整折扇至合适的位置

步骤 4　制作扇坠。

（1）使用【移动工具】单击“折扇”图层，使用【椭圆选框工具】绘制一个圆形，如图 2-115 所示。按【Ctrl】+【J】键，复制图层，得到“折扇 拷贝”图层，使用【移动工具】单击“折扇 拷贝”图层，执行【编辑】→【变换】→【垂直翻转】命令，对扇坠进行垂直翻转操作，如图 2-116 所示。

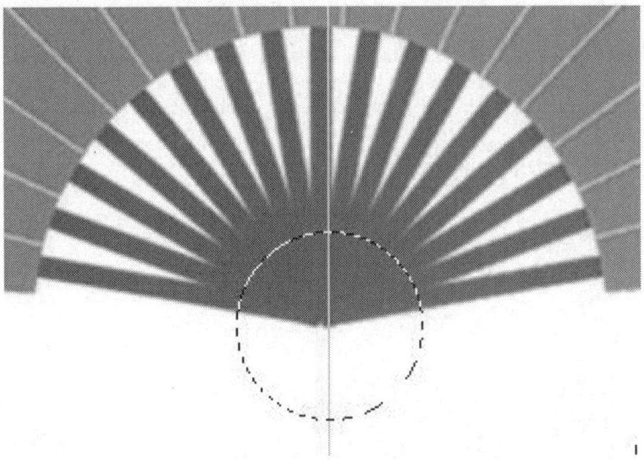

图 2-115　使用【椭圆选框工具】绘制一个圆形

图 2-116　对扇坠进行垂直翻转操作

（2）使用【移动工具】将扇坠移到合适的位置，如图 2-117 所示。

图 2-117　扇坠完成效果

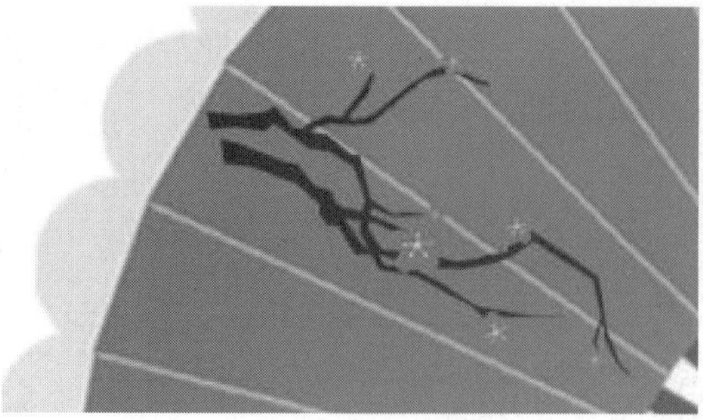

图 2-118　移入梅花

步骤 5　制作折扇上的图案。

（1）按【Ctrl】+【O】键，打开素材文件夹，双击“梅花朵朵.PSD”，打开后，使用【移动工具】将梅花移入“制作折扇.PSD”文档，并调整其位置和大小，如图 2-118 所示。执行【编辑】→【变换】→【垂直翻转】命令，对梅花进行垂直翻转操作，如图 2-119 所示。对于超出蓝色背景部分的梅枝，使用【橡皮擦工具】擦除，如图 2-120 所示。

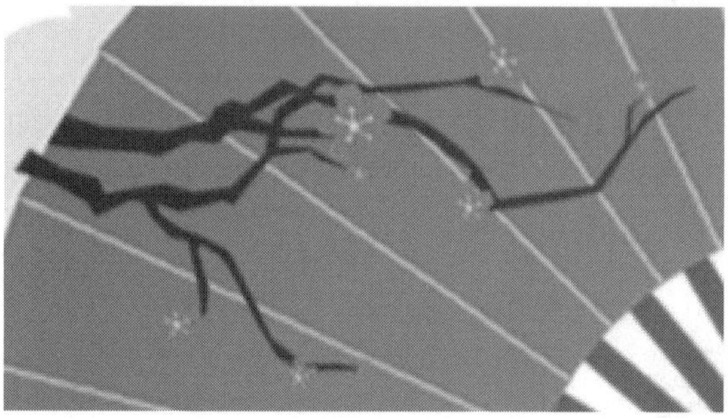

图 2-119　对梅花进行垂直翻转操作

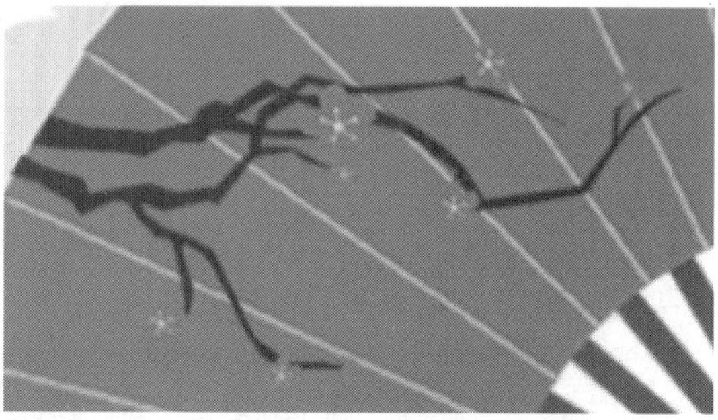

图 2-120　擦除多余的梅枝

（2）使用【多边形套索工具】选中部分梅花，如图 2-121 所示。按【Ctrl】+【J】键对选区进行复制，得到新图层，命名为“小梅枝”，对“小梅枝”图层执行【编辑】→【变换】→【水平翻转】命令，对梅花进行水平翻转操作，并将其移到合适的位置上，如图 2-122 所示。到此，得到完成的效果图。

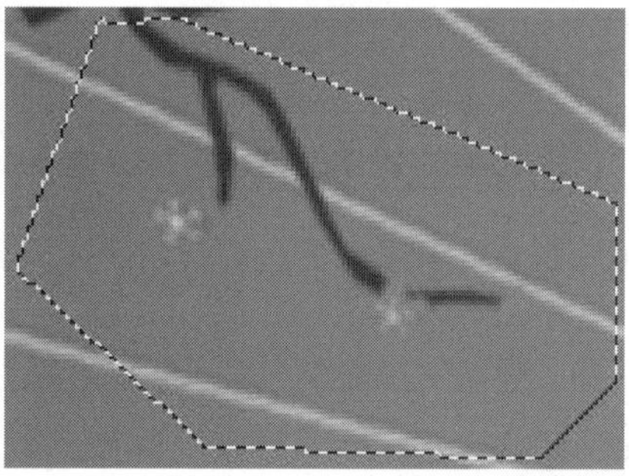

图 2-121　选中部分梅花

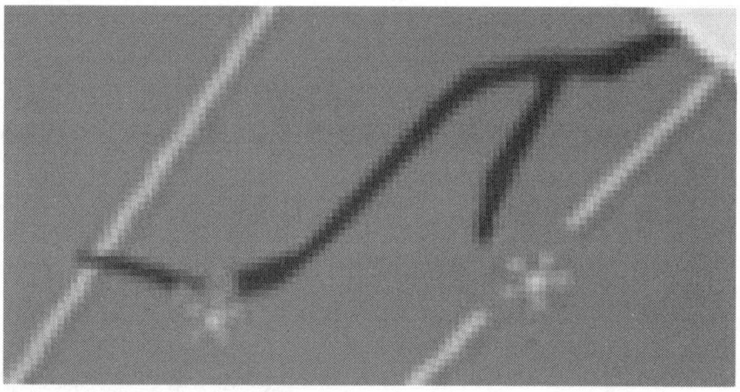

图 2-122　对梅花进行水平翻转操作并移动

任务 3　利用变换制作创口贴包装盒

2.3.1　任务目标及效果说明

本任务的目标是让学生熟练掌握图像移动，图像旋转、变换、变形的方法。本任务演示制作创口贴包装盒的过程。通过本任务的实践，学生能熟练掌握【缩放】【旋转】【斜切】【扭曲】【透视】【变形】等命令。本任务所用的素材如图 2-123 所示，完成的效果图如图 2-124 所示。

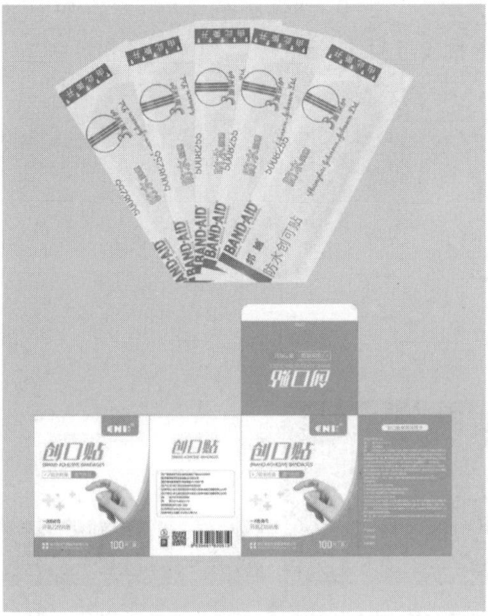

图 2-123　素材

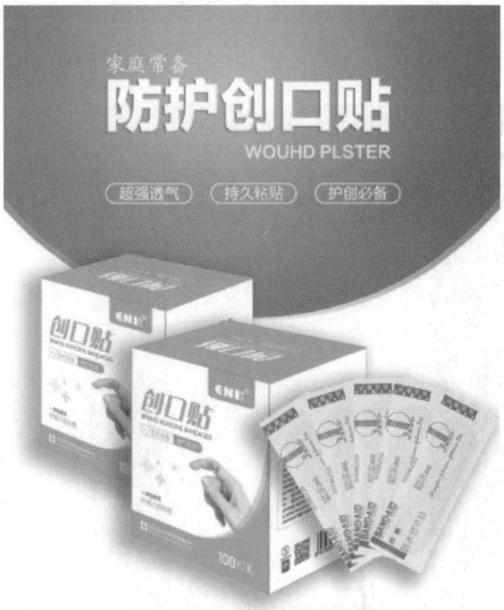

图 2-124　完成的效果图

2.3.2　制作步骤

步骤 1　执行【文件】→【新建】命令，新建一个 A4 纸大小、竖向、分辨率为 300 像素/英寸的文档，如图 2-125 所示。

图 2-125　新建文档

步骤 2　用【椭圆选框工具】进行如图 2-126 所示的选择，创建“图层 1”，如图 2-127 所示。

步骤 3　选择工具栏中的【渐变工具】，在选项栏中单击【中心渐变】按钮，如图 2-128 所示，在弹出的【渐变编辑器】对话框中调整渐变颜色，为其添加渐变，如图 2-129 所示。执行【选择】→【修改】→【扩展】命令，将其边缘扩展 20 像素，如图 2-130 所示。接下来为扩展的边缘添加渐变，如图 2-131 所示。

图 2-126　用【椭圆选框工具】进行选择

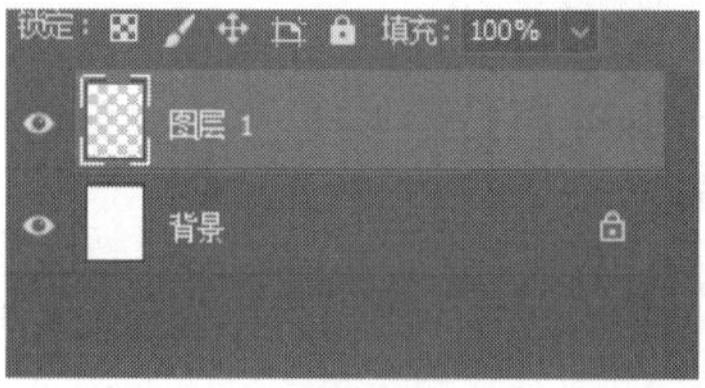

图 2-127　创建“图层 1”

图 2-128　单击【中心渐变】按钮

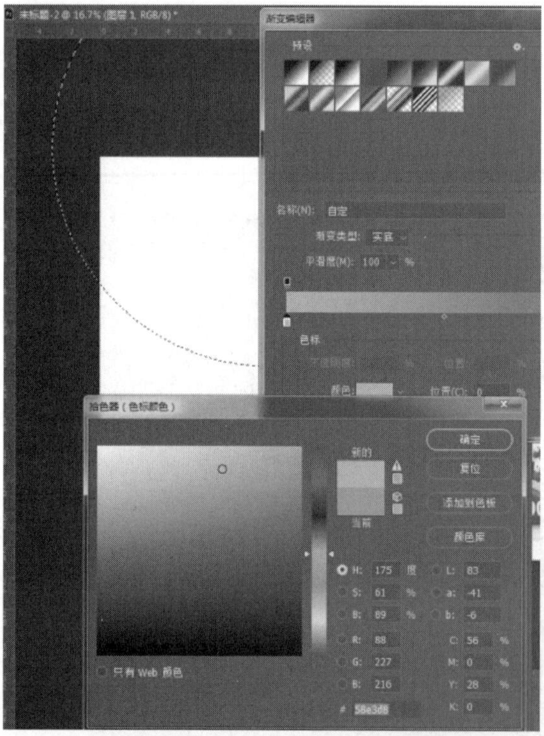

图 2-129　在【渐变编辑器】对话框中调整渐变颜色

图 2-130　边缘扩展 20 像素

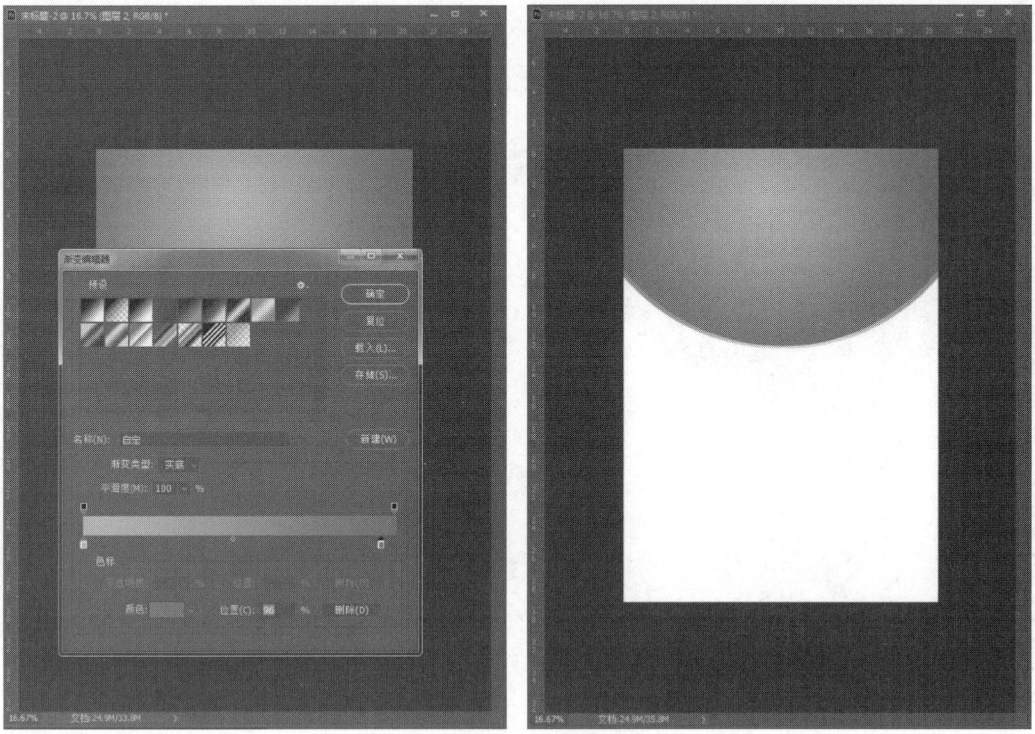

图 2-131　为扩展的边缘添加渐变

步骤 4　输入文字，如图 2-132 所示。

步骤 5　执行【文件】→【打开】命令，打开素材“包装平铺图.jpg”，如图 2-133 所示。

图 2-132　输入文字

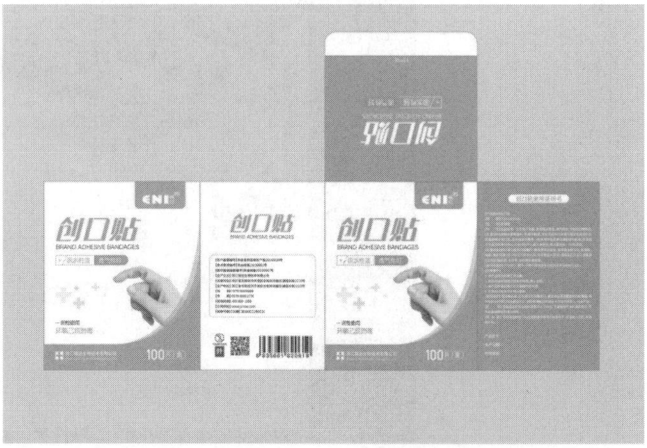

图 2-133　打开素材“包装平铺图.jpg”

步骤 6　选择工具栏中的【矩形选框工具】，逐个选择包装盒的三个面并将其移至做好的背景图中，每个面的图层均独立，如图 2-134 所示。

步骤 7 对三个面的图层，分别执行【编辑】→【变换】→【扭曲】命令，各面图像周围会出现变换框，分别拖动四个角上的控制点，改变图像的倾斜角，按【Enter】键确认操作，变换后的效果如图 2-135 所示。

图 2-134 将包装盒的三个面移至做好的背景图中

图 2-135 变换后效果

步骤 8 分别选中包装盒三个面的图层，单击鼠标右键，执行【图层合并】命令，进行图层合并。然后双击合并后的图层，调节图层样式，给合并后的图层添加投影效果。最后，复制添加投影效果后的图层，并将其移动到合适的位置上，效果如图 2-136 所示。

图 2-136 添加投影效果并复制图层

步骤 9 打开素材“创口贴.jpg”，将其移入背景图中并移到合适的位置。到此，得到完成的效果图。

任务 4　利用裁剪制作一寸照

2.4.1　任务目标及效果说明

本任务的目标是让学生熟练运用裁剪工具进行图片裁剪，熟练运用【画布大小】命令扩展画布的边界，熟练运用【图案填充】命令使用自定义图案。本任务所用的素材如图 2-137 所示，完成的效果图如图 2-138 所示。

图 2-137　素材

图 2-138　完成的效果图

2.4.2　制作步骤

步骤 1　执行【文件】→【打开】命令，打开素材“人物.jpg”，如图 2-139 所示。打开素材后的界面如图 2-140 所示.

图 2-139　打开素材“人物.jpg”

步骤 2　选择工具栏中的【裁剪工具】，如图 2-141 所示。在选项栏中设置其宽度为 2.5cm，高度为 3.5cm，分辨率为 300 像素/厘米，效果如图 2-142 所示。

图 2-140　打开素材后的界面

图 2-141　裁剪工具

步骤 3　适当调整裁剪框，使裁剪框在人物素材合适的位置上，按【Enter】键即可进行裁剪，裁剪效果如图 2-143 所示。

图 2-142　设置裁剪工具参数

图 2-143　裁剪效果

步骤 4　执行【图像】→【画布大小】命令，设置画布参数，如图 2-144 所示，画布扩展效果如图 2-145 所示。

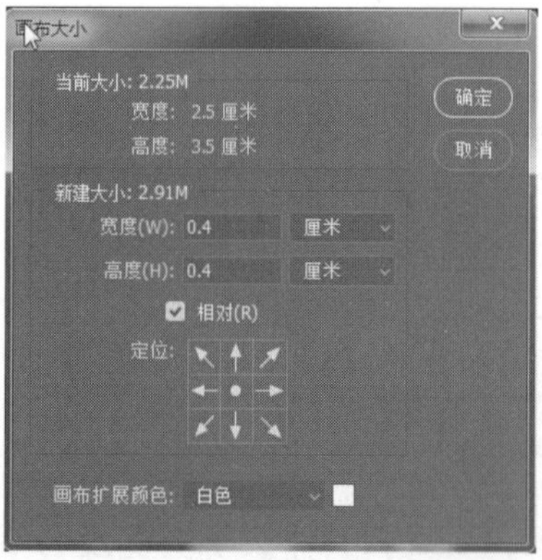

图 2-144　设置画布参数

图 2-145　画布扩展效果

步骤 5　执行【编辑】→【定义图案】命令，将图案命名为“一寸证件照”。

步骤 6　执行【文件】→【新建】命令，新建文档并设置相关参数，如图 2-146 所示。

步骤 7　执行【编辑】→【填充】命令，弹出【填充】对话框，单击【自定图案】右侧的下三角箭头，选择已定义好的“一寸证件照”图案，如图 2-147 所示，然后单击【确定】按钮。到此，得到完成的效果图。

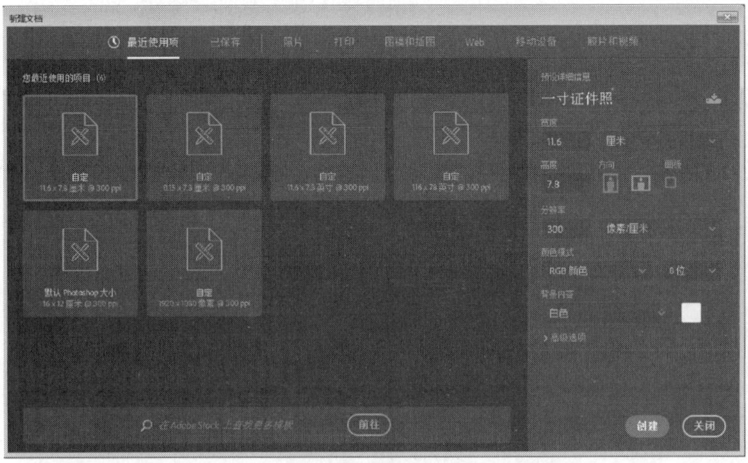

图 2-146　新建文档并设置相关参数

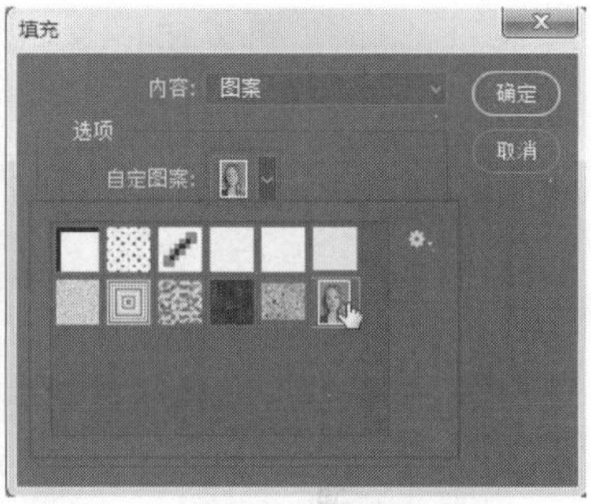

图 2-147　选择自定图案

课后习题

1. 应用【变形】命令，利用图 2-148 所示的素材，完成图像的调整操作，完成的效果图如图 2-149 所示。

2. 使用【变换】命令，完成百事可乐商标的制作，完成的效果图如图 2-150 所示。

图 2-148　素材

图 2-149　完成的效果图

图 2-150　完成的效果图

3. 使用【变换】命令，完成植物贝壳的制作。所用素材如图 2-151 所示，完成的效果图如图 2-152 所示。

4. 利用【变换】与【变形】命令完成盒子的制作。所用素材如图 2-153 所示，完成的效果图如图 2-154 所示。

图 2-151　素材

图 2-152　完成的效果图

图 2-153　素材

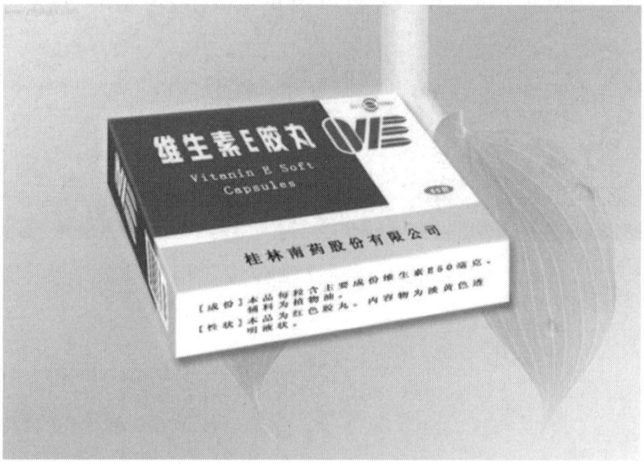

图 2-154　完成的效果图

5. 利用画板、图框、文字工具等完成某 App 原型图绘制，完成的效果图如图 2-155 所示。

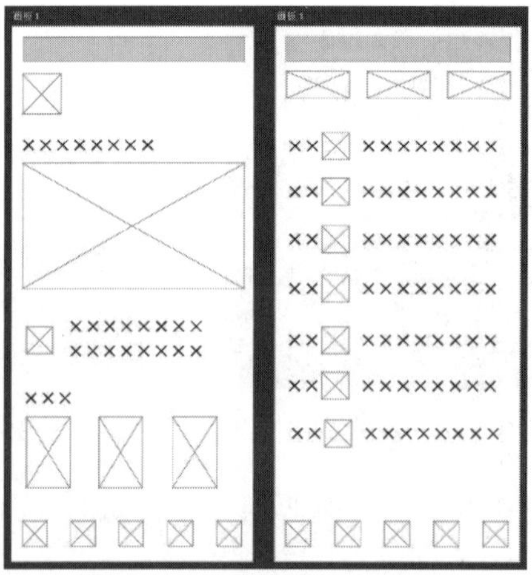

图 2-155　完成的效果图

微课视频

项目 3

图　层

知识准备

1. 图层

图层，顾名思义，就是“图+层”，图即为图像，层即为分层，也就是层叠的意思。

打个比方说：在一张张透明的玻璃纸上作画，透过上面的玻璃纸可以看见下面纸上的内容，但是无论在上面的玻璃纸上如何作画，都不会影响到下面的玻璃纸，上面的玻璃纸会遮挡住下面的图像。将玻璃纸叠加起来，通过移动各层玻璃纸的相对位置或者添加更多的玻璃纸，即可改变最后的合成效果，如图 3-1 所示。

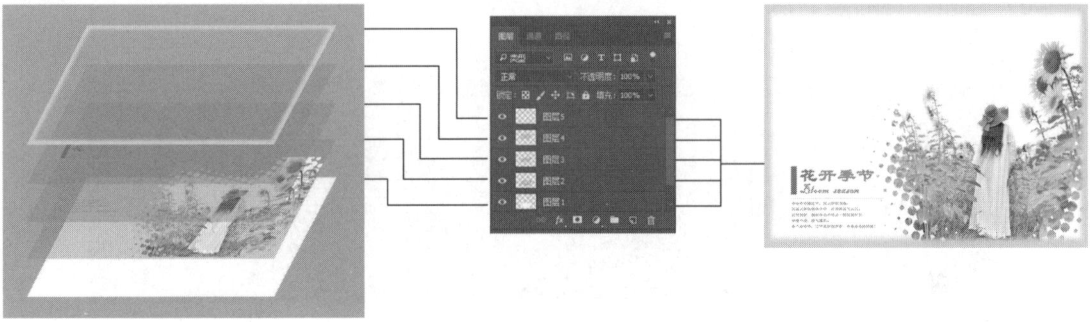

图层原理　　图层状态　　图层效果

图 3-1　图层效果

2. 图层分类

图层主要分为背景图层、普通图层、调整图层、文字图层、形状图层、填充图层和智能对象图层，如图 3-2 所示。

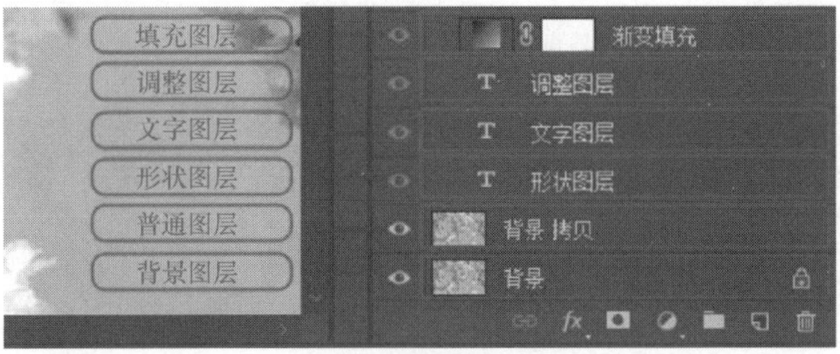

图 3-2　图层分类

提示

智能对象实际上是一个指向其他 Photoshop 的指针，当我们更新源文件时，这种变化会自动反映到当前文件中。

3．图层混合模式

图层混合模式是 Photoshop 中的核心功能之一，在图像处理过程中是最为常用的一种技术手段。通过使用图层混合模式，可控制上下图层的混合效果，在设置混合效果的同时，需要设置图层的不透明度，以创建各种图层特效，实现充满创新和创意的平面设计作品。

Photoshop 中有 20 余种图层混合模式，每种模式都有其各自的运算公式。因此，对同样的两个图像，设置不同的图层混合模式，得到的图像效果也是不同的。根据各图层混合模式的基本功能，其大致分为 6 类。

（1）正常、溶解。

（2）变暗、正片叠底、颜色加深、线性加深、深色。

（3）变亮、滤色、颜色减淡、线性减淡（添加）、浅色。

（4）叠加、柔光、强光、亮光、线性光、点光、实色混合。

（5）差值、排除、减去、划分。

（6）色相、饱和度、颜色、明度。

图 3-3 所示的是图层混合模式的效果。

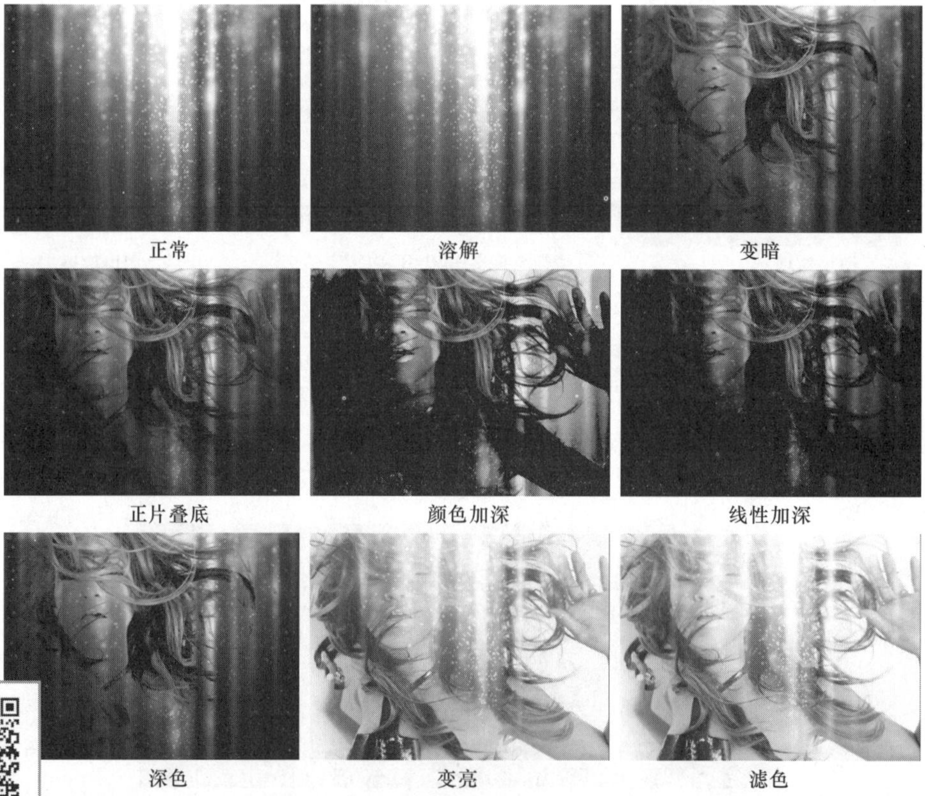

彩图

图 3-3　图层混合模式的效果

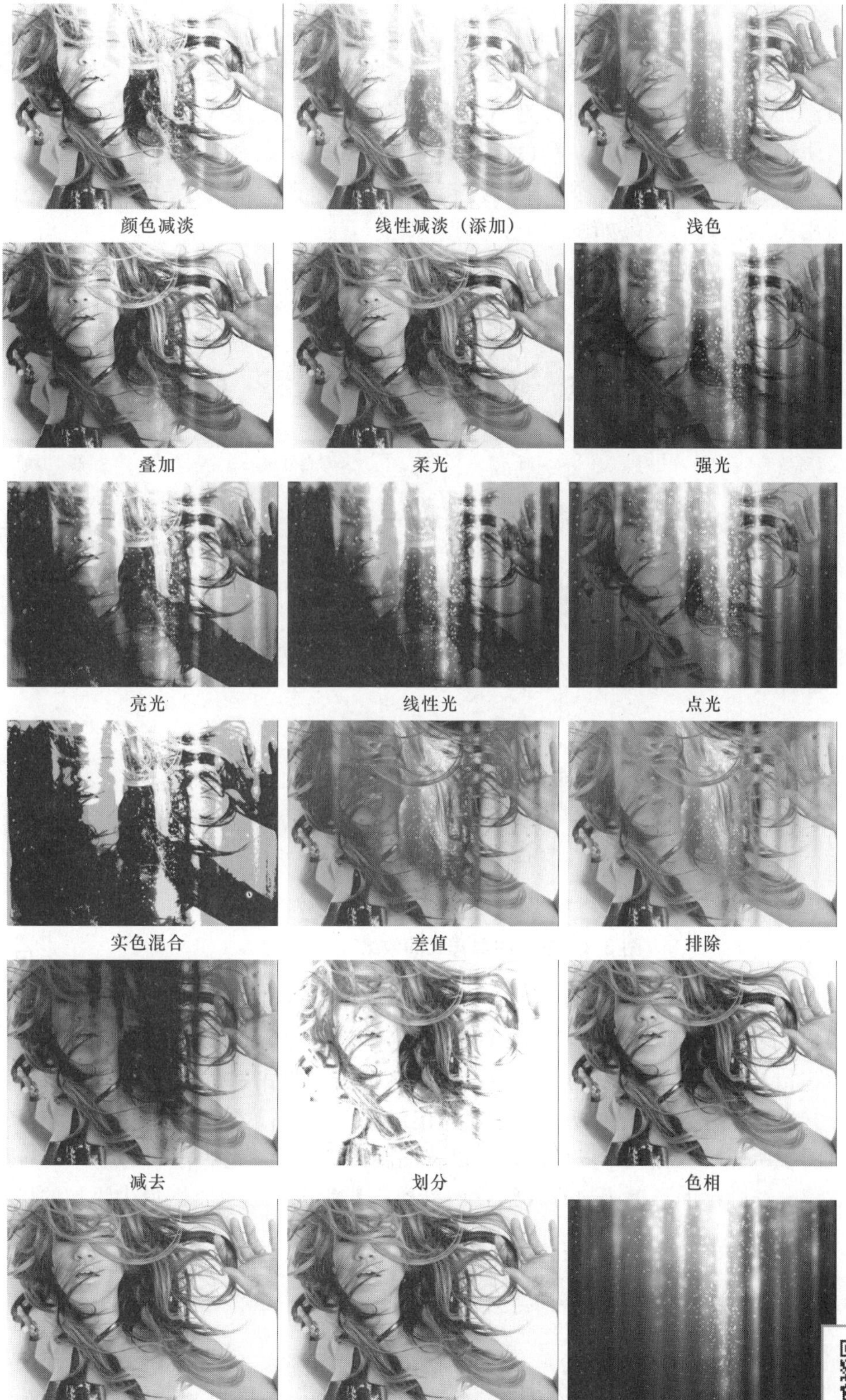

颜色减淡　线性减淡（添加）　浅色

叠加　柔光　强光

亮光　线性光　点光

实色混合　差值　排除

减去　划分　色相

饱和度　颜色　明度

图 3-3　图层混合模式的效果（续）

彩图

4．图层样式

Photoshop CC 提供了多种图层样式，图层样式是附加在图层上的“特殊效果”。可以只为图像添加一种样式，也可同时为图像添加多种样式。图层样式选项有：斜面和浮雕、描边、内阴影、内发光、光泽、颜色叠加、渐变叠加、图案叠加、外发光、投影等。

单击【图层】面板下的【添加图层样式】fx 按钮，在弹出的菜单中可选择不同的图层样式，常用图层样式的效果如图 3-4 所示。

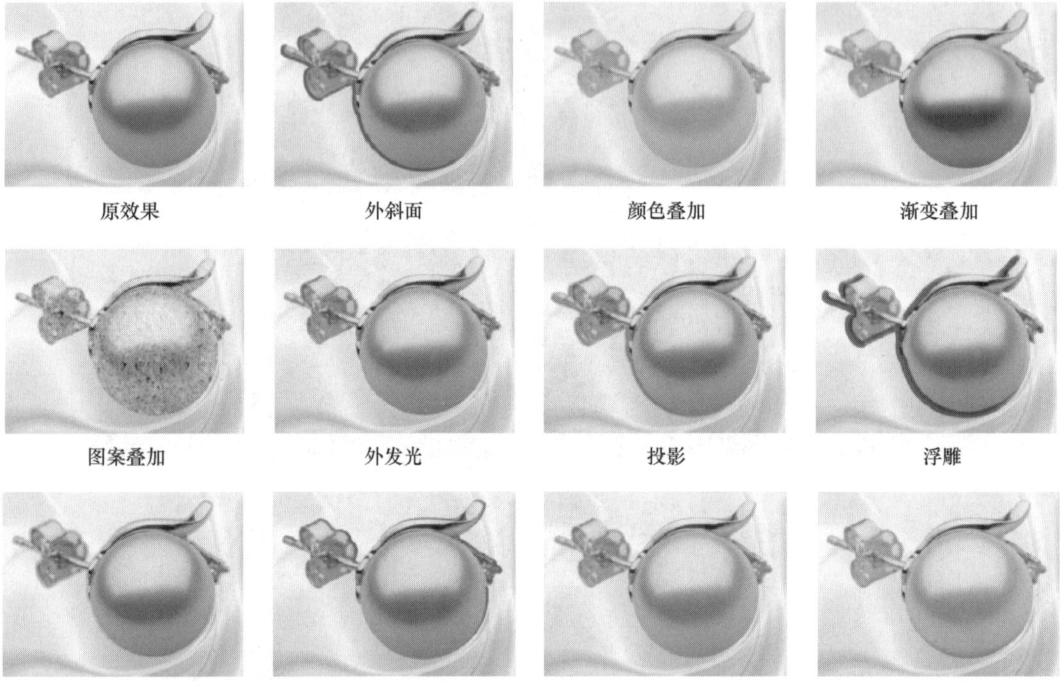

原效果　外斜面　颜色叠加　渐变叠加

图案叠加　外发光　投影　浮雕

描边　内阴影　内发光　光泽

图 3-4　常用图层样式的效果

彩图

【拷贝图层样式】和【粘贴图层样式】命令是对多个图层应用相同的样式效果的快捷方式。【拷贝图层样式】和【粘贴图层样式】命令的用法如下：在图层上单击鼠标右键，在弹出的菜单中执行【拷贝图层样式】命令，再选择需要粘贴样式的图层，单击鼠标右键，在弹出的菜单中执行【粘贴图层样式】命令即可。

当对图层所应用的样式不满意时，可以将图层样式清除。选中需要清除样式的图层，单击鼠标右键，在弹出的菜单中执行【清除图层样式】命令，即可将图像中添加的样式清除。

任务 1　制作奥运五环

3.1.1　任务目标及效果说明

本任务的目标是使学生熟练掌握移动工具、矩形选框工具、椭圆选框工具的使用方法，并掌握颜色的选择和填充方法，最后通过【变换选区】【通过拷贝的图层】等命令巧妙利用 Photoshop 软件的图层技术来制作奥运五环图像。本任务完成的效果图如图 3-5 所示。

彩图

图 3-5　完成的效果图

3.1.2　制作步骤

步骤 1　执行【文件】→【新建】命令，新建一个 800 像素 × 600 像素，分辨率为 72 像素/英寸的文档，如图 3-6 所示。

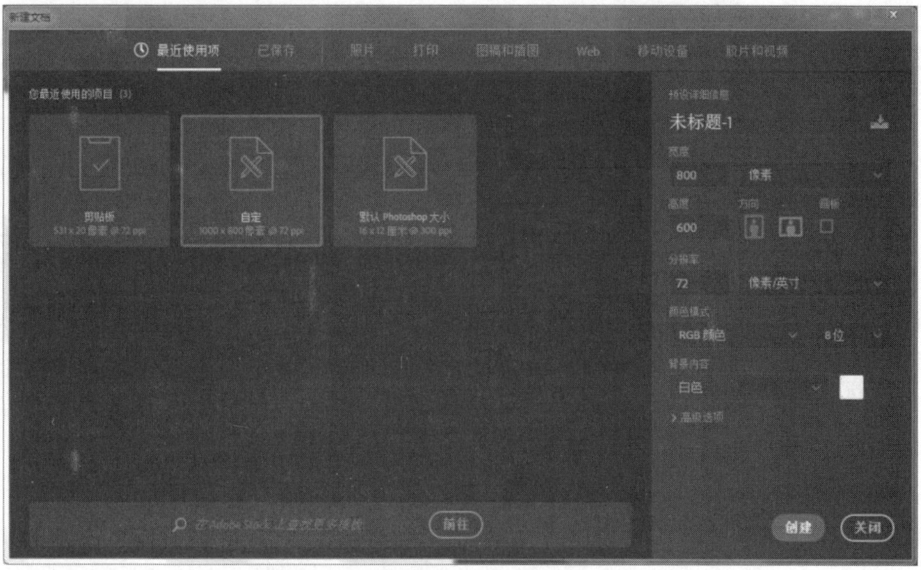

图 3-6　新建文档

步骤 2　单击【图层】面板下方的【创建新图层】按钮，创建一个新图层，将其命名为“蓝环”，如图 3-7 所示。

步骤 3　选择工具栏中的【椭圆选框工具】，并在选项栏中设置其【样式】为固定大小，【宽度】为 200 像素，【高度】为 200 像素，在图像窗口中单击鼠标左键，绘制一个圆形，如图 3-8 所示。

步骤 4　使用【移动工具】单击【设置前景色】按钮，将其颜色设置为蓝色（R：0，G：0，B：255），如图 3-9 所示，按【Alt】+【Delete】键将前景色填充到圆形选区内部。

步骤 5　执行【选择】→【变换选区】命令。在选项栏中将【W】和【H】设置为 85%，按【Enter】键确认，如图 3-10 所示。

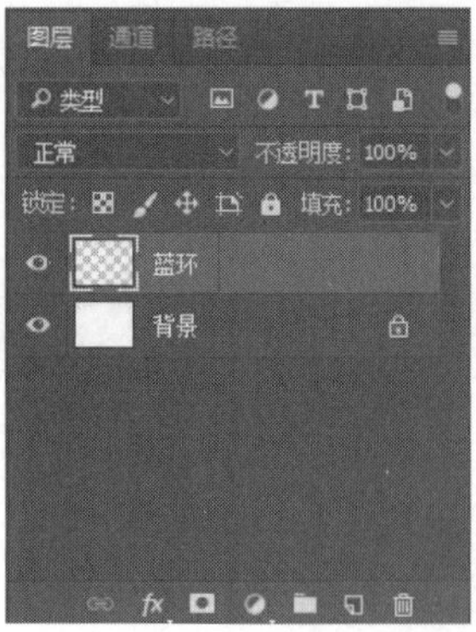

图 3-7　创建“蓝环”图层

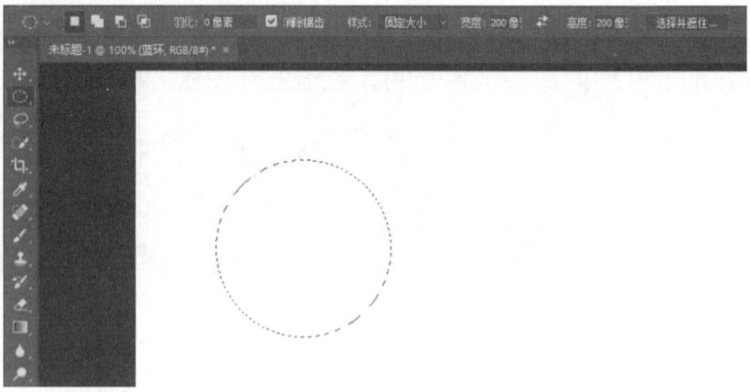

图 3-8　绘制一个圆形

图 3-9　设置前景色

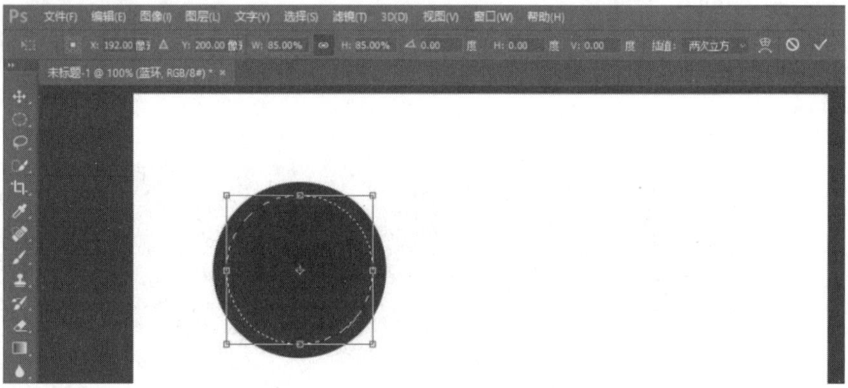

图 3-10　变换选区

步骤 6　按【Delete】键删除选区内部的蓝色图像，并按【Ctrl】+【D】键取消圆形选区，如图 3-11 所示。

步骤 7　重复步骤 2 ~ 6，分别制作出“黑环”“红环”“黄环”“绿环”，颜色设置如下：黑色（R：0，G：0，B：0），红色（R：255，G：0，B：0），黄色（R：255，G：255，B：0），绿色（R：0，G：255，B：0），使用【移动工具】将五个圆环移到合适的位置。将“黄环”和“绿环”图层置于其他图层上方，如图 3-12、图 3-13 所示。

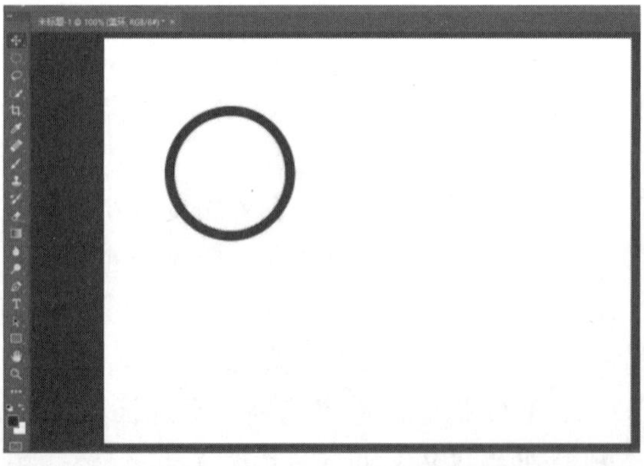

图 3-11　删除选区内部的蓝色图像并取消选区

图 3-12　制作其他四个不同颜色的圆环

步骤8 单击“蓝环”图层，将其设置为当前图层，选择工具栏中的【矩形选框工具】，在“蓝环”和“黄环”交叉的位置处创建一个矩形选区，如图 3-14 所示。

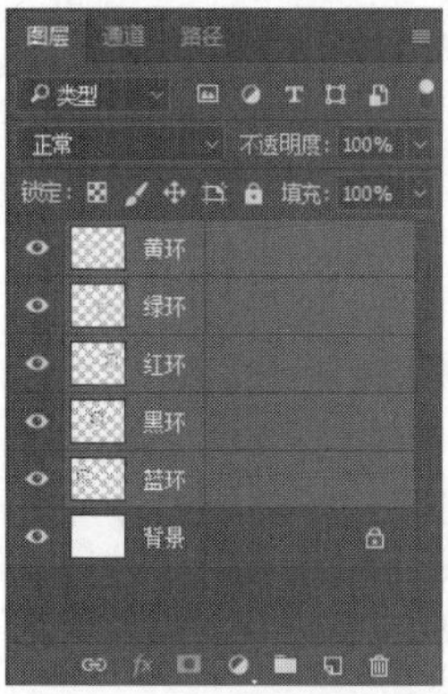

图 3-13 将“黄环”和“绿环”图层置于其他图层上方

图 3-14 创建矩形选区

步骤9 执行【图层】→【新建】→【通过拷贝的图层】命令，在【图层】面板中生成“图层 1”，将“图层 1”拖动到【图层】面板的最上方，如图 3-15、图 3-16 所示。

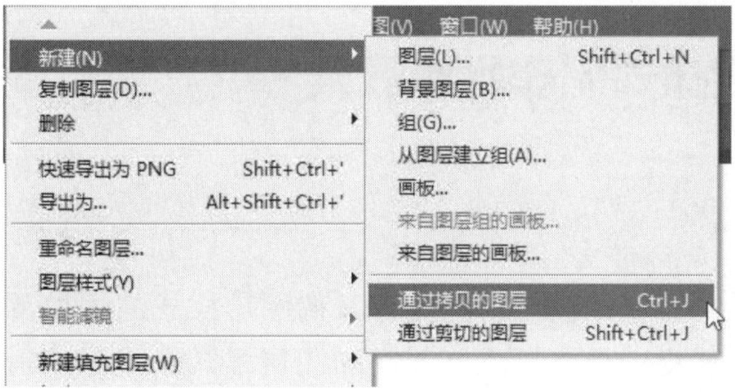

图 3-15 执行【通过拷贝的图层】命令

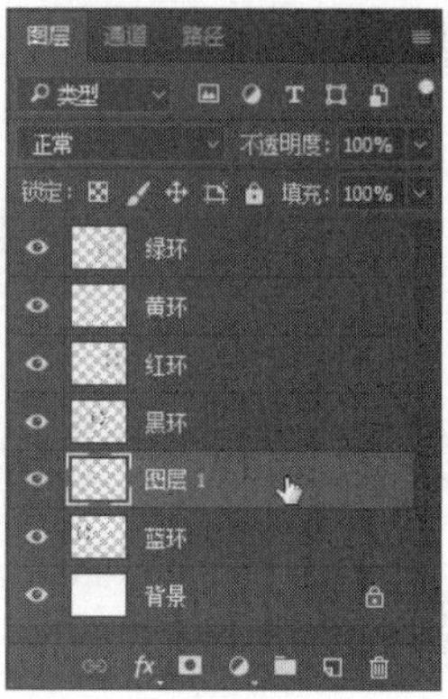

图 3-16 将“图层 1”拖动到【图层】面板的最上方

步骤10 单击“黑环”图层，将其设置为当前图层，使用【矩形选框工具】，在“黄环”和“黑环”交叉的位置处创建一个矩形选区，如图 3-17 所示，参考步骤 9，执行【图层】→【新建】→【通过拷贝的图层】命令，在【图层】面板中生成“图层 2”，将“图层 2”拖动到【图层】面板的最上方。

步骤11 单击“黑环”图层，将其设置为当前图层，使用【矩形选框工具】，在“黑环”和“绿环”交叉的位置处创建一个矩形选区，如图 3-18 所示。参考步骤 9，执行【图层】→【新建】→【通过拷贝的图层】命令，在【图层】面板中生成“图层 3”，将“图层 3”拖动到【图层】面板的最上方。

步骤12 单击“红环”图层，将其设置为当前图层，使用【矩形选框工具】，在“绿环”和“红环”交叉的位置处创建一个矩形选区，如图 3-19 所示。参考步骤 9，执行【图层】→【新建】→【通过拷贝的图层】命令，在【图层】面板中生成“图层 4”，将“图层 4”拖动到【图层】面板的最上方。到此，就得到了完成的效果图。

图 3-17　创建矩形选区（黄、黑）

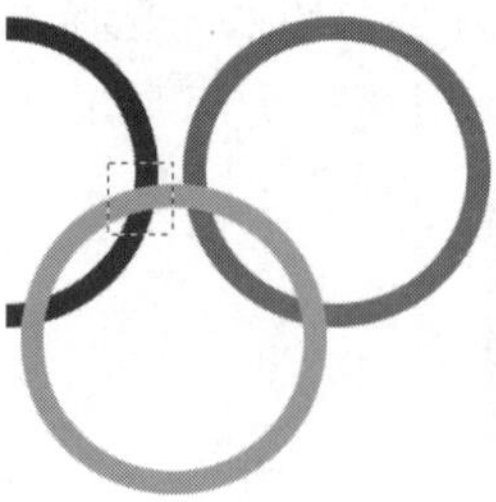

图 3-18　创建矩形选区（黑、绿）

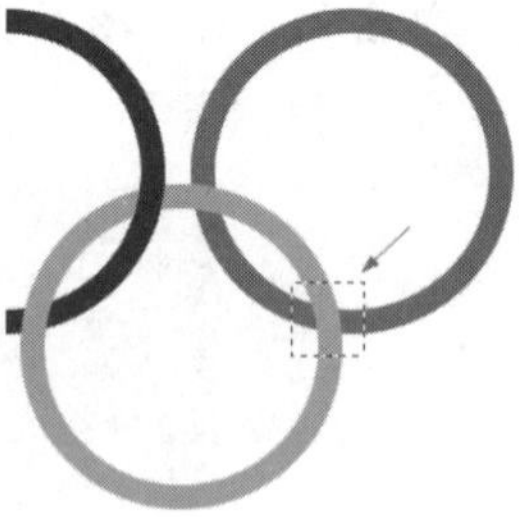

图 3-19　创建矩形选区（绿、红）

操作技巧

（1）使用【矩形选框工具】或者【椭圆选框工具】创建选区时，在选项栏中的【样式】为正常的情况下，按住【Shift】键同时拖动鼠标，可以创建正方形或圆形选区。按住【Alt】键同时拖动鼠标，可以创建以鼠标单击位置为中心的正方形或圆形选区。

（2）按下【Shift】+【M】键可以循环选择【矩形选框工具】和【椭圆选框工具】。

（3）执行【变换选区】命令时，可以单击选项栏中的【保持宽高比】按钮，使选区的宽度和高度进行一致的变化。

任务 2　利用图层样式制作水滴效果

3.2.1　任务目标及效果说明

本任务的目标是使学生理解水滴效果图像的制作技巧，并熟练掌握图层样式的添加及相关参数的设置方法，学会使用套索工具、渐变工具、拾色器工具和图层样式来为图像制作高光效果。本任务的素材如图 3-20 所示，完成的效果图如图 3-21 所示。

彩图

图 3-20　素材

图 3-21　完成的效果图

3.2.2　制作步骤

步骤 1　执行【文件】→【打开】命令，打开素材“荷花.jpg”。

步骤 2　使用【椭圆选框工具】在荷叶上创建一个椭圆形选区，如图 3-22 所示。

步骤 3　执行【图层】→【新建】→【通过拷贝的图层】命令，生成“图层 1”。

步骤 4　单击【图层】面板下方的【添加图层样式】fx 按钮，选择【内阴影】选项。

步骤 5　在弹出的【图层样式】对话框中设置【内阴影】的参数，单击【混合模式】下拉菜单右边的点按可编辑图标，如图 3-23 所示。

图 3-22　创建椭圆形选区

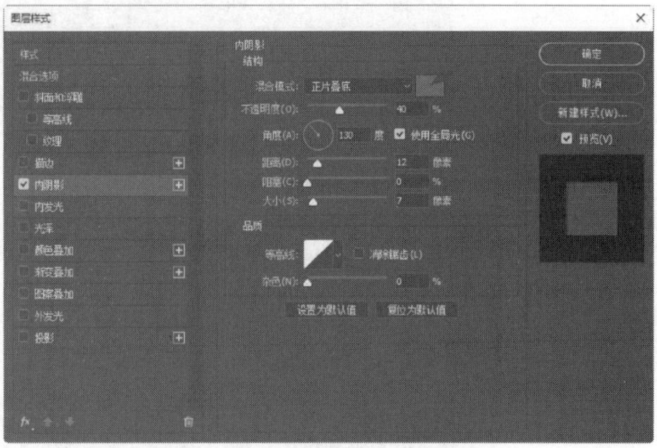

图 3-23　【图层样式】对话框

步骤 6　弹出【拾色器】对话框之后把光标移动到图像中的荷叶上面，单击鼠标左键拾取荷叶中的绿色，如图 3-24 所示，然后在【拾色器】对话框中进行参数设置，单击【确定】按钮退出，如图 3-25 所示。

图 3-24　拾取荷叶中的绿色

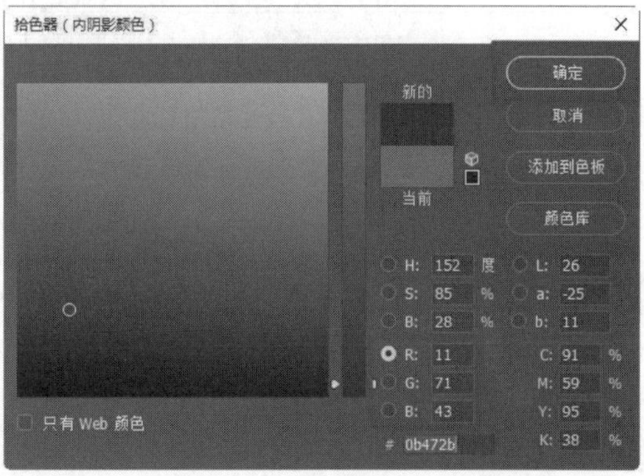

图 3-25　【拾色器】对话框参数设置

步骤 7 在【图层样式】对话框左边，勾选【投影】选项，在右边按图 3-26 设置相应的参数，单击【混合模式】下拉菜单右边的点按可编辑图标。

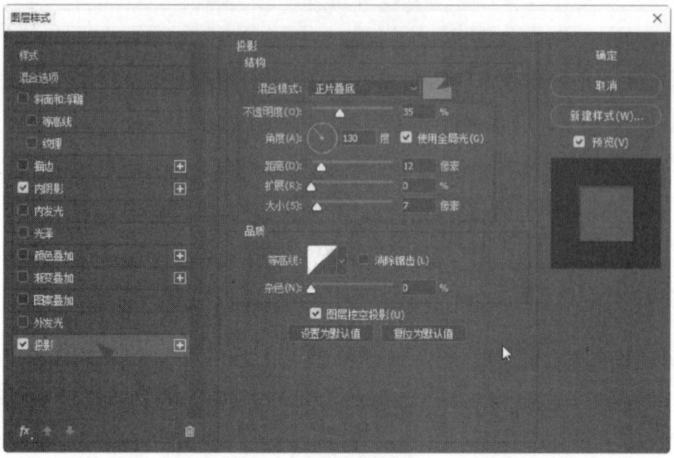

图 3-26 设置【投影】参数

步骤 8 弹出【拾色器】对话框之后，把光标移动到图像中的荷叶上面，单击鼠标左键拾取荷叶中的绿色，仍按图 3-25 设置颜色参数，并单击【确定】按钮退出。

步骤 9 单击【图层】面板的【创建新图层】按钮，得到“图层 2”。再使用工具栏中的【套索工具】在水珠偏左上角的位置创建选区，如图 3-27 所示。

图 3-27 创建选区

步骤 10 将前景色设置为白色，选择工具栏中的【渐变工具】，在选项栏中选择渐变样式：前景色到透明渐变，如图 3-28 所示。按住鼠标左键，将光标从选区的左侧拖动到右侧，完成渐变填充，如图 3-29 所示。

步骤 11 在【图层】面板中，将“图层 2”拖动到【创建新图层】按钮上，复制图层，得到“图层 2 拷贝”，如图 3-30 所示。再执行【编辑】→【变换】→【旋转 180 度】

命令，使“图层 2 拷贝”中的图像旋转 180°，最后使用【移动工具】把“图层 2 拷贝”（白色渐变图像）放置到水珠右下角的位置，如图 3-31 所示。

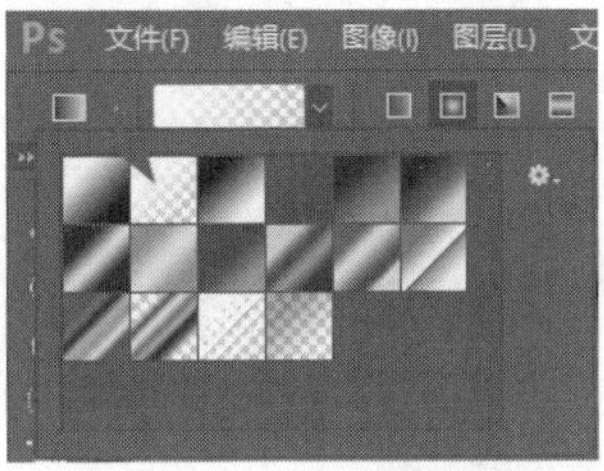

图 3-28　选择渐变样式

图 3-29　渐变填充

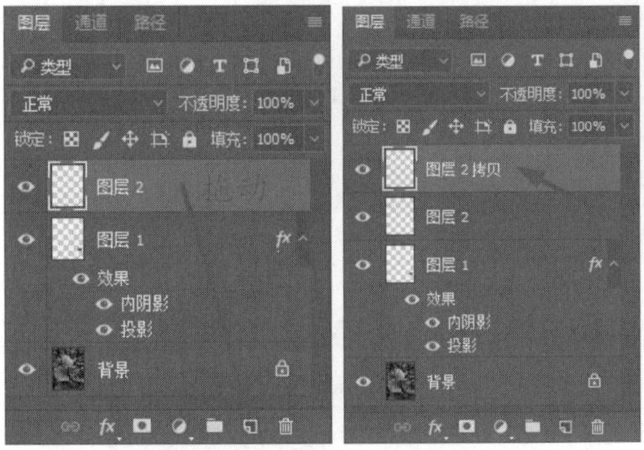

图 3-30　复制图层

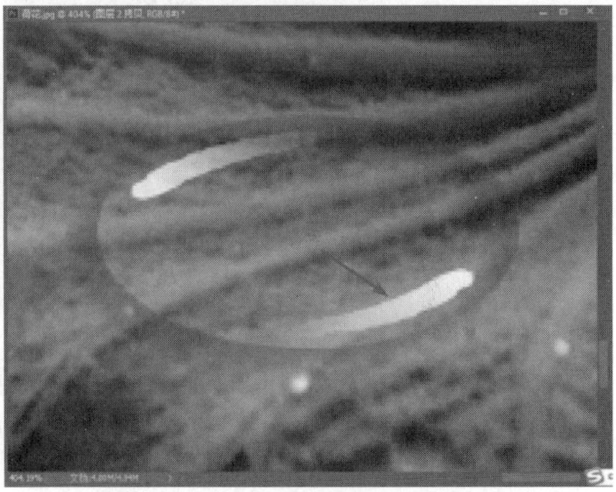

图 3-31　旋转并移动白色渐变图像

步骤 12　在【图层】面板中单击“背景”图层，如图 3-32 所示，使用【套索工具】在荷花图像上创建一个椭圆形选区，如图 3-33 所示，执行【图层】→【新建】→【通过拷贝的图层】命令，生成“图层 3”，如图 3-34 所示。

步骤 13　单击【图层】面板下方的【添加图层样式】按钮，选择【内阴影】选项，在【图层样式】对话框中按照图 3-35 设置参数，单击【混合模式】下拉菜单右边的点按可编辑图标，弹出【拾色器】对话框之后，把光标移动到图像中的荷花上面，单击鼠标左键拾取荷花中的粉色，按图 3-36 设置颜色参数，单击【确定】按钮退出。

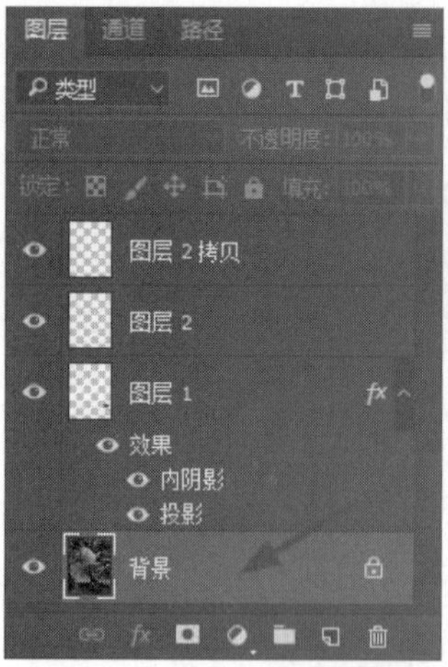

图 3-32　单击“背景”图层

图 3-33　创建一个椭圆形选区

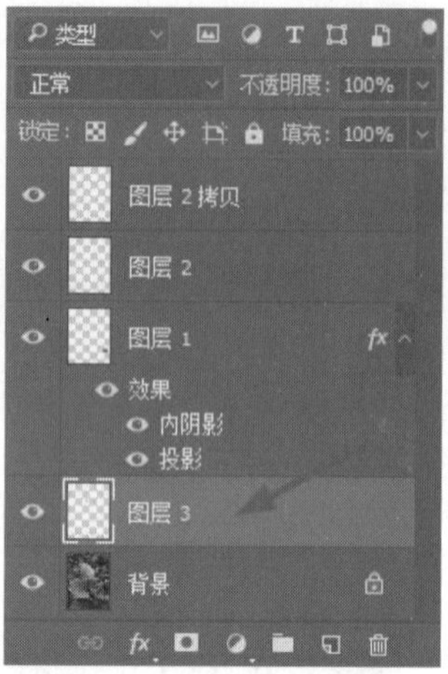

图 3-34　生成“图层 3”

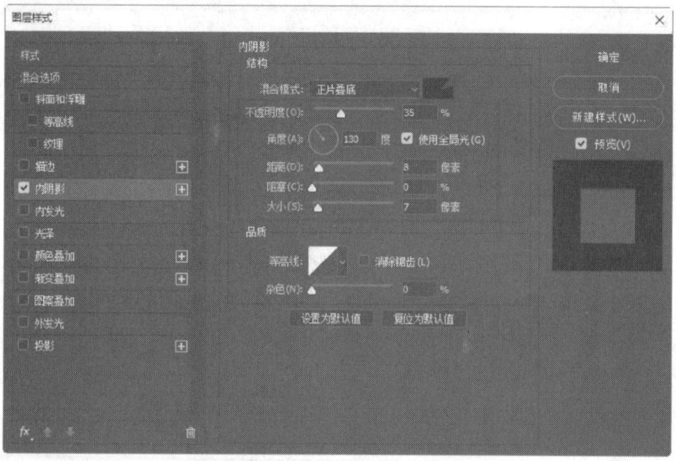

图 3-35　设置图层样式参数

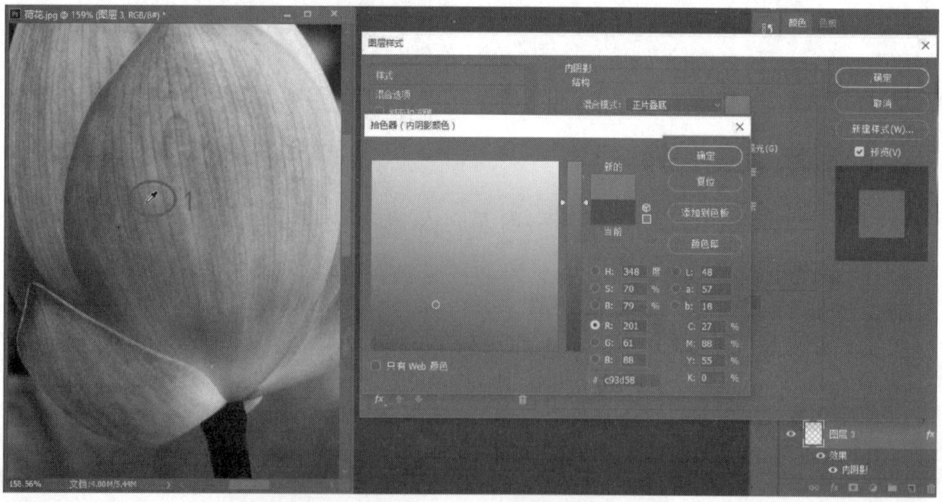

图 3-36　【拾色器】对话框参数设置

步骤 14 在【图层样式】对话框左边，勾选【投影】选项，按图 3-37 设置相应的参数，单击【混合模式】下拉菜单右边的点按可编辑图标，在弹出【拾色器】对话框后，把光标移动到图像中的荷花上面，单击鼠标左键拾取荷花中的粉色，仍按图 3-36 设置颜色参数，单击【确定】按钮退出。

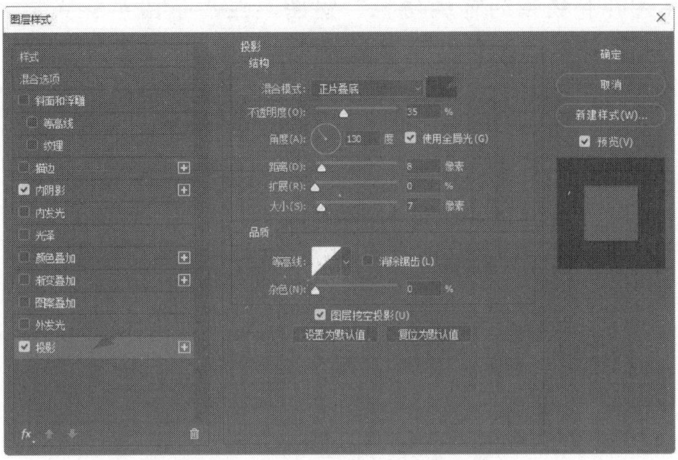

图 3-37 设置【投影】参数

步骤 15 单击【图层】面板中的【创建新图层】按钮，得到“图层 4”。在工具栏中选择【画笔工具】，在选项栏中设置画笔的大小及硬度，如图 3-38 所示。

步骤 16 参考步骤 10 和步骤 11，选择前景色为白色，在水珠的上、下位置制作高光效果，如图 3-39 所示。到此，就得到了完成的效果图。

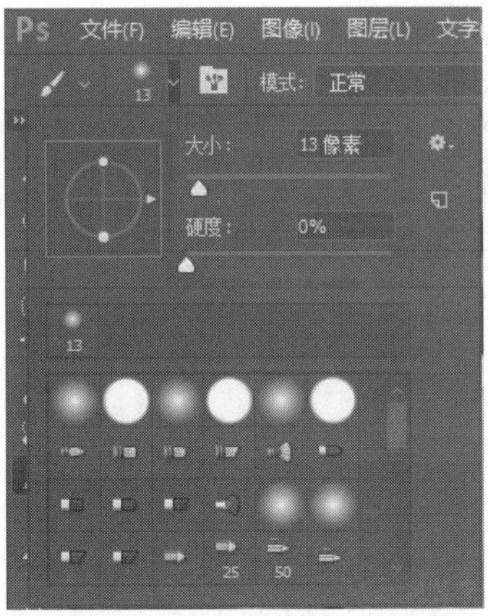

图 3-38 设置画笔的大小及硬度

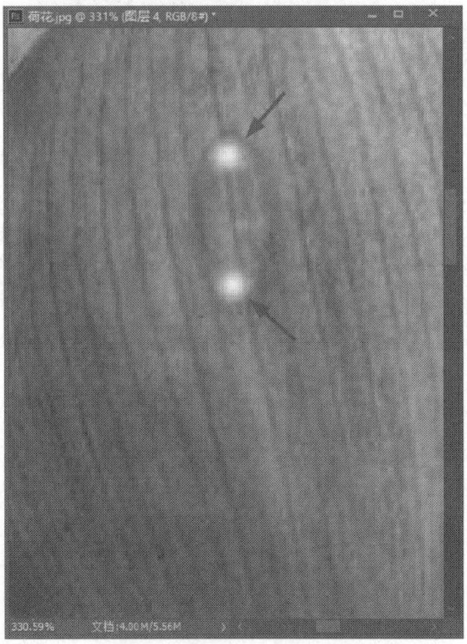

图 3-39 制作高光效果

操作技巧

Photoshop 图层样式被广泛地应用于各种效果的制作当中，其主要体现在以下方面。

（1）通过不同的图层样式参数设置，可以很容易地模拟出各种效果。这些效果利用传统的制作方法难以实现，或者根本不能制作出来。

（2）图层样式可以被应用于普通的、矢量的和具有特殊属性的图层上，几乎不受图层类别的限制。

（3）图层样式具有极强的可编辑性，当图层应用了图层样式后，图层样式会随文档一起保存，用户可以随时进行参数的修改。

（4）图层样式的选项非常丰富，通过不同选项及参数的搭配，可以制作出多样的图像效果。

（5）图层样式可以在图层间进行复制、粘贴，也可以存储成独立的文件。

（6）图层样式对背景图层是不起作用的。

任务 3　利用文字图层制作海报

3.3.1　任务目标及效果说明

本任务的目标是使学生熟练运用文字工具输入文字，设置【字符】面板相关参数；熟练使用钢笔工具绘制路径，制作路径文字效果；熟练运用【图层样式】命令改变图层样式效果。本任务的素材如图 3-40 所示，完成的效果图如图 3-41 所示。

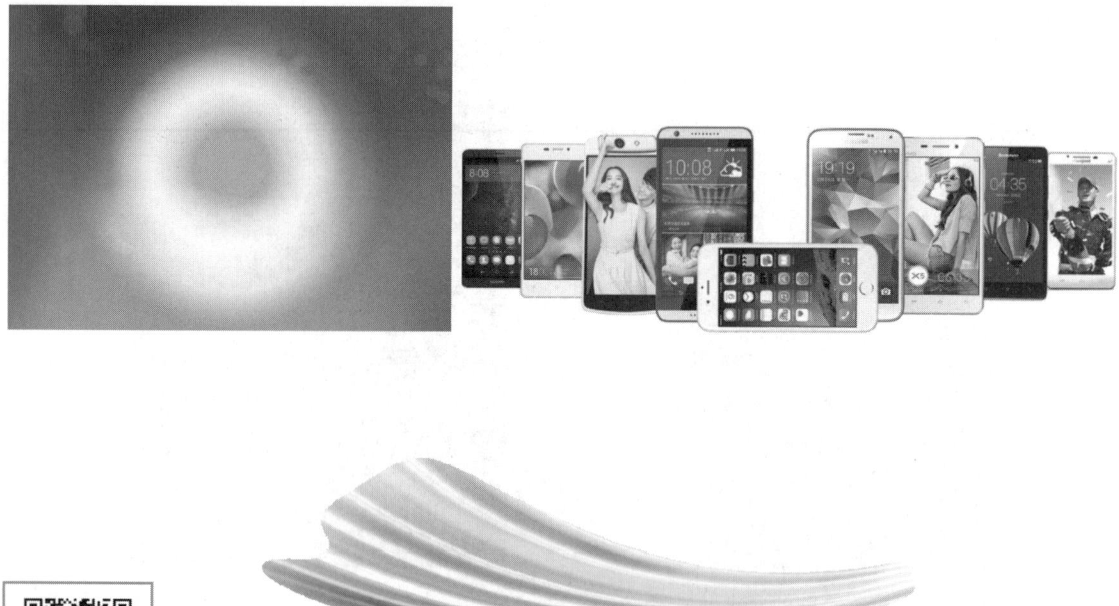

彩图

图 3-40　素材

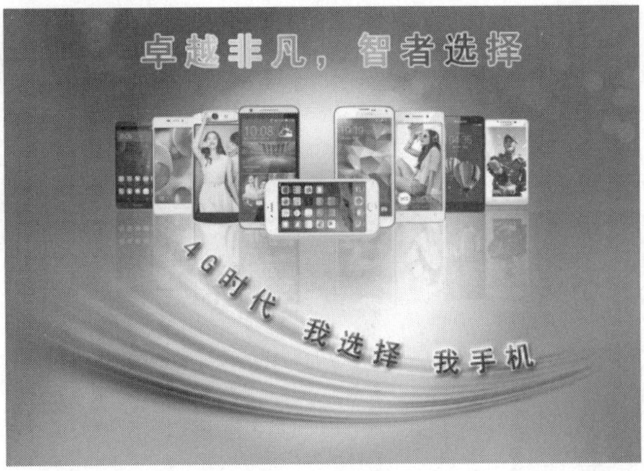

图 3-41　完成的效果图

3.3.2　制作步骤

步骤 1　打开素材“背景.jpg”“彩条.jpg”，选择【移动工具】，将“彩条.jpg”拖到“背景.jpg”图像窗口中的适当位置，在【图层】面板中，将生成新的图层，将其命名为“彩条”，如图 3-42 所示。

图 3-42　将“彩条.jpg”拖到“背景.jpg”图像窗口中的适当位置

步骤 2　在【图层】面板上方，将“彩条”图层的图层混合模式设为【线性加深】，如图 3-43 所示。

步骤 3　打开素材“手机.jpg”，选择【移动工具】，将“手机.jpg”拖到图像窗口中，调整其位置，如图 3-44 所示，在【图层】面板中，将生成新的图层，将其命名为“手机”。

步骤 4　复制“手机”图层，生成“手机 拷贝”图层，将“手机 拷贝”图层更名为“倒影”，单击“倒影”图层，执行【编辑】→【变换】→【垂直翻转】命令，适当调整其位置，并调整“手机”图层与“倒影”图层顺序，调整后的效果如图 3-45 所示。

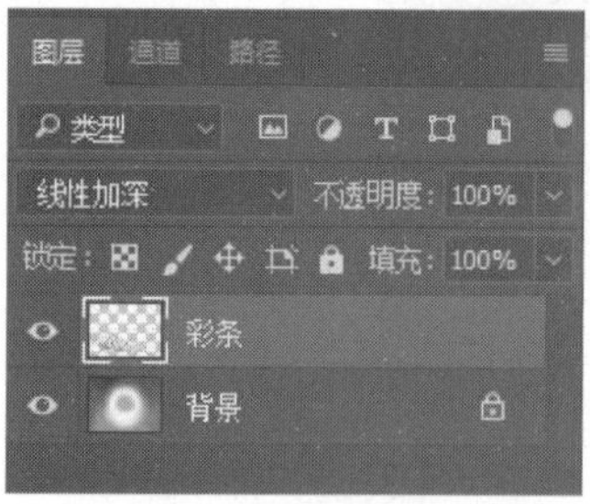

图 3-43　设置图层混合模式为【线性加深】

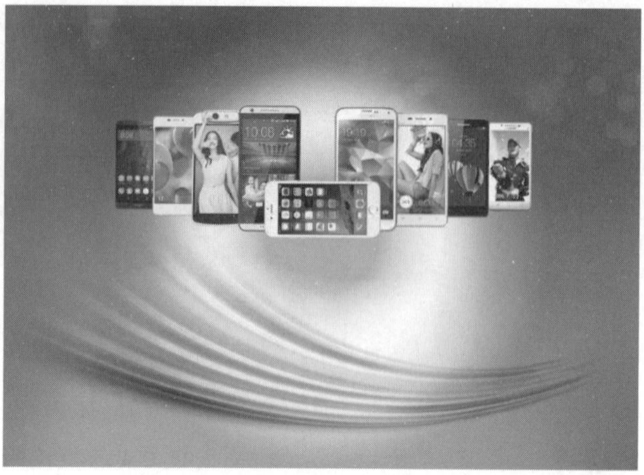

图 3-44　调整“手机.jpg”位置

图 3-45　调整后的效果

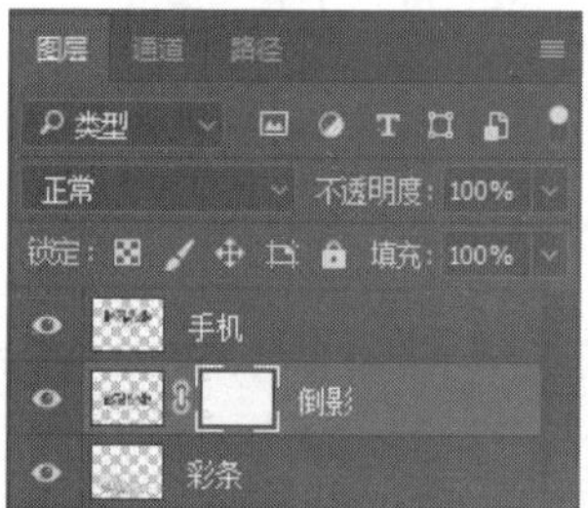

图 3-46　添加蒙版

步骤 5 单击【图层】面板下方的【添加图层蒙版】按钮，为“手机 拷贝”图层添加蒙版，如图 3-46 所示。将前景色设置为黑色，选择【渐变工具】，在选项栏中选择【前景色到透明渐变】模式，在图像窗口中从下往上拖动鼠标，实现渐变效果，如图 3-47 所示。

步骤 6 选择工具栏中的【横排文字工具】，设置字体等参数，如图 3-48 所示，输入文字“卓越非凡，智者选择”。

步骤 7 单击“卓越非凡，智者选择”文字图层，执行【图层】→【图层样式】→【渐变叠加】命令，打开【图层样式】对话框，设置参数，如图 3-49 所示。

步骤 8 选择【钢笔工具】，沿着彩条绘制一条路径，如图 3-50 所示。

图 3-47　实现渐变效果

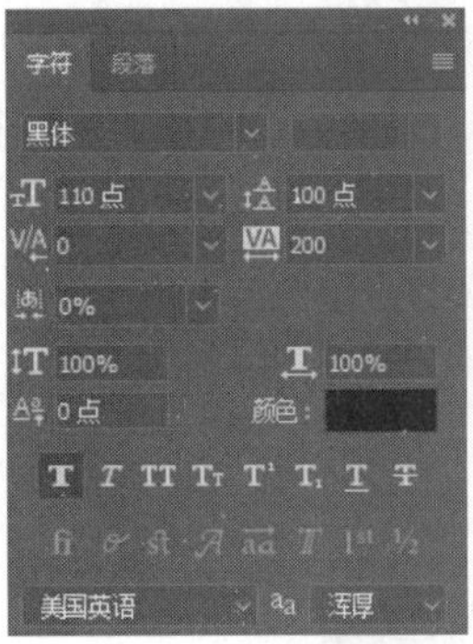

图 3-48　设置字体等参数

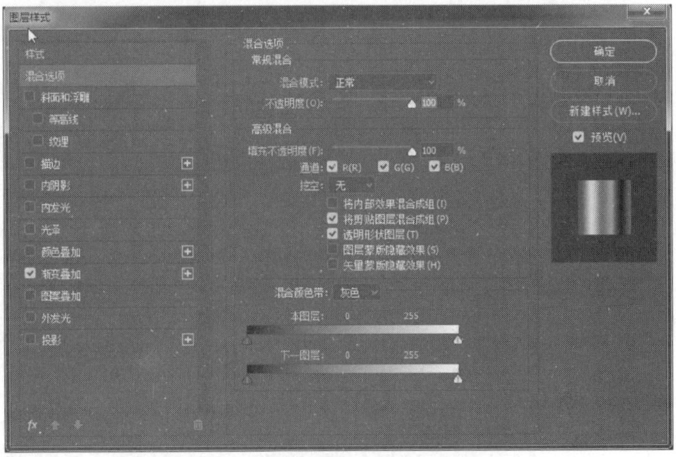

图 3-49　在【图层样式】对话框中设置参数

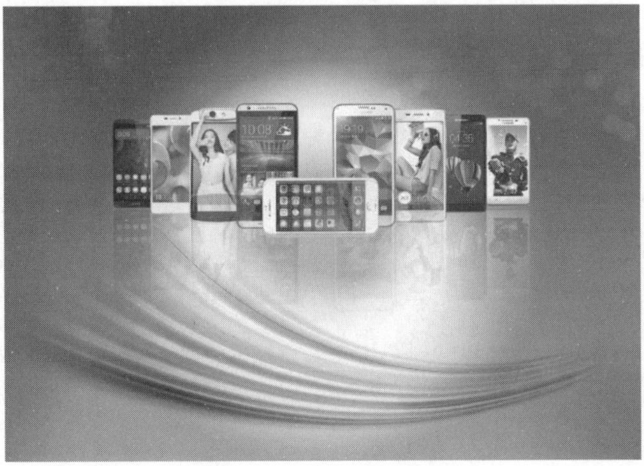

图 3-50　绘制一条路径

步骤 9　选择工具栏中的【横排文字工具】，设置字体等参数，如图 3-51 所示。将【横排文字工具】放置在路径上，如图 3-52 所示，输入文字“4G 时代 我选择 我手机”。

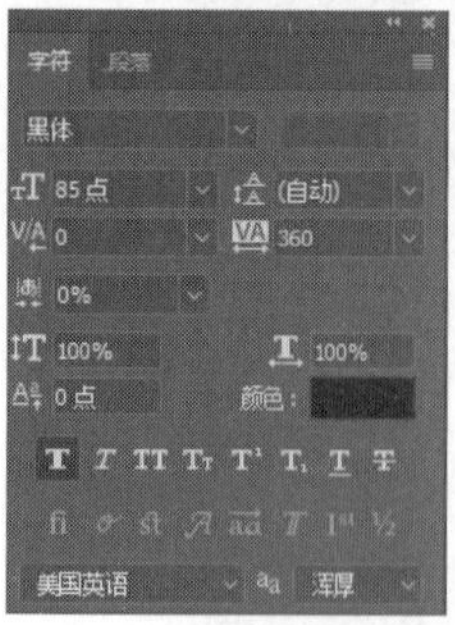

图 3-51　设置字体等参数

图 3-52　将【横排文字工具】放置在路径上

步骤 10　执行【图层】→【图层样式】→【斜面和浮雕】命令，在弹出的对话框中设置相关参数，如图 3-53 所示。勾选【描边】选项，设置相关参数，如图 3-54 所示。

到此，得到了本任务完成的效果图。

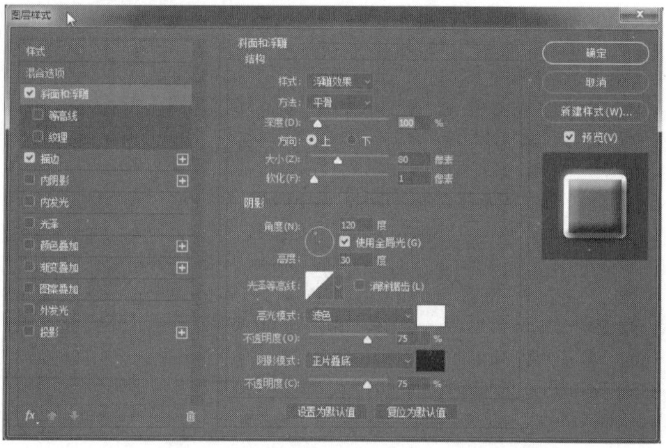

图 3-53　设置【斜面和浮雕】参数

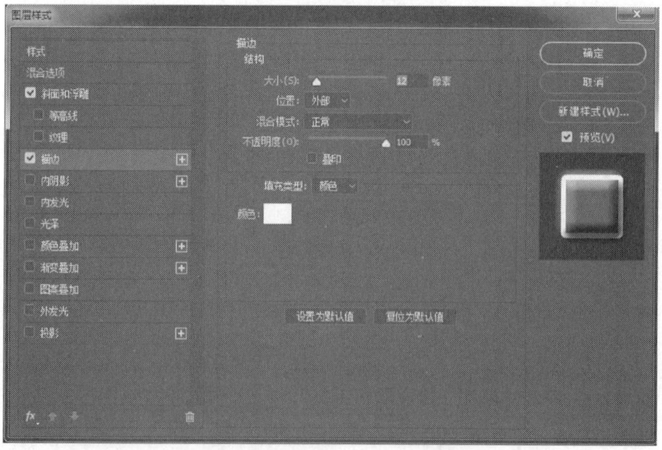

图 3-54　设置【描边】参数

任务 4 利用调整图层进行调色

3.4.1 任务目标及效果说明

本任务的目标是让学生熟练掌握使用调整图层、叠加模式、蒙版等进行图像颜色的调整，掌握如何创建调整图层，熟悉曲线调整图层、反相调整图层、色彩平衡调整图层、色相/饱和度调整图层的创建与应用。本任务所用的素材如图 3-55 所示，完成的效果图如图 3-56 所示。

彩图

图 3-55 素材

图 3-56 完成的效果图

3.4.2 制作步骤

步骤 1 执行【文件】→【打开】命令，打开素材，并复制出两个图层，如图 3-57 所示。

步骤 2 单击【图层】面板下方的【创建调整图层】按钮，创建反相调整图层“反相 1”，如图 3-58 所示。

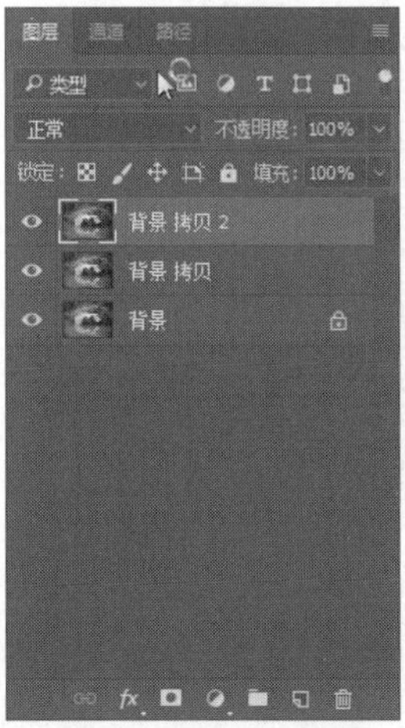

图 3-57 复制出两个图层

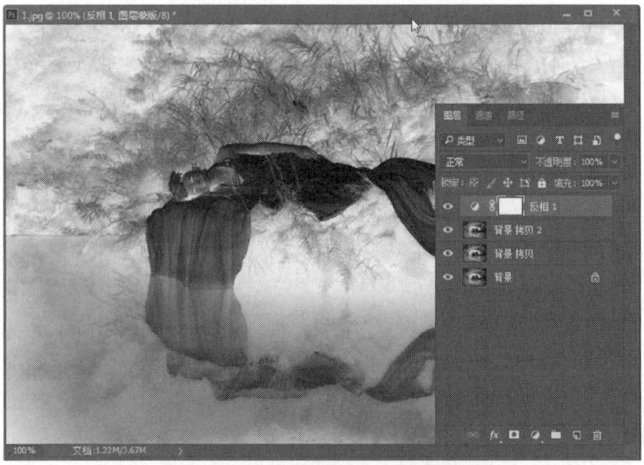

图 3-58 创建反相调整图层

步骤 3 在【图层】面板中，修改“反相 1”图层的图层混合模式为【色相】，如图 3-59 所示，设置后的效果如图 3-60 所示。

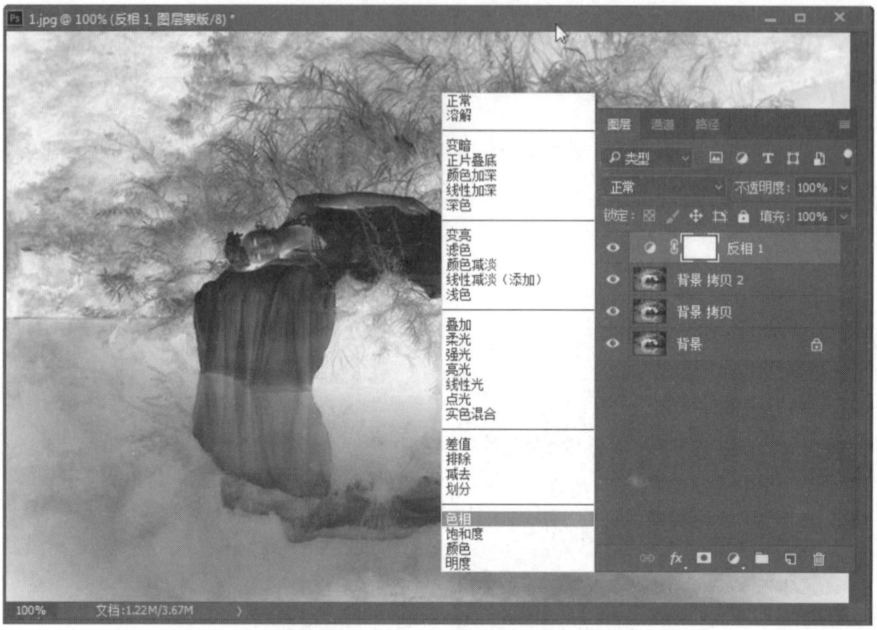

图 3-59 修改“反相 1”图层的图层混合模式为【色相】

图 3-60 设置后的效果

步骤 4 选择工具栏中的【画笔工具】，将画笔样式设置为【硬边圆】，修改前景色为黑色，用【画笔工具】涂抹色相调整图层的蒙版，使人物受到反相影响的部分恢复正常，如图 3-61、图 3-62 所示。

图 3-61 用【画笔工具】涂抹色相调整图层的蒙版

步骤5 单击【图层】面板下方的【创建调整图层】按钮，创建曲线调整图层“曲线 1”，调整曲线参数，如图 3-63 所示。

图 3-62 调整后的效果

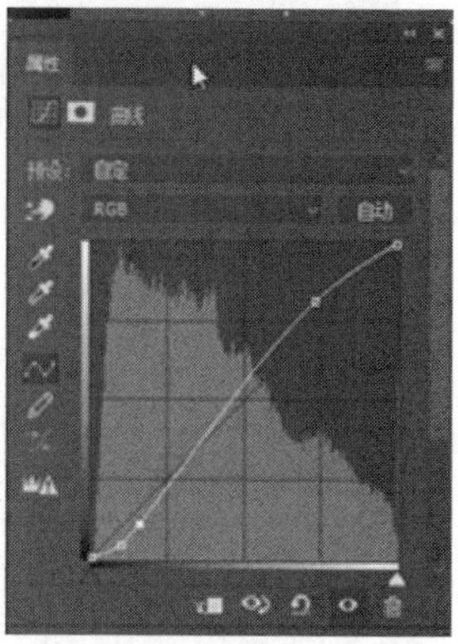

图 3-63 调整曲线参数

步骤6 单击【图层】面板下方的【创建调整图层】按钮，创建色彩平衡调整图层，调整色彩平衡参数，如图 3-64 所示，调整后的效果如图 3-65 所示。

步骤7 单击【图层】面板下方的【创建调整图层】按钮，创建色相/饱和度调整图层，调整色相/饱和度参数，如图 3-66 所示。

步骤8 单击【图层】面板下方的【创建新图层】按钮，创建图层。设置图层前景色为白色，使用工具栏中【画笔工具】点绘雪花。绘制完成后，执行【滤镜】→【模糊】→【高斯模糊】命令，重复多次，得到雪花点缀的效果。到此，就得到了完成的效果图。

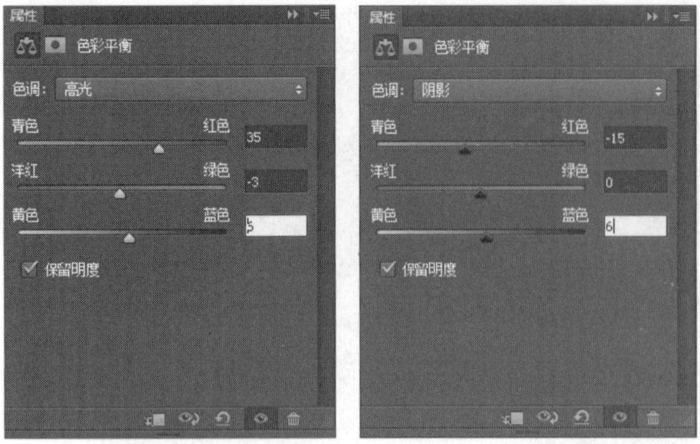

（a）高光　　（b）阴影　　（c）中间调

图 3-64　调整色彩平衡参数

图 3-65　调整后的效果

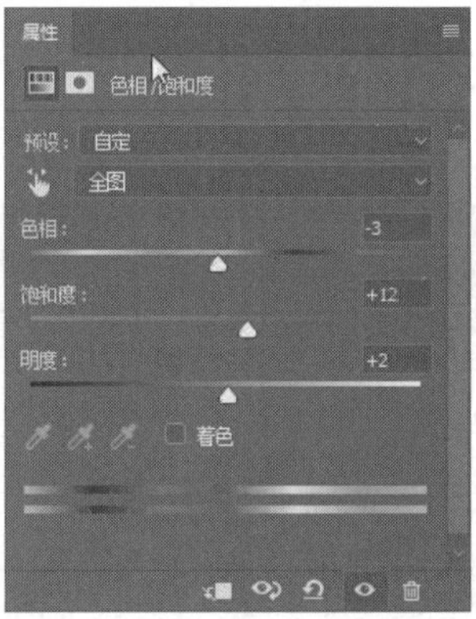

图 3-66　调整色相/饱和度参数

课后习题

1. 利用图层、图层样式、画笔工具、椭圆选框工具等，制作 CD 光盘及 CD 包装盒。制作素材如图 3-67 所示，完成的效果图如图 3-68 所示。

图 3-67　素材

图 3-68 完成的效果图

2. 利用图层、矩形选框工具等，制作电影胶卷的效果。制作素材如图 3-69 所示，完成的效果图如图 3-70 所示。

图 3-69 素材

图 3-70 完成的效果图

3. 利用图层混合模式制作“人与科技”宣传图。制作素材如图 3-71 所示，完成的效果图如图 3-72 所示。

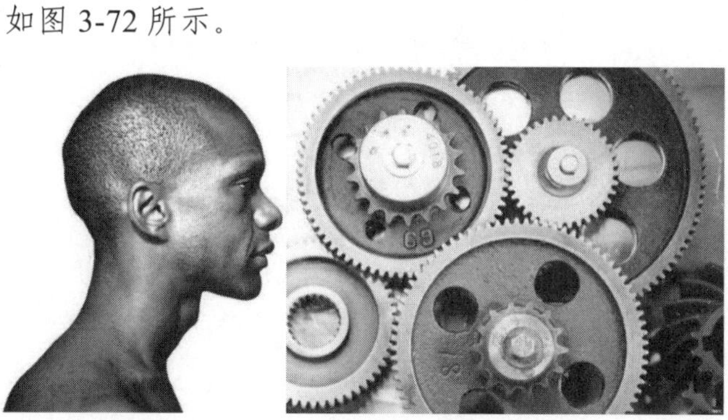

图 3-71 素材

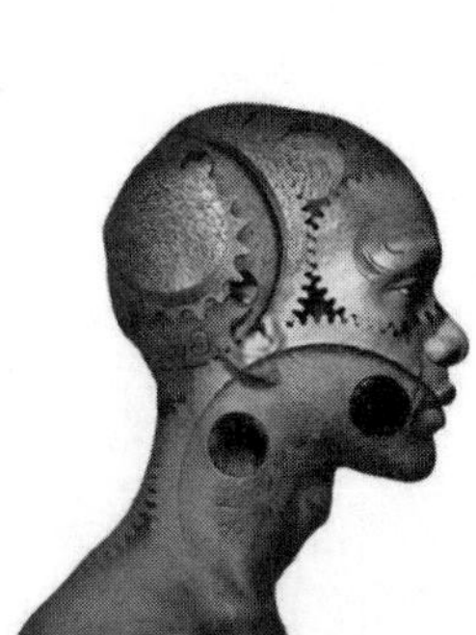

图 3-72 完成的效果图

4. 利用图层混合模式制作梦幻效果。制作素材如图 3-73 所示，完成的效果图如图 3-74 所示。

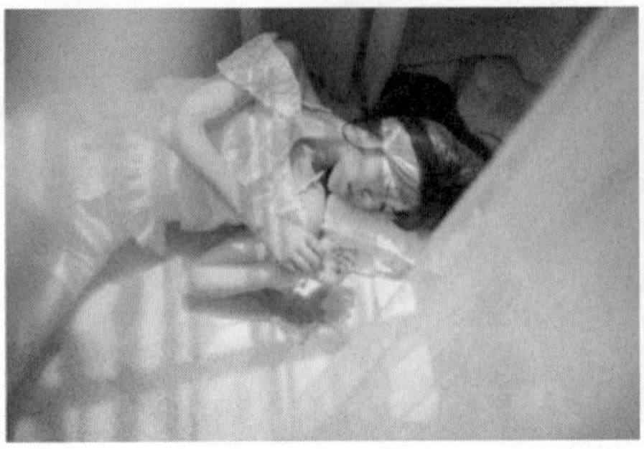

图 3-73　素材

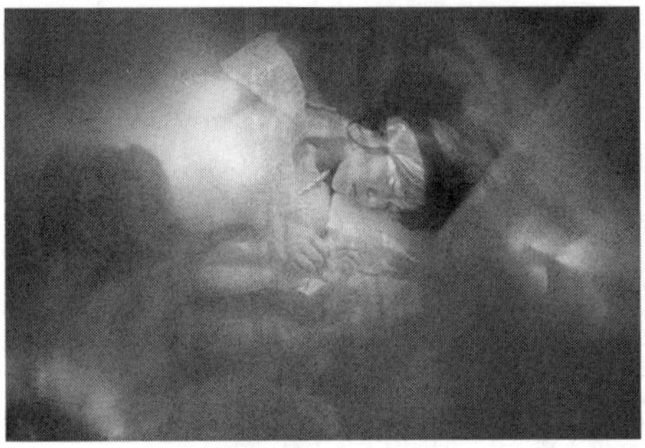

图 3-74　完成的效果图

5. 利用椭圆选框工具、矩形选框工具等完成单向滑块的制作，完成的效果图如图 3-75 所示。

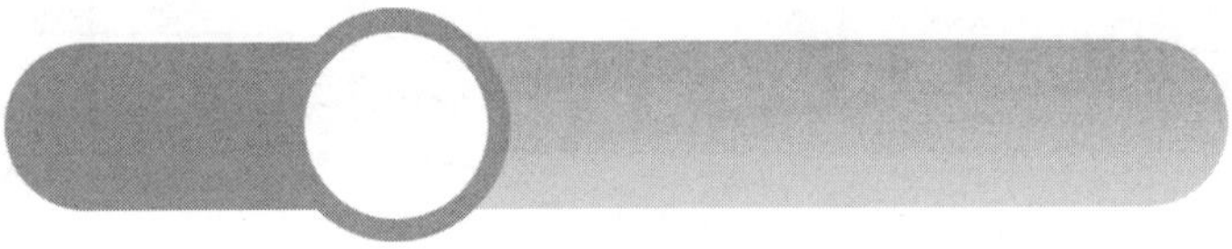

图 3-75　完成的效果图

微课视频

项目4 图像绘制与修饰

知识准备

作为专业的图形图像编辑软件，数字绘画是 Photoshop CC 重要的功能之一。使用 Photoshop CC 可以绘制出水彩画、油画、水粉画、铅笔画、钢笔画等。

1. 画笔工具

画笔工具以“前景色”作为“颜料”在图像窗口中进行绘制。绘制方法很简单，例如，在图像窗口中单击，就可以绘制一个圆点（默认情况下画笔工具的样式为圆形）；在图像窗口中按下鼠标左键并拖动鼠标，就可以绘制线条，如图 4-1、图 4-2 所示。

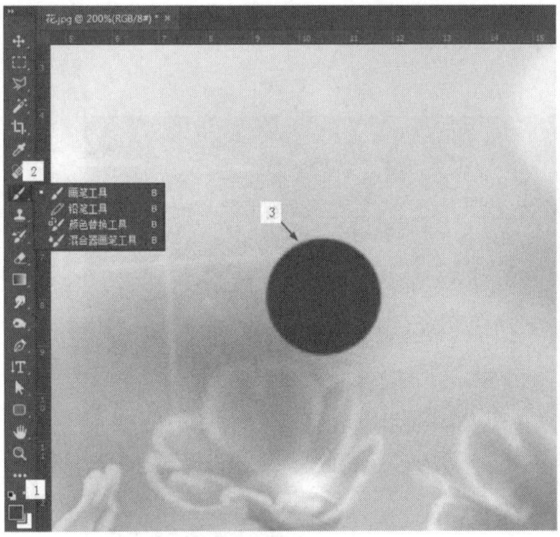

图 4-1　绘制一个圆点

图 4-2　绘制线条

在选项栏中，画笔工具有很多参数可以设置，单击按钮可打开【画笔预设选取器】，在【画笔预设选取器】中可根据需要选择最近使用过的笔尖、设置画笔硬度、画笔种类等，如图 4-3 所示。

不同画笔绘制出的线条有所不同，如图 4-4 所示。

单击按钮，可以弹出【画笔】面板，如图 4-5 所示。单击按钮，可以弹出【画笔预设】面板，如图 4-6 所示。

在【画笔预设】面板中，通过设置数值或者移动滑块可调整画笔的大小，不同画笔大小的绘制效果如图 4-7、图 4-8 所示。

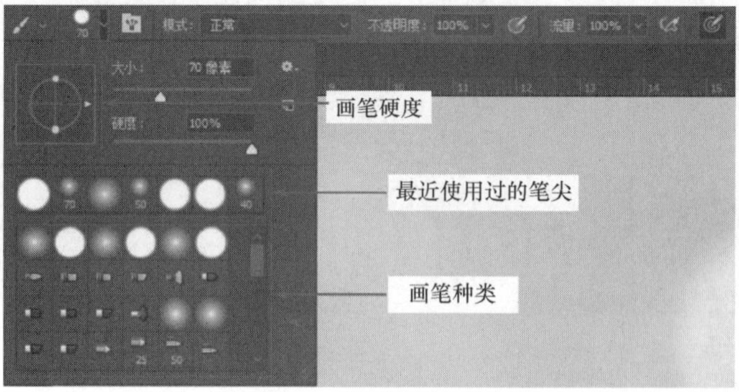

图 4-3　画笔预设选取器

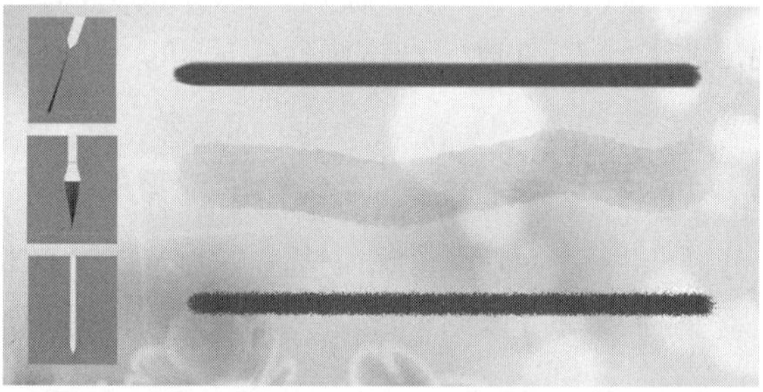

图 4-4　不同画笔绘制出的线条

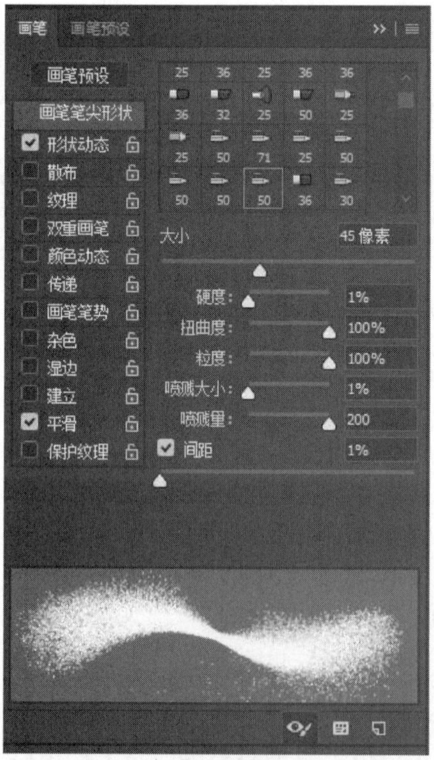

图 4-5 【画笔】面板

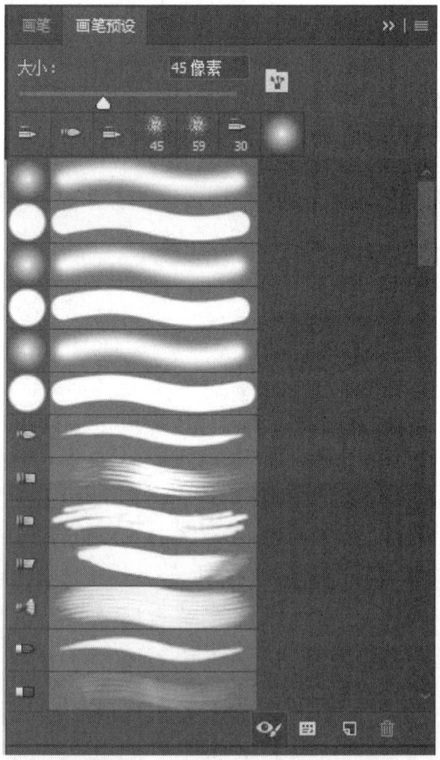

图 4-6 【画笔预设】面板

图 4-7　画笔大小为 15 像素

图 4-8　画笔大小为 90 像素

当使用圆形的画笔时，可以调整硬度。硬度越大，画笔边缘越清晰；反之，画笔边缘越模糊，如图 4-9、图 4-10、图 4-11 所示。

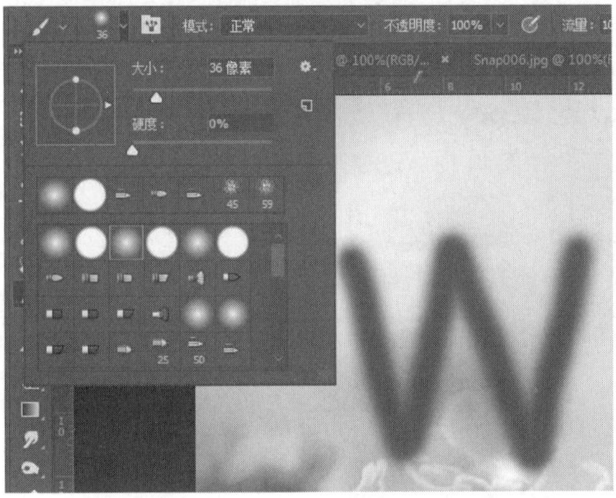

图 4-9　硬度为 0%

图 4-10　硬度为 50%

图 4-11　硬度为 100%

提示

在英文状态下，按【[】键可以缩小画笔，按【]】键可以放大画笔，按【Shift】+【[】键可以减小画笔的硬度，按【Shift】+【]】键可以增大画笔的硬度。

选项栏中的【模式】下拉菜单用于设置绘画颜色与背景现有像素的混合模式，如图 4-12、图 4-13 所示。

图 4-12　设置混合模式为【正片叠底】

图 4-13　设置混合模式为【减去】

选项栏中的【不透明度】用于设置画笔绘制出来的颜色的不透明度。数值越大，笔迹的不透明度越高；反之，不透明度越低，如图 4-14、图 4-15 所示。

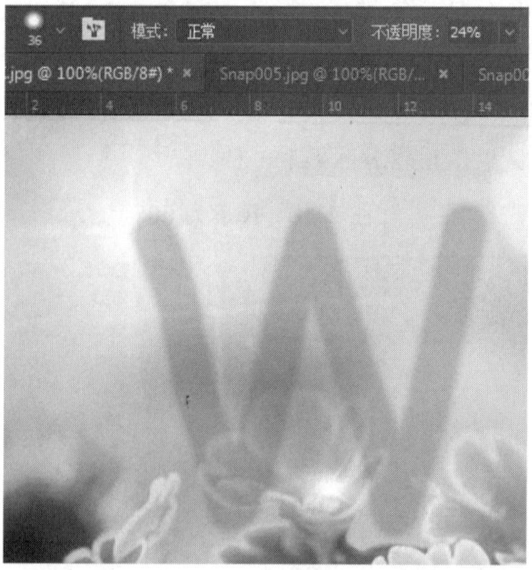

图 4-14　设置不透明度为 24%

图 4-15　设置不透明度为 80%

提示

在使用画笔工具时，按数字键 0～9 可以快速调整画笔的不透明度，数字 1 代表 10%，数值 9 代表 90%，数字 0 代表 100%。

流量指画笔所绘颜色的深浅。如果设置的流量较小，绘制效果如同降低了透明度一样，但经过反复涂抹，颜色会逐渐饱和，如图 4-16、图 4-17 所示。

图 4-16　设置流量为 30%

图 4-17　设置流量为 90%

单击按钮后，可启动喷枪功能，Photoshop 会根据单击鼠标的方式来确定画笔笔迹的填充数量，如图 4-18、图 4-19 所示。

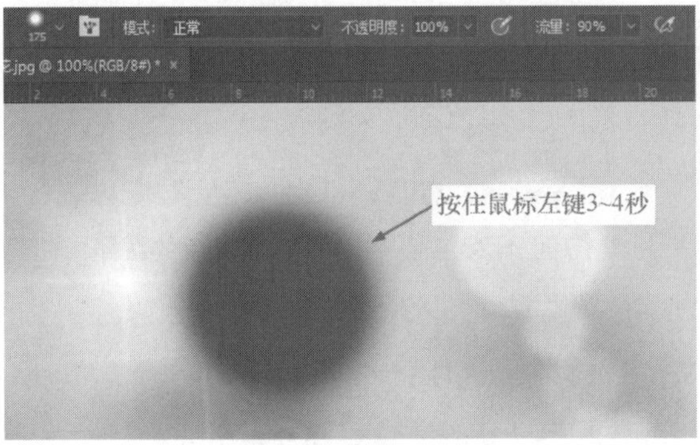

图 4-18　未使用喷枪时的效果

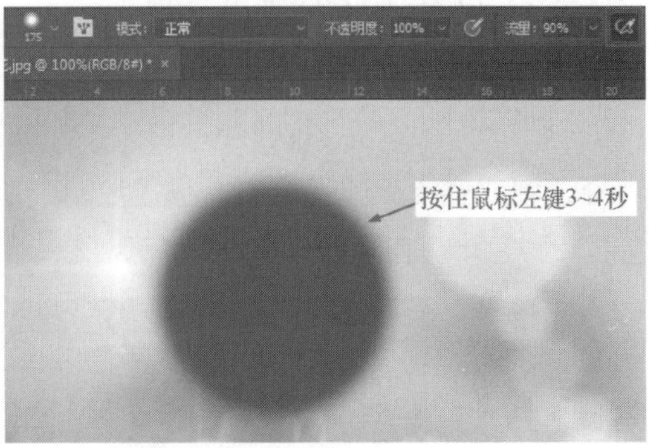

图 4-19　使用喷枪的效果

使用带有压感的手绘板时，启用功能可以对“不透明度”使用“压力”。如果关闭此功能，则由【画笔预设】面板控制压力。启用功能还可以对“大小”使用“压力”。如果关闭此功能，则由【画笔预设】面板控制压力。

2. 铅笔工具

铅笔工具主要用于绘制硬边的线条，它的选项栏如图 4-20 所示。铅笔工具的使用方法与画笔工具非常相似。铅笔工具常用来上色、画线或者制作像素化、像素风格图标等。设置不同铅笔类型的对比效果如图 4-21 所示。

图 4-20　铅笔工具的选项栏

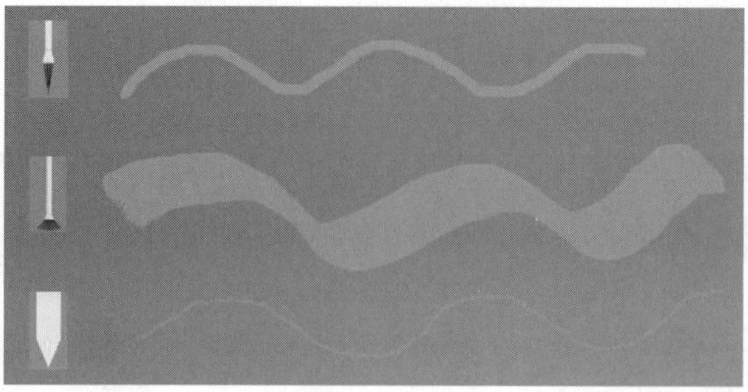

图 4-21　设置不同铅笔类型的对比效果

铅笔工具比画笔工具多了一个【自动抹除】选项，该选项的用法如图 4-22、图 4-23、图 4-24 所示。

图 4-22　原始图像

图 4-23　使用铅笔绘制绿色的线条

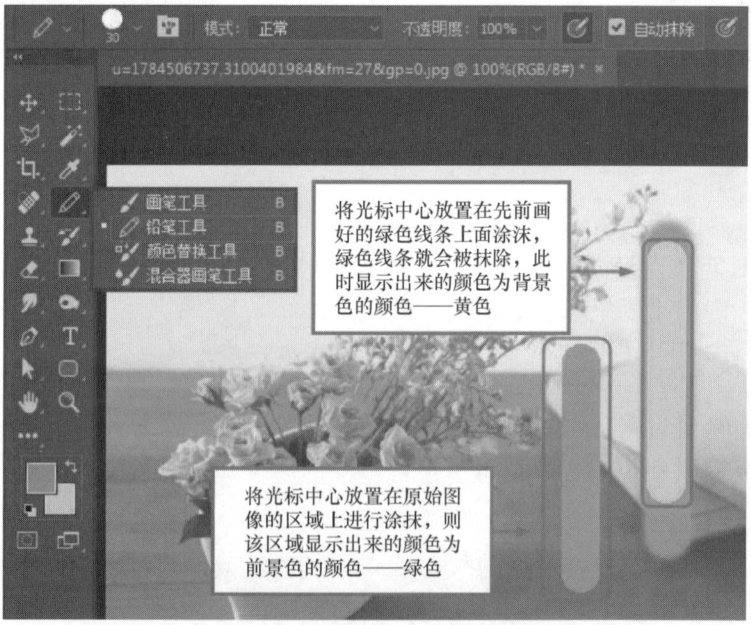

图 4-24　使用【自动抹除】选项绘制出前景色和背景色

> **提示**
>
> 【自动抹除】选项只有在原始图像上才能绘制出设置的前景色和背景色。在新创建的图层中进行操作是不起作用的。

3. 仿制图章工具

仿制图章工具就像复印机，其能将图像中某一部分的像素“复制”到另一个位置，因此两个位置的图像会完全一致。

使用仿制图章工具时要先定义采样点：在工具栏中选择【仿制图章工具】，打开其选项栏，如图 4-25 所示。选择合适的画笔大小，选取需要复制的图像位置，按住【Alt】键，单击鼠标左键进行采样；接下来将采样到的像素放在需要的位置上，如图 4-26、图 4-27 所示。

图 4-25　仿制图章工具选项栏

图 4-26　复制前原图

图 4-27　复制后效果图

仿制图章工具常用来去除水印、去除人物脸部瑕疵、去除与背景部分不相干的杂物等。

4. 橡皮擦工具

画笔工具可以绘画，如果绘画过程中有没有画好的部分，是否可以擦除呢？当然可以！Photoshop CC 中有三种用于“擦除”的工具：橡皮擦工具、背景橡皮擦工具和魔术橡皮擦工具。

（1）橡皮擦工具。

橡皮擦工具是非常基础和常用的擦除工具，使用该工具，直接在图像中按住鼠标左键并拖动鼠标即可擦除对象，如图 4-28 所示。橡皮擦工具的选项栏如图 4-29 所示。

- 模式：用于选择橡皮擦工具的种类。当选择为【画笔】时，可以实现柔边或硬边的擦除效果；当选择为【铅笔】时，可以实现硬边的擦除效果；当选择为【块】时，可以实现块状的擦除效果，如图 4-30 所示。
- 不透明度：用于设置橡皮擦工具的擦除强度。当设置为 100%时，可以完全擦除画面中的像素。不同不透明度的擦除强度对比如图 4-31 所示。当模式为【块】时，该选项不可用。
- 流量：用于设置橡皮擦工具擦除的速度，不同流量的擦除效果对比如图 4-32 所示。

图 4-28 橡皮擦工具的使用

图 4-29 橡皮擦工具的选项栏

图 4-30 橡皮擦工具的三种模式

图 4-31 不同不透明度的擦除强度对比

图 4-32 不同流量的擦除效果对比

- 抹到历史记录：勾选该选项后，橡皮擦工具的作用相当于历史记录画笔工具。

（2）背景橡皮擦工具。

背景橡皮擦工具可以帮助用户快速擦除特定的区域，被擦除掉的区域将显示出背景色，如图 4-33 所示。

图 4-33　背景橡皮擦工具

（3）魔术橡皮擦工具。

使用魔术橡皮擦工具可以快速把图像中相近的色块完全擦掉，完成背景的更换，如图 4-34、图 4-35 所示。

（a）原图　　（b）使用魔术橡皮擦

图 4-34　魔术橡皮擦工具

(c) 再次只用魔术橡皮擦

图 4-34　魔术橡皮擦工具（续）

图 4-35　更换背景后的效果图

任务 1　照片修复

4.1.1　任务目标及效果说明

本任务的目标是使学生熟练掌握 Photoshop CC 中的污点修复画笔工具、修补工具的使用，通过灵活运用这些修复类工具来去除图像中的斑痕，从而修复老旧照片，使其焕然一新。本任务的素材如图 4-36 所示，完成的效果图如图 4-37 所示。

图 4-36　素材

图 4-37　完成的效果图

4.1.2　制作步骤

步骤 1　执行【文件】→【打开】命令，打开素材“旧照片.jpg”，使用工具栏中的【缩放工具】将图像的显示比例调大，显示出图像斑痕的细节，如图 4-38 所示。

步骤 2　选择工具栏中的【修补工具】，并在选项栏中设置它的参数，如图 4-39、图 4-40 所示。

图 4-38　将图像的显示比例调大

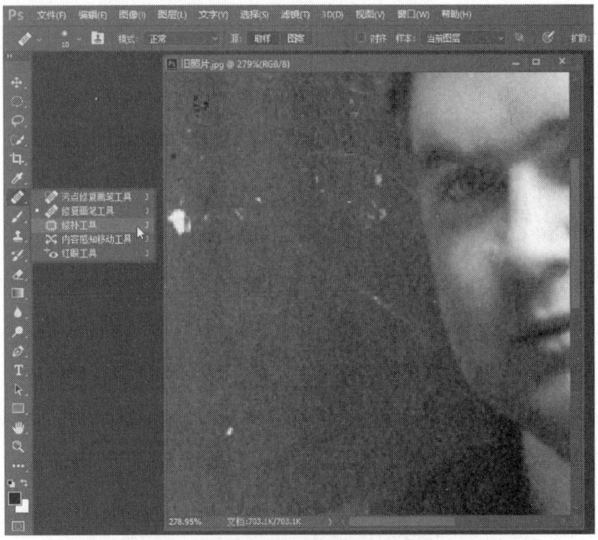

图 4-39　选择【修补工具】

图 4-40　修补工具的选项栏

步骤 3 使用【修补工具】选取斑痕图像，然后将选区拖动到没有斑痕的位置，使斑痕消失。重复上述方法，直至将人物身后背景中的斑痕全部去除，如图 4-41 所示。

图 4-41　使用【修补工具】去除人物身后背景中的斑痕

步骤 4 选择工具栏中的【污点修复画笔工具】，并在选项栏中设置它的参数，如图 4-42 所示。通过单击鼠标左键或拖动鼠标的方法去除人物衣服上的斑痕，如图 4-43 所示。

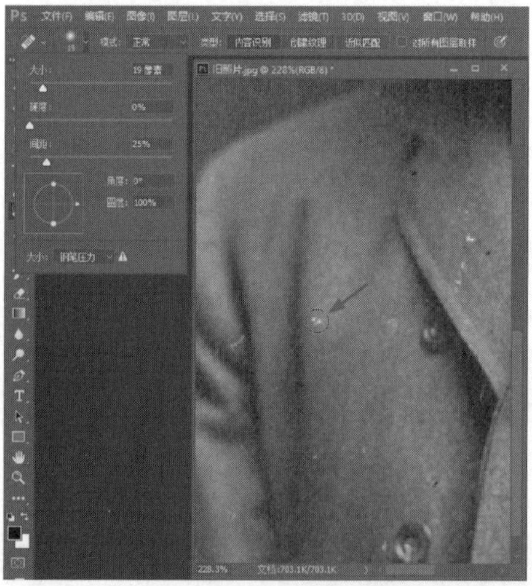

图 4-42　设置【污点修复画笔工具】参数

图 4-43　去除人物衣服上的斑痕

步骤5 选择工具栏中的【修复画笔工具】，使用合适大小的画笔，按住【Alt】键单击斑痕附近正常的图像进行采样，然后松开【Alt】键，在斑痕图像上单击鼠标左键或者拖动鼠标进行涂抹，反复使用这种方法将人物头部的斑痕去除，如图 4-44 所示。

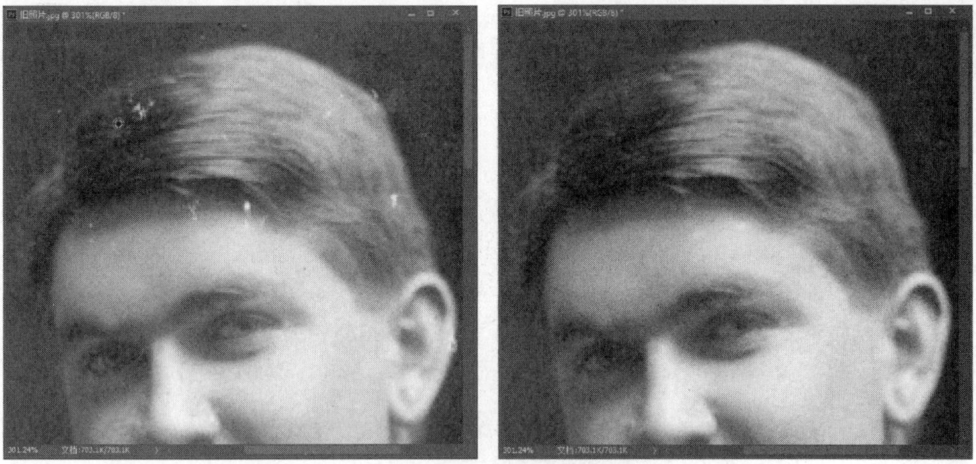

图 4-44　去除人物头部的斑痕

步骤6 仔细检查图像，使用合适的工具将其他斑痕去除。到此，就得到了完成的效果图。

操作技巧

在使用【污点修复画笔工具】时，不需要定义原点，只需要确定需要修复的图像位置，调整好画笔大小，拖动鼠标，Photoshop CC 就会在确定需要修复的位置自动匹配，所以【污点修复画笔工具】比较实用，而且操作也很简单。实际上，这个工具能操作的空间很大，比如，用户只需轻轻一点就能实现简单的祛痣工作。

【修补工具】适合修复有明显裂痕/污点等有缺陷的或需要更改的图像。绘制需要修复的选区，将其拖动到附近的完好区域即可实现修补。通过【修补工具】可以用其他区域或图案中的像素来修复选中的区域。像【修复画笔工具】一样，【修补工具】会将样本像素的纹理、光照和阴影与原像素进行匹配。【修补工具】一般用于修复一些大面积的斑痕。

任务2　人像美容

4.2.1　任务目标及效果说明

本任务的目标是使学生熟练掌握使用图像绘制工具组进行人物照片的修饰，主要包括磨皮、美白牙齿、打腮红、提亮眼睛、调整脸型等。本任务主要使用 Photoshop CC 中的污点修复画笔工具、加深减淡工具、【液化】命令等。本任务的素材如图 4-45 所示，完成的效果图如图 4-46 所示。

图 4-45　素材

图 4-46　完成的效果图

4.2.2　制作步骤

步骤 1　执行【文件】→【打开】命令，打开素材“原图.jpg”。进入【通道】面板，复制“蓝”通道，得到“蓝 副本”通道，单击“蓝 副本”通道，如图 4-47 所示。

图 4-47　单击“蓝 副本”通道

步骤 2　执行【滤镜】→【其他】→【高反差保留】命令，打开的对话框如图 4-48 所示。

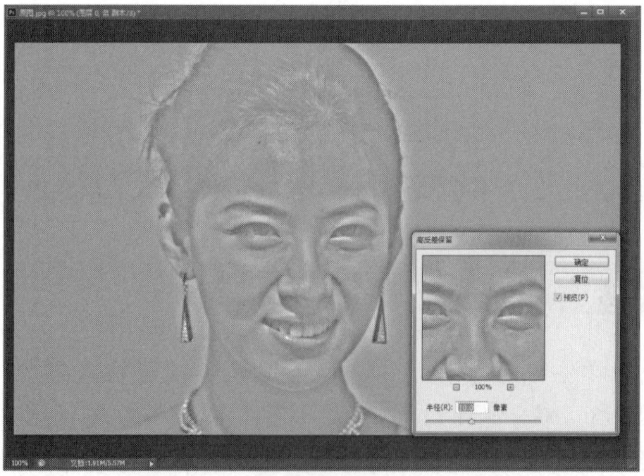

图 4-48 【高反差保留】对话框

步骤 3　执行【图像】→【计算】命令，在弹出的【计算】对话框中，选择【强光】混合模式，参数如图 4-49 所示。

步骤 4　重复执行【图像】→【计算】命令 3～5 次（本任务中为 5 次），直到人物脸部斑点都计算清楚为止。计算后的效果如图 4-50 所示。

步骤 5　按住【Ctrl】键，单击最后一次计算生成的通道 Alpha5，将 Alpha5 作为选区载入，如图 4-51 所示。

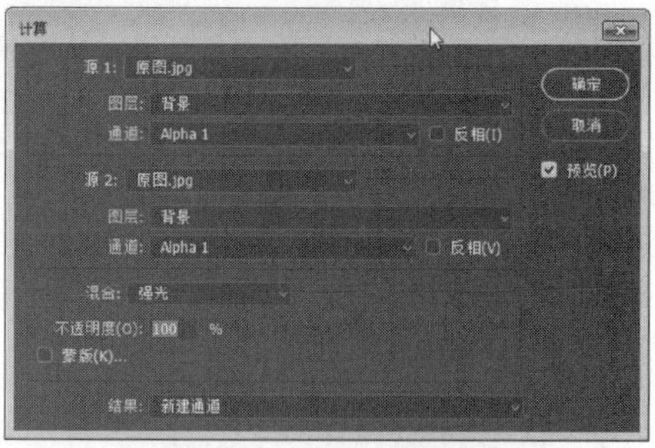

图 4-49 【计算】对话框

图 4-50　计算后的效果

图 4-51　载入选区

步骤 6　由通道转入图层，执行【选择】→【反选】命令，反选出脸部斑点。单击【图层】面板下方的【创建调整图层】按钮，创建曲线调整图层，调整曲线参数，将曲线中点垂直向上拉，实现提亮，如图 4-52 所示，调整后的效果（磨皮效果）如图 4-53 所示。

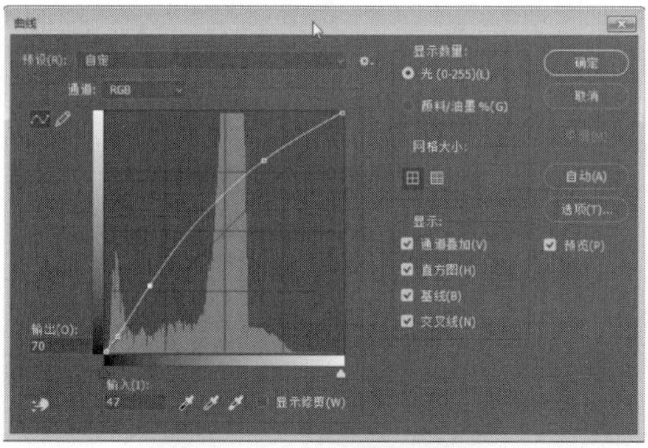

图 4-52　调整曲线参数

图 4-53　磨皮效果

步骤 7　使用工具栏中的【污点修复画笔工具】修复脸上明显的斑点，如图 4-54 所示。

步骤 8　使用工具栏中的【加深减淡工具】美白牙齿，如图 4-55 所示。

步骤 9　使用工具栏中的【加深减淡工具】提亮眼睛，如图 4-56 所示。

步骤 10　执行【滤镜】→【液化】命令，调整脸型，参数及效果如图 4-57 所示。

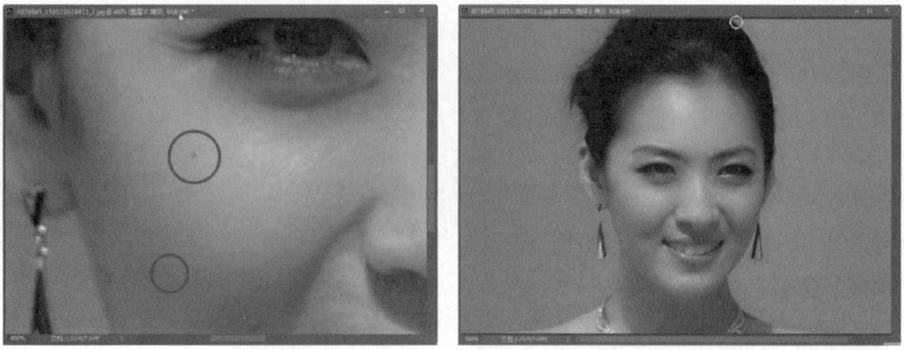

图 4-54　寻找和修复脸上明显的斑点

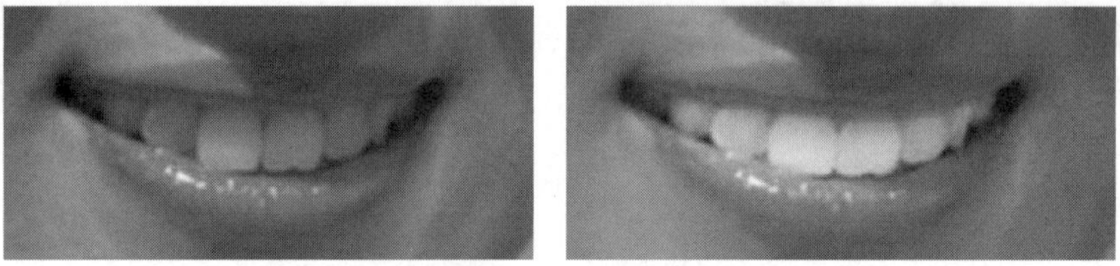

图 4-55　美白牙齿

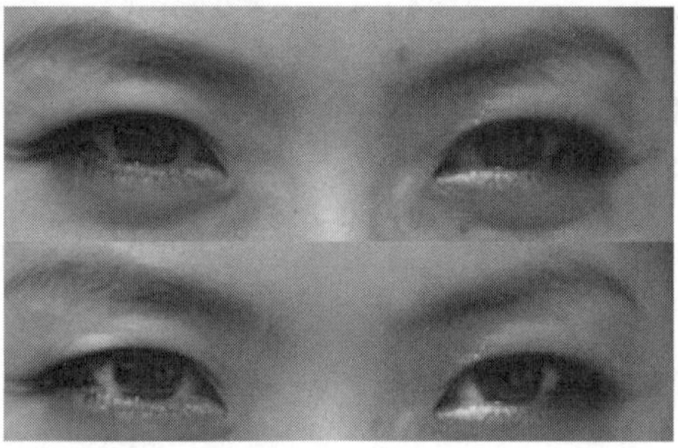

图 4-56　提亮眼睛

图 4-57　调整脸型

步骤 11　单击【图层】面板下方的【创建新图层】按钮，设置前景色为红色，用【画笔工具】(柔角)涂抹人物嘴唇、腮红、眼影等位置，人物嘴唇涂抹效果如图 4-58 所示。注意：设置图层混合模式为【正片叠底】，控制好画笔流量与透明度。到此，就得到了完成的效果图。

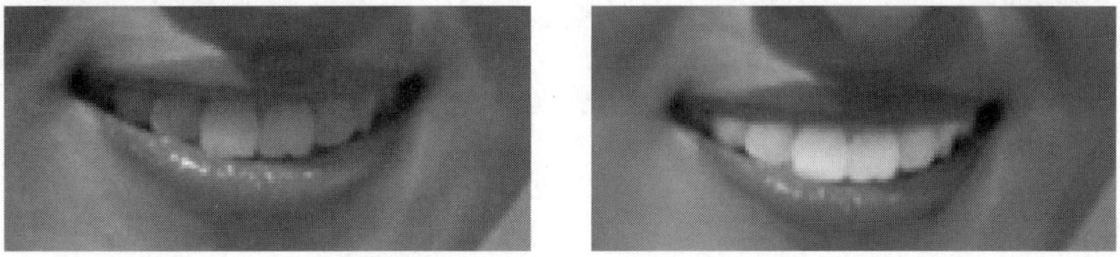

图 4-58　人物嘴唇涂抹效果

课后习题

1. 装饰咖啡杯。素材如图 4-59 所示，完成的效果图如图 4-60 所示。

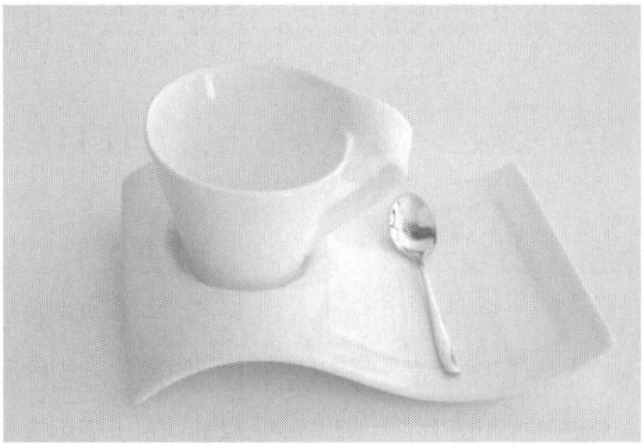

图 4-59　素材

图 4-60　完成的效果图

2. 绘制山水画，完成的效果图如图 4-61 所示。

图 4-61　完成的效果图

项目 5 蒙版

微课视频

知识准备

“蒙版”原是摄影术语，是指用于控制照片不同区域曝光的传统暗房技术。Photoshop CC 中蒙版主要用于画面的修饰与合成。通过更改蒙版，可以突出应用各种特殊效果，而不会影响该图层上的像素。

Photoshop CC 中共有 4 种蒙版：图层蒙版、快速蒙版、剪贴蒙版和矢量蒙版。这 4 种蒙版的原理与操作方式各不相同，4 种蒙版的特性如下。

（1）图层蒙版：通过“黑白”来控制图层内容的显示和隐藏，可以随时修改，并且不会修改图像本身。因此，失败了可以重来，这是图层蒙蔽最大的优点。图层蒙版常用于图像的合成及图像某部分的隐藏。

（2）快速蒙版：以“绘图”的方式创建各种随意的选区。这种选区的随意性和自由性很强，是利用选框工具得不到的特殊选区。

（3）剪贴蒙版：以下层图层的“形状”控制上层图层显示的“内容”。用通俗的方式来理解，就像在不透明的塑料板上“凿洞”，可凿出许多大大小小的洞，也可凿出特殊形状的洞，然后把这块被凿洞的不透明塑料板放在需要被蒙版的图像上，与图像重叠，这时候我们只能透过“洞”看到图像，图像也只能在这个“洞”的范围内显示。这时候，蒙版紧贴在图像上，使图像被剪切了一样，因而我们称这种蒙版为剪贴蒙版。通过剪贴蒙版，可在不剪切图像的基础上对蒙版进行操作，使图像产生剪切效果。

（4）矢量蒙版：以路径的形态控制图层内容的显示和隐藏，与分辨率无关，是由钢笔或形状工具创建的。路径以内的部分被显示，路径以外的部分被隐藏。由于以矢量路径进行控制，因此可以实现蒙版的无损缩放。

任务 1　利用图层蒙版制作建筑物与风景合成特效

5.1.1　任务目标及效果说明

本任务的目标是使学生掌握添加蒙版的方法，结合画笔工具进行涂抹，将图像加以合成，以及通过改变图层混合样模式得到特殊的图像效果。本任务的素材如图 5-1 所示，完成的效果图如图 5-2 所示。

图 5-1　素材

彩图

图 5-2　完成的效果图

5.1.2　制作步骤

步骤 1　执行【文件】→【打开】命令，打开素材“白云.jpg”，单击【图层】面板下方的【添加图层蒙版】按钮，为“背景”图层添加蒙版，如图 5-3 所示。将前景色设置为黑色，背景色设置为白色。选择【渐变工具】，在选项栏中选择渐变样式为【线性渐变】，得到的效果如图 5-4 所示。

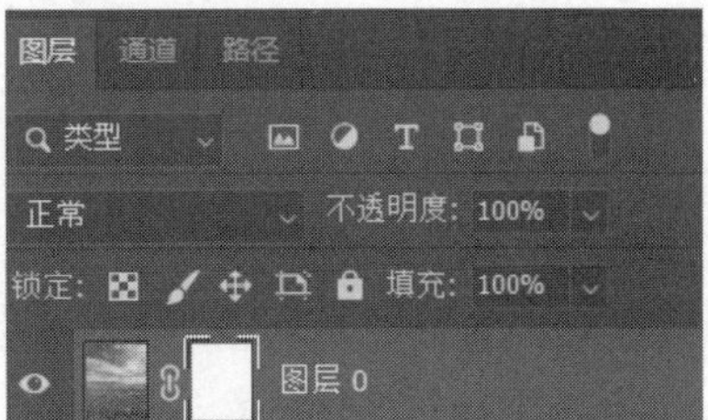

图 5-3　为“背景”图层添加蒙版

图 5-4　得到的效果

步骤 2　选择【移动工具】，将“蓝背景.jpg”拖到“白云.jpg”图像窗口中的适当位置，【图层】面板中将生成新的图层“图层 1”，适当调整大小，调整图层顺序并调整“图层 1”位置，如图 5-5 所示。

图 5-5　调整图层顺序并调整“图层 1”位置

步骤 3　选择【移动工具】，将“城市.jpg”拖到“白云.jpg”图像窗口中的适当位置，【图层】

面板中将生成新的图层“图层2”，适当调整大小，调整图层顺序并调整“图层2”位置，如图5-6所示。

图5-6　调整图层顺序并调整“图层2”位置

步骤4　选择【移动工具】，将“灯泡.jpg”拖到“白云.jpg”图像窗口中的适当位置，【图层】面板中将生成新的图层“图层3”，适当调整大小，调整图层顺序并调整“图层3”位置，如图5-7所示。

图5-7　调整图层顺序并调整“图层3”位置

步骤 5 选择【移动工具】，将“树.jpg”拖到“白云.jpg”图像窗口中的适当位置，【图层】面板中将生成新的图层“图层 4”，适当调整大小，调整图层顺序并调整“图层 4”位置。单击【图层】面板下方的【添加图层蒙版】按钮，为“图层 4”添加蒙版，如图 5-8 所示。

图 5-8　为“图层 4”添加蒙版

步骤 6 将前景色设置为黑色，背景色设置为白色。选择【画笔工具】或按【F5】键，打开【画笔设置】面板，在【画笔笔尖形状】中选择【柔边圆】画笔样式，在面板中设置相关参数，如图 5-9 所示，使用【画笔工具】擦除不需要的图像，效果如图 5-10 所示。

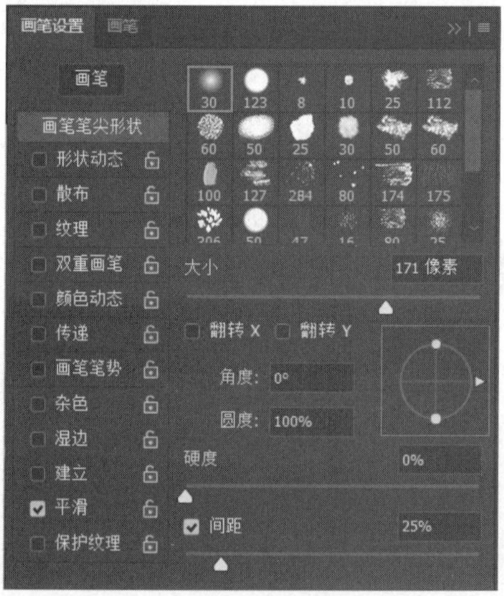

图 5-9　在面板中设置相关参数

图 5-10 使用【画笔工具】擦除不需要的图像

步骤 7 在【图层】面板中将“图层 2”的不透明度改为 82%，如图 5-11 所示，到此，就得到了完成的效果图。

图 5-11 将“图层 2”的不透明度改为 82%

任务 2　利用快速蒙版制作“花开季节”

5.2.1　任务目标及效果说明

本任务通过学习快速蒙版，结合画笔工具、铅笔工具、矩形选框工具、文字工具等，制作充满青春浪漫气息的花开季节图。本任务的素材如图 5-12 所示，完成的效果图如图 5-13 所示。

彩图

图 5-12　素材

图 5-13　完成的效果图

5.2.2　制作步骤

步骤 1　执行【文件】→【新建】命令，新建一个 800 像素 × 600 像素，分辨率为 72 像素/英寸的空白文档。执行【文件】→【打开】命令，将素材移入，调整大小和位置，如图 5-14 所示。

图 5-14　移入素材

步骤 2 选中素材图层，按下【Q】键进入快速蒙版模式，设置前景色为黑色，接着使用【画笔工具】，画笔的参数设置如图 5-15 所示。用【画笔工具】在图像窗口中涂抹，绘制出不规则的区域，如图 5-16 所示。

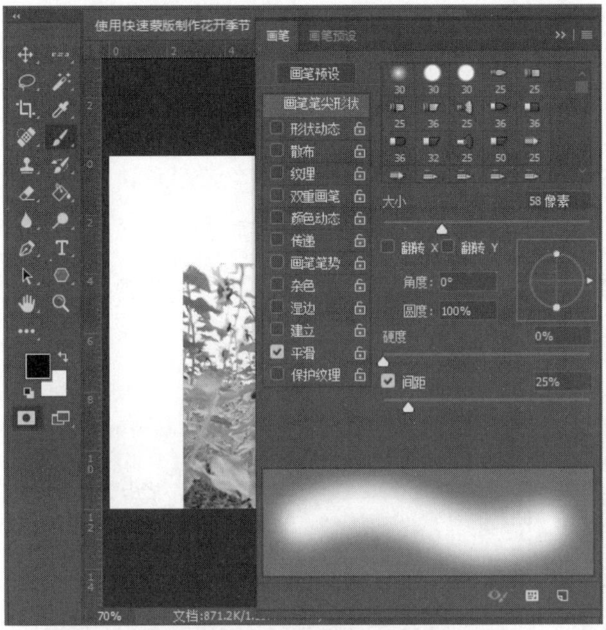

图 5-15　画笔的参数设置

图 5-16　绘制出不规则的区域

步骤 3 执行【滤镜】→【像素化】→【彩色半调】命令，进行如图 5-17 所示的设置，此时可以看到快速蒙版的边缘出现点状，如图 5-18 所示。

步骤 4 按下【Q】键退出快速蒙版模式，此时的图像如图 5-19 所示。按下【Delete】键，删除选区中的一部分，效果如图 5-20 所示。

步骤 5 创建新图层，将其命名为“绿色背景”。使用【矩形选框工具】，绘制矩形选区，并填充颜色，如图 5-21 所示。

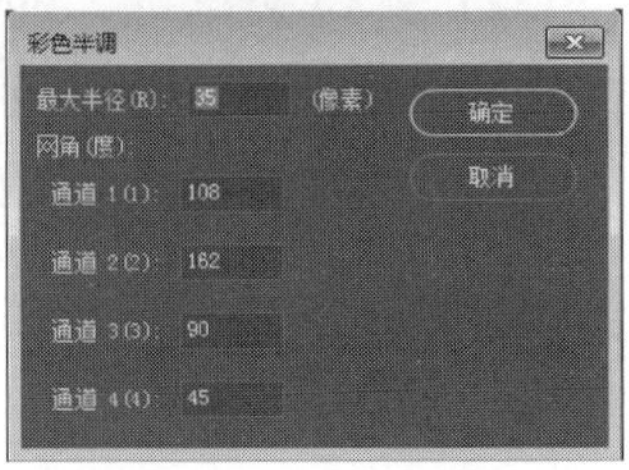

图 5-17　设置参数

图 5-18　快速蒙版的边缘出现点状

图 5-19　退出快速蒙版模式

图 5-20　删除选区中的一部分

图 5-21　绘制矩形选区

步骤 6　使用【文字工具】，将字体设置为【隶书】，输入中文“花开季节”，将前景色设为灰色，如图 5-22 所示。选中“花”字，设置“花”字颜色，如图 5-23 所示。最终文字效果如图 5-24 所示。

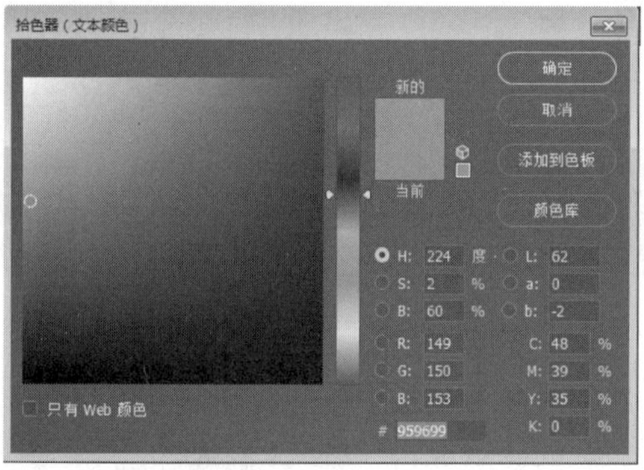

图 5-22　设置前景色

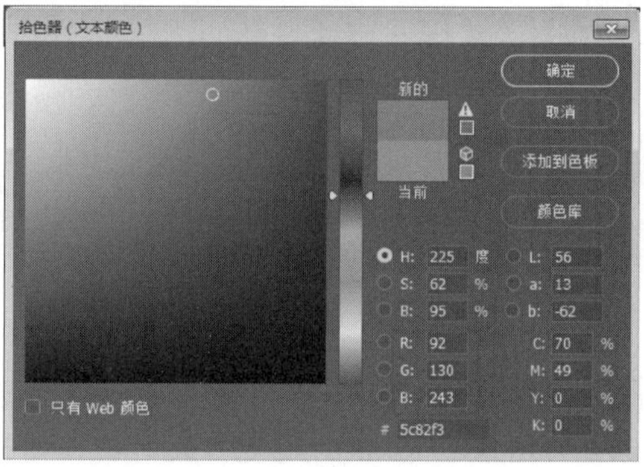

图 5-23　设置“花”字颜色

步骤 7　使用【文字工具】，将字体设置为【Blackadder ITC】，输入英文“Bloom season”，如图 5-25 所示。

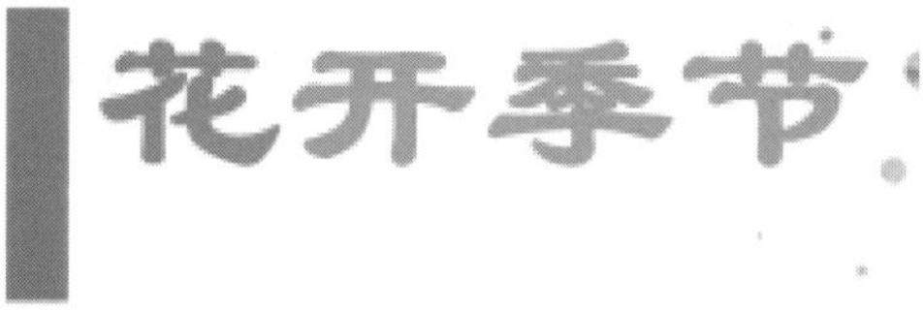

图 5-24　最终文字效果

图 5-25　输入英文

步骤 8　创建一个新图层，将其命名为“横线”。使用【铅笔工具】，进行颜色相关设置，设置线条颜色，如图 5-26 所示。按住【Shift】键，绘制水平线，如图 5-27 所示。

步骤 9　创建一个新图层，将其命名为“文字”。使用【文字工具】，将字体设置为【隶书】，输入一系列中文文字，如图 5-28 所示。

步骤 10　创建一个新图层，将其命名为“画框”。使用【画笔工具】，设置画笔笔尖形状为【柔角】，设置合适的笔尖大小，按住【Shift】键，绘制画框。到此，就得到了完成的效果图。

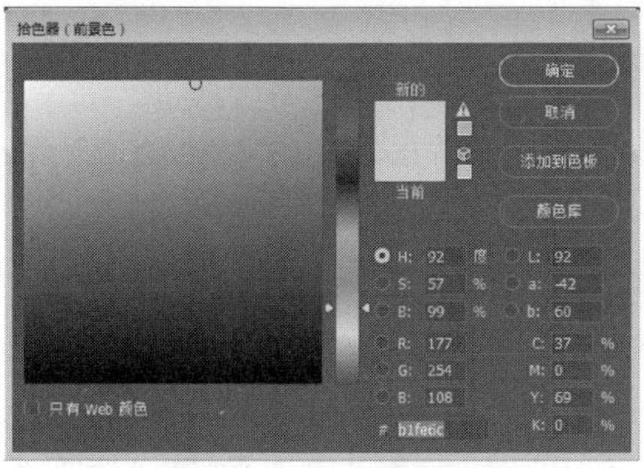

图 5-26　设置线条颜色

图 5-27　绘制线条

图 5-28　输入一系列中文文字

任务 3　利用剪贴蒙版制作网格状效果图像

5.3.1　任务目标及效果说明

本任务的目标是使学生熟练掌握利用【移动工具】进行图层的复制、对齐与分布等操作，使用图层剪贴蒙版技术制作网格效果图像。本任务的素材如图 5-29 所示，完成的效果图如图 5-30 所示。

彩图

图 5-29　素材

图 5-30　完成的效果图

5.3.2 制作步骤

步骤 1 执行【文件】→【新建】命令，新建一个 20 厘米 × 30 厘米，分辨率为 72 像素/英寸的空白文档。

步骤 2 单击【图层】面板下方的【创建新图层】按钮，得到“图层 1”，如图 5-31 所示。选择工具栏中的【矩形选框工具】，在选项栏中设置【样式】为【固定大小】，【宽度】和【高度】均设置为【85 像素】。在图像窗口中单击鼠标左键，创建一个正方形的选区，如图 5-32 所示。执行【选择】→【修改】→【平滑】命令，设置【取样半径】为【5 像素】。

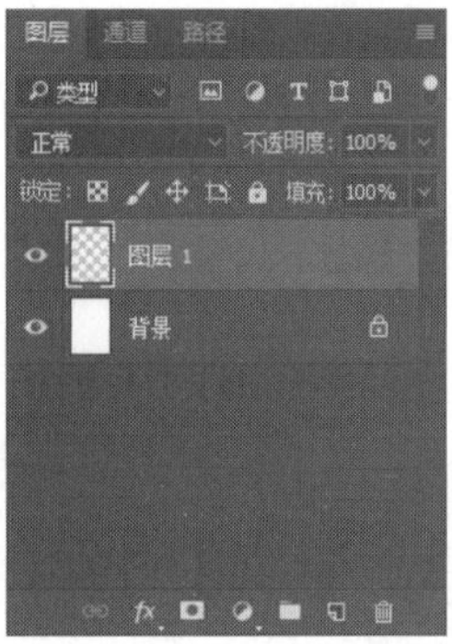

图 5-31 创建图层

图 5-32 创建正方形选区

步骤 3 按下【Alt】+【Delete】键向正方形选区中填充任意颜色，按【Ctrl】+【D】键取消选区，然后用【移动工具】将色块移动到图像窗口左上角的位置，如图 5-33 所示。

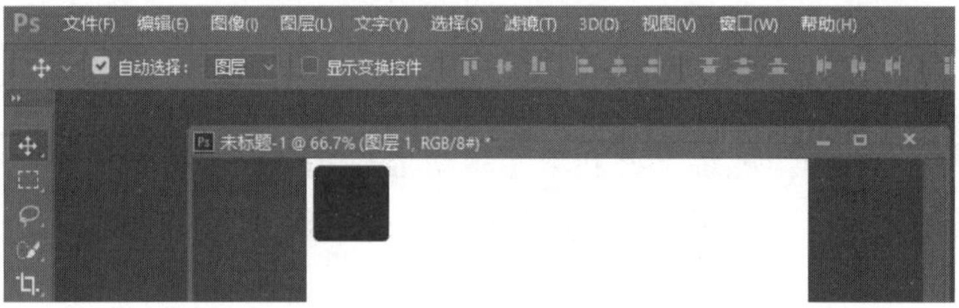

图 5-33 填充颜色并将色块移动到图像窗口左上角的位置

步骤 4 选择【移动工具】，按住【Alt】键不放，将色块向右拖动，复制出一个新的色块。重复使用这种方法复制出 5 个色块，如图 5-34 所示，并将最后一个复制得到的色块移动到窗口右上角的位置，在【图层】面板中会得到另外 5 个图层副本，如图 5-35 所示。

图 5-34 复制出 5 个色块

步骤 5　在【图层】面板中，单击最上方的“图层 1 拷贝 5”，按住【Shift】键再单击“图层 1”，选中多个图层，如图 5-36 所示。接下来选择【移动工具】，在选项栏中分别单击【顶对齐】按钮和【水平居中对齐】按钮，如图 5-37 所示。最后执行【图层】→【合并图层】命令，将多个普通图层合并，如图 5-38 所示。

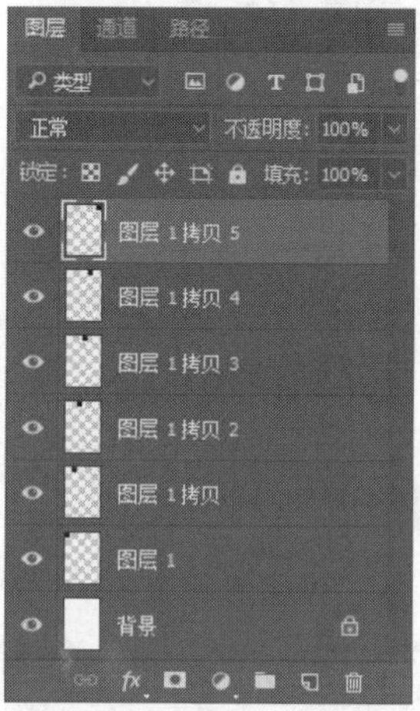

图 5-35　得到另外 5 个图层副本

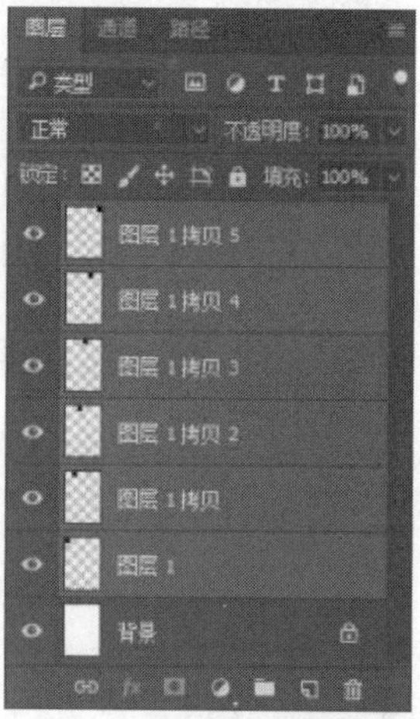

图 5-36　选中多个图层

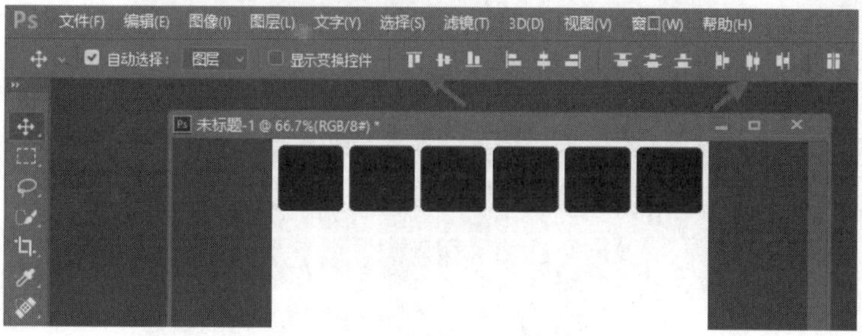

图 5-37　设置图像对齐与分布

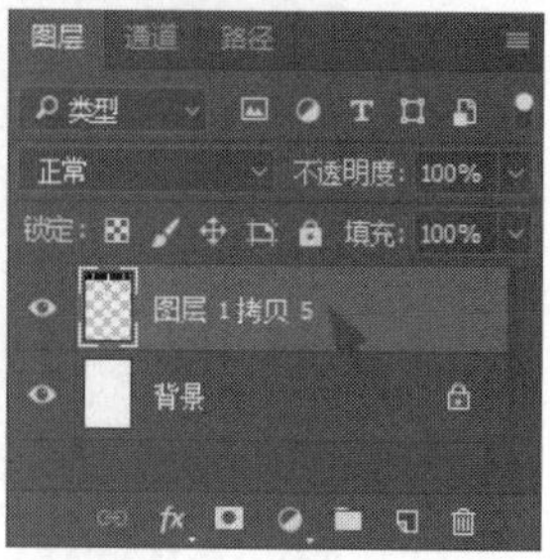

图 5-38　合并多个图层

步骤 6　选择【移动工具】，按住【Alt】键将这一行色块图像向下拖动，复制出一行新的色块。重复使用这种方法一共复制出 8 行色块，并将最后一行复制得到的色块移动到图像窗口的最下方（留有一定的白边），如图 5-39 所示，在【图层】面板中会得到另外 8 个图层副本，如图 5-40 所示。

步骤 7　在【图层】面板中，单击最上方的“图层 1 拷贝 13”，按住【Shift】键再单击“图层 1 拷贝 5”，选中多个图层，如图 5-41 所示。接下来选择【移动工具】，在选项栏中分别单击【左对齐】和【垂直居中分布】按钮，如图 5-42 所示。最后执行【图层】→【合并图层】命令，将多个普通图层合并，如图 5-43 所示。

步骤 8　打开素材图，使用【移动工具】将素材拖动到制作好的网格图像窗口中，如图 5-44 所示，调整图像位置使之完全覆盖网格。执行【图层】→【创建剪贴蒙版】命令，如图 5-45 所示。到此，就得到了完成的效果图。

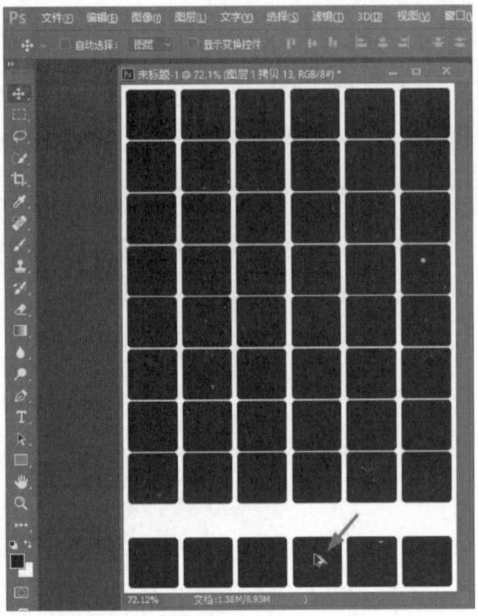

图 5-39　复制出 8 行色块

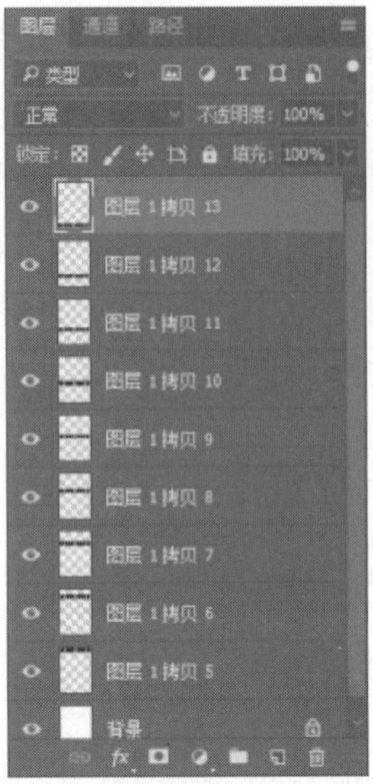

图 5-40　得到另外 8 个图层副本

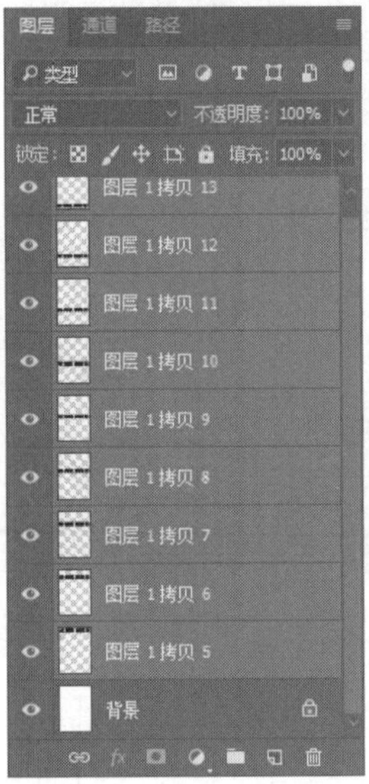

图 5-41　选中多个图层

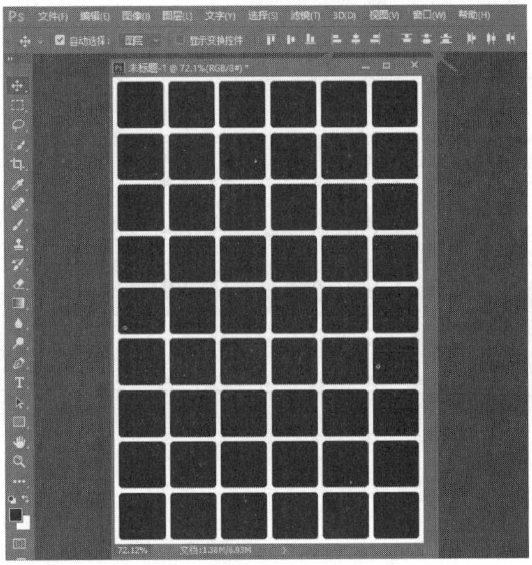

图 5-42　设置图像对齐与分布

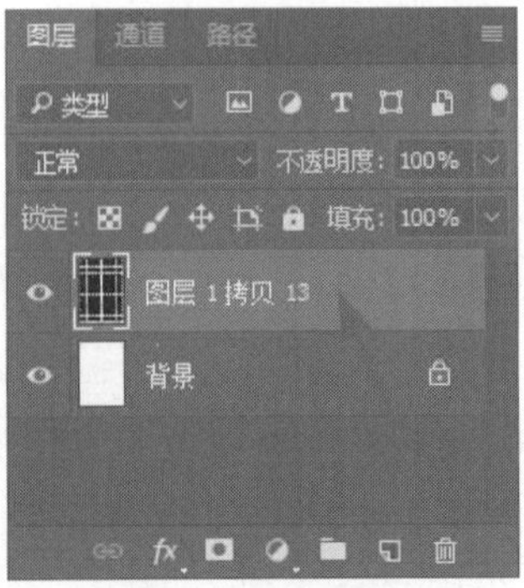

图 5-43　合并图层

图 5-44　将素材拖动到制作好的网格图像窗口中

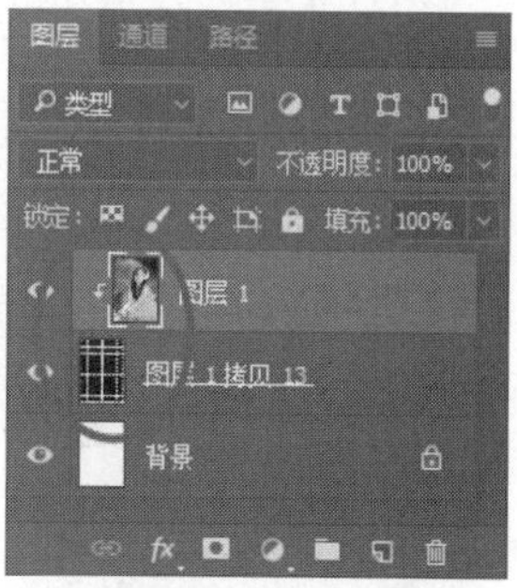

图 5-45　创建剪贴蒙版

操作技巧

（1）在【图层】面板中选择多个图层时，按住【Shift】键并单击鼠标左键，可以同时选择多个连续的图层，按住【Ctrl】键单击鼠标左键，可以同时选择多个连续或不连续的图层。

（2）使用【移动工具】把图像从一个窗口拖动到另一个窗口时，如果同时按住【Shift】键，则可以把图像复制到窗口中心位置。

（3）按下【Ctrl】+【Alt】+【G】键可以创建或者释放剪贴蒙版。

任务 4　利用蒙版进行人与橘子的合成

5.4.1　任务目标及效果说明

本任务的目标是使学生掌握使用蒙版把可爱婴儿的头像合成到橘子上，实现人与橘子的完美结合；掌握蒙版的创建、蒙版的修饰等操作。本任务的素材如图 5-46 所示，完成的效果图如图 5-47 所示。

彩图

图 5-46　素材

图 5-47　完成的效果图

5.4.2 制作步骤

步骤 1 执行【文件】→【打开】命令，打开素材，用【椭圆选框工具】选择婴儿头部，选择【移动工具】，在选区里按下鼠标左键，将选区拖到橘子上面，并把图层混合模式修改为【正片叠底】，如图 5-48、图 5-49 所示。

图 5-48 选择婴儿头部

图 5-49 将选区拖到橘子上面

步骤 2 执行【编辑】→【变换】→【变形】命令，调整婴儿五官与橘子的位置，如图 5-50 所示。

步骤 3 单击【图层】面板下方的【添加图层蒙版】按钮，为婴儿图像所在的图层（“图层 1”）创建蒙版，如图 5-51 所示。

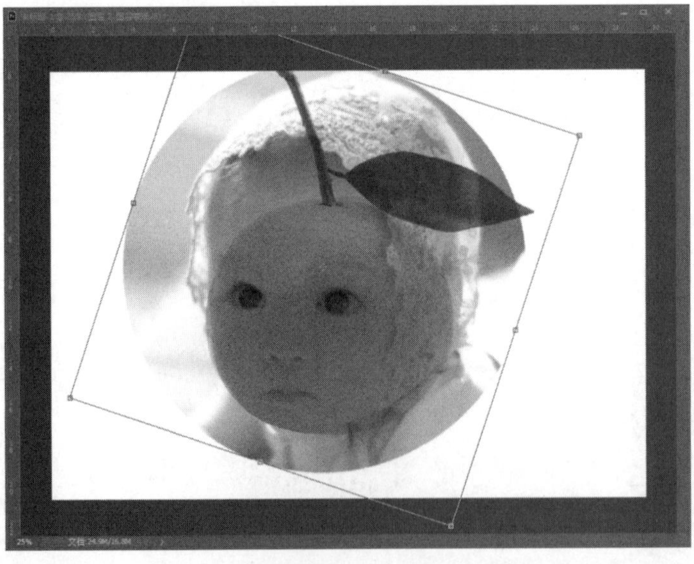

图 5-50 调整婴儿五官与橘子的位置

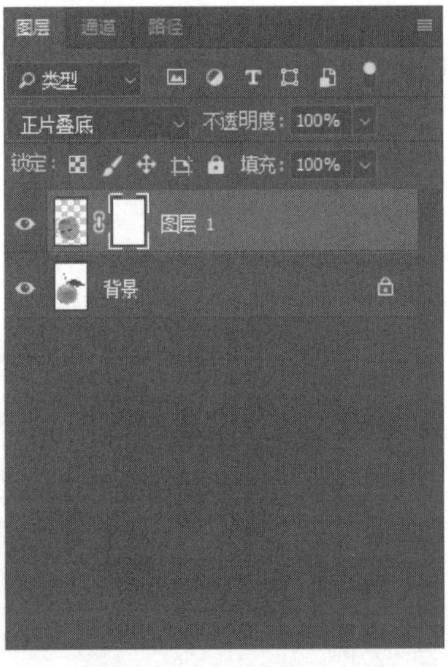

图 5-51 创建蒙版

步骤 4 将前景色设置为黑色，选择【画笔工具】(柔角)，参数如图 5-52 所示，设置不透明度为 100%，用其在婴儿头像边缘涂抹。

图 5-52 【画笔工具】（柔角）参数

步骤 5 仔细涂抹人物边缘，得到完成的效果图。

课后习题

1. 在 Photoshop CC 中有几种创建蒙版的方式？

2. 根据如图 5-53 所示的素材，使用图层蒙版工具、画笔工具及橡皮擦工具等，为艺术照更换背景，完成的效果图如图 5-54 所示。

图 5-53 素材

图 5-54 完成的效果图

3. 根据如图 5-55 所示的素材，使用图层蒙版工具、画笔工具及橡皮擦工具等，制作时尚女郎图像，完成的效果图如图 5-56 所示。

图 5-55 素材

图 5-56 完成的效果图

项目 6 通　道

微课视频

知识准备

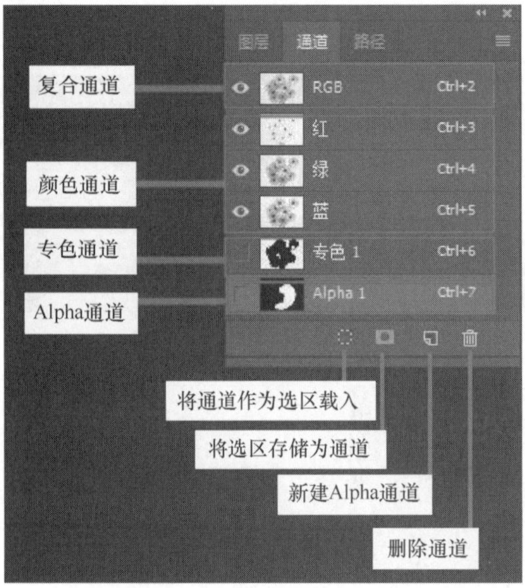

图 6-1 【通道】面板示意图

“通道”用于存储颜色信息和选区信息。在 Photoshop CC 中，有三种类型的通道：颜色通道、专色通道和 Alpha 通道，颜色通道、专色通道用于存储颜色信息，Alpha 通道用于存储选区。执行【窗口】→【通道】命令，可打开【通道】面板。如图 6-1 所示，在【通道】面板中可以看到一个彩色的缩览图和几个灰色的缩览图，这些就是通道。【通道】面板主要用于创建、存储、编辑和管理通道。

（1）颜色通道：用来记录图像颜色信息。对于不同模式的图像，其通道的数量和通道的名称也是不一样的。例如，RGB 图像含有 RGB、R、G、B 通道；CMYK 图像含有 CMYK、C、M、Y、K 通道，如图 6-2 所示；Lab 图像则含有 Lab、明度、a、b 通道，如图 6-3 所示。

图 6-2　CMYK 图像包含的通道

图 6-3　Lab 图像包含的通道

（2）专色通道：是一种特殊的颜色通道。它可以使用除了青色、洋红（也有称其为“品红”）、黄色、黑色以外的颜色来绘制图像。在印刷中，为了使自己的印刷作品与众不同，人们往往做一些特殊处理。例如，增加荧光油墨或夜光油墨，套版印制无色系（如“烫金”）等，我们称这些特殊油墨为“专色”。也就是说，当无法用三原色油墨混合而成某种颜色时，就需要用到专色通道与专色印刷了。

（3）Alpha 通道：是为了保存选区而专门设计的通道，在 Alpha 通道中，人们可以进行绘画、填充颜色、应用滤镜等操作。在 Alpha 通道中，白色部分为选区内部，黑色部分为选区外部，灰色部分则为半透明的选区。

任务 1　利用通道抠图为照片更换背景

6.1.1　任务目标及效果说明

本任务的目标是让学生学会使用“通道”功能抠图；学会使用【图像】→【调整】→【色阶】命令设置参数；学会使用【画笔工具】进行涂抹，制作透明效果。本任务的素材如图 6-4 所示，完成的效果图如图 6-5 所示。

彩图

图 6-4　素材

图 6-5　完成的效果图

6.1.2　制作步骤

步骤 1　执行【文件】→【打开】命令，打开素材“婚纱.jpg”，切换至【通道】面板，如图 6-6 所示。

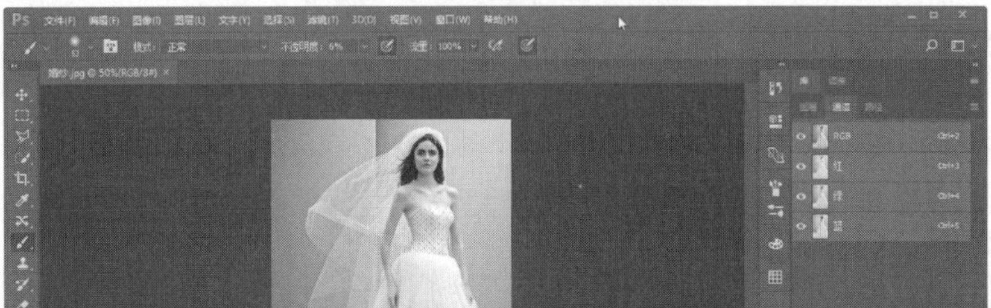

图 6-6　【通道】面板

步骤 2 进入【通道】面板，观察各通道的细节，本任务选择复制“蓝”通道，如图 6-7 所示。

步骤 3 选择“蓝 拷贝”通道，执行【图像】→【调整】→【色阶】命令，设置色阶参数，如图 6-8 所示。单击【确定】按钮，调整后的效果如图 6-9 所示。

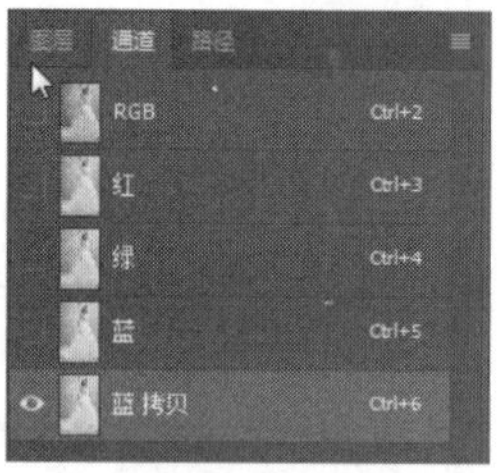

图 6-7 复制“蓝”通道

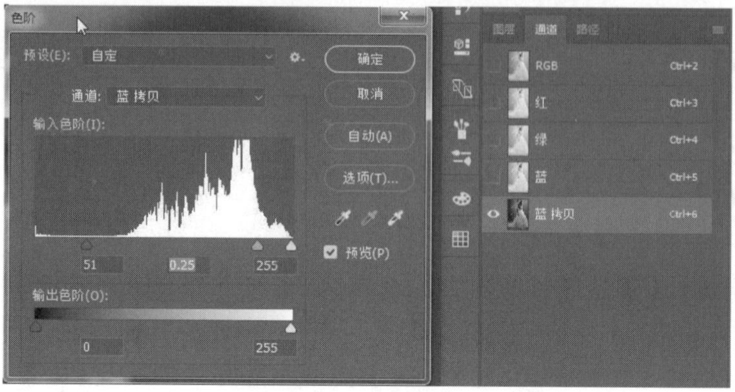

图 6-8 设置色阶参数

步骤 4 选择工具栏中的【快速选择工具】创建婚纱和人物选区，效果如图 6-10 所示。

步骤 5 选择 RGB 通道模式或者按【Ctrl】+【2】快捷键，载入选区，如图 6-11 所示。

图 6-9 调整后的效果

图 6-10 创建选区

图 6-11 载入选区

步骤 6 返回【图层】面板，按【Ctrl】+【J】键，将选区中的内容通过复制生成“图层 1”，然后将“背景”图层隐藏，抠出婚纱和人物，效果如图 6-12 所示。

步骤 7 打开素材“薰衣草.jpg”，使用【移动工具】将其移到当前图像窗口，生成“图层 2”，并且适当调整位置，如图 6-13 所示。

步骤 8 选择“图层 1”为当前层，单击【图层】面板下方的【添加图层蒙版】按钮，为“图层 1”添加图层蒙版。

步骤 9 选择【画笔工具】，在选项栏中选择【柔边圆压力画笔】，设置参数，如图 6-14 所示。

图 6-12　抠出婚纱人物

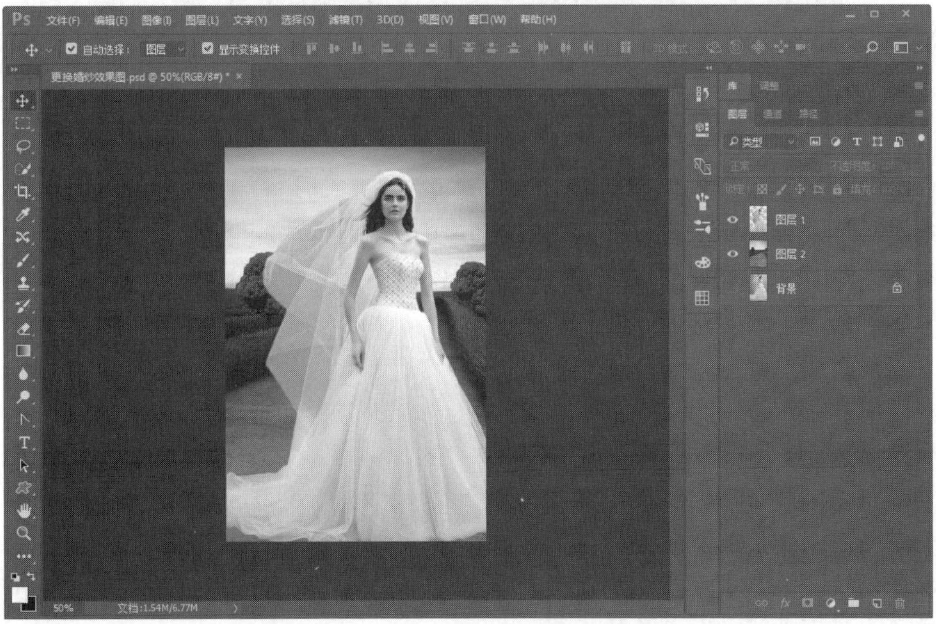

图 6-13　移入素材“薰衣草.jpg”

图 6-14　设置参数

步骤 10　设置前景色为黑色，背景色为白色，用【画笔工具】在婚纱左侧及裙子的尾部进行涂抹，制作出透明效果，如图 6-15 所示。到此，得到完成的效果图。

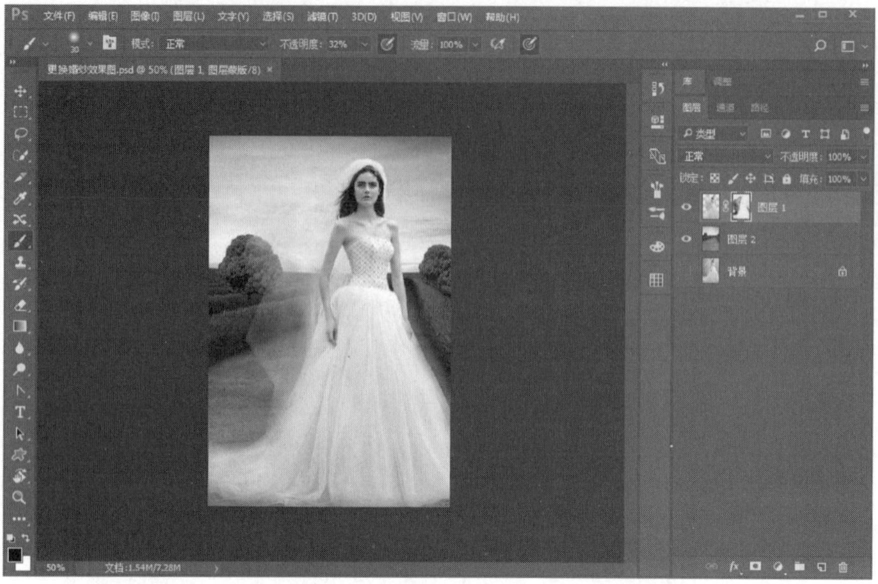

图 6-15　制作出透明效果

任务 2　利用 Alpha 通道绘制太极图图像

6.2.1　任务目标及效果说明

本任务的目标是使学生理解 Photoshop CC 中 Alpha 通道存储选区的基本原理，掌握利用参考线进行精确绘图的方法，熟练掌握并使用椭圆选框工具，利用 Alpha 通道对选区运算来制作太极图。本任务完成的效果图如图 6-16 所示。

图 6-16　完成的效果图

6.2.2　制作步骤

步骤 1　执行【文件】→【新建】命令，新建一个 20 厘米 × 20 厘米，分辨率为 72 像素/英寸的空白文档。

步骤 2　使用【移动工具】单击【设置前景色】按钮，在打开的【拾色器】对话框中设置前景色，如图 6-17 所示。接下来进行前景色填充。

步骤 3　执行【视图】→【标尺】命令，显示水平标尺和垂直标尺，选择【移动工具】指向垂直标尺，依次向右拖动出 5 条垂直参考线，这 5 条参考线的位置分别在 2 厘米、6 厘米、10 厘米、14 厘米、18 厘米处（拖动参考线时，按住【Shift】键可以精确定位），如图 6-18 所示。再使用相同的方法从水平标尺拖动出 5 条水平参考线，这 5 条参考线的位置也分别在 2 厘米、6 厘米、10 厘米、14 厘米、18 厘米处，如图 6-19 所示。

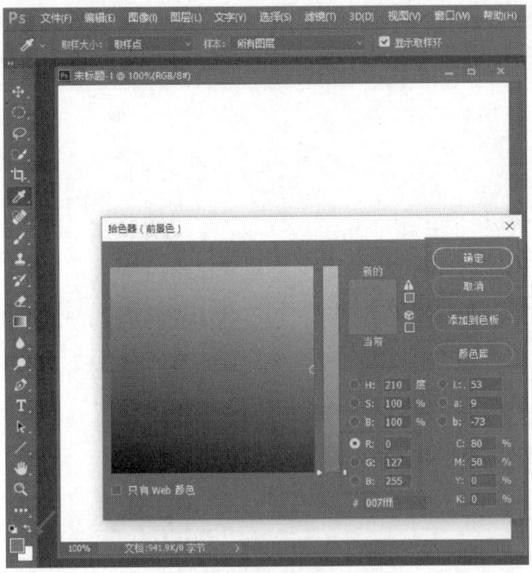

图 6-17　设置前景色

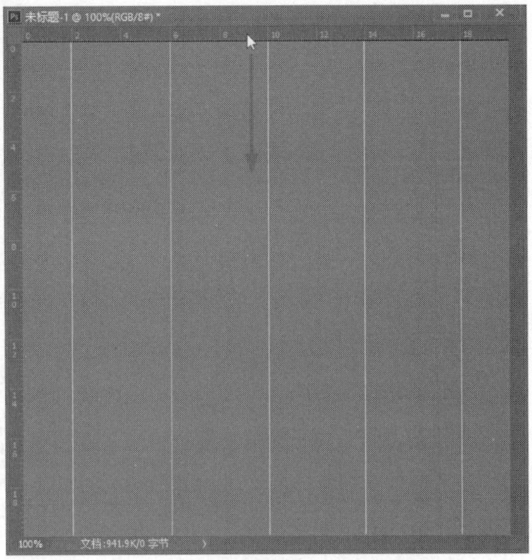

图 6-18　设置垂直参考线

步骤 4　使用【椭圆选框工具】，按住【Alt】+【Shift】键，从图像中心向外拖动鼠标，创建如图 6-20 所示的圆形选区，打开【通道】面板，单击【将选区存储为通道】按钮，将选区存储为 Alpha1，如图 6-21 所示。

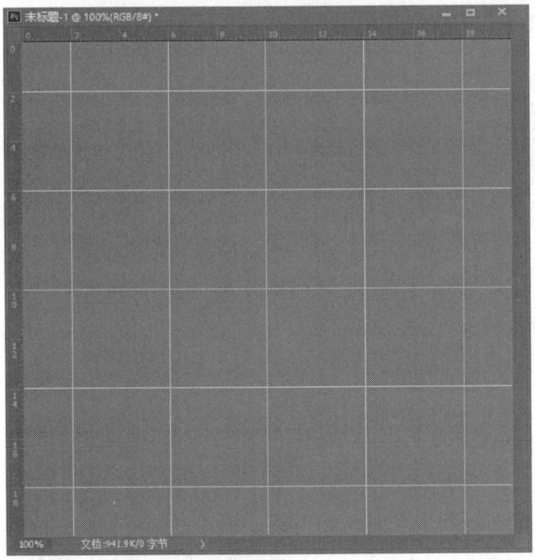

图 6-19　设置水平参考线

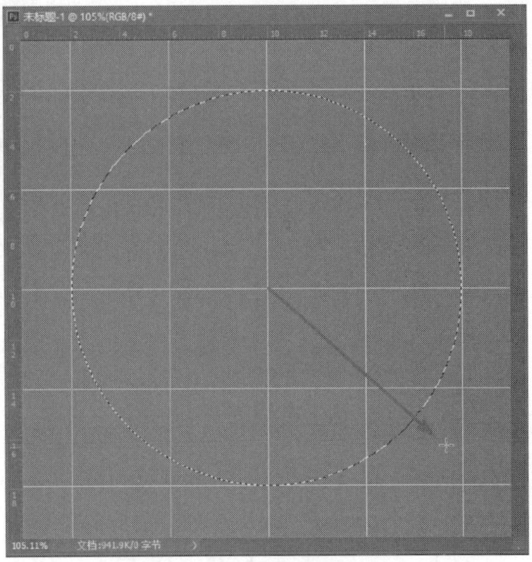

图 6-20　创建圆形选区

步骤 5　使用【矩形选框工具】，单击选项栏中的【从选区中减去】按钮，框选圆形选区的右半边得到一个半圆形选区，如图 6-22 所示。打开【通道】面板，单击【将选区存储为通道】按钮，将选区存储为 Alpha2，如图 6-23 所示。

步骤 6　使用【椭圆选框工具】，按住【Alt】+【Shift】键，拖动鼠标创建如图 6-24 所示的小圆形选区。打开【通道】面板，单击【将选区存储为通道】按钮，将选区存储为 Alpha3，如图 6-25 所示。

图 6-21　将选区存储为 Alpha1

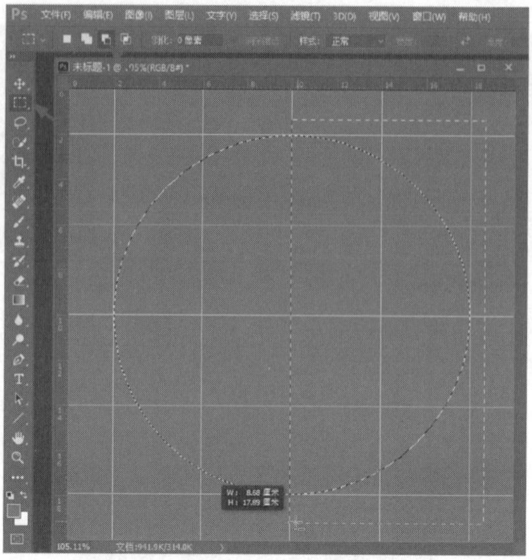

图 6-22　得到一个半圆形选区

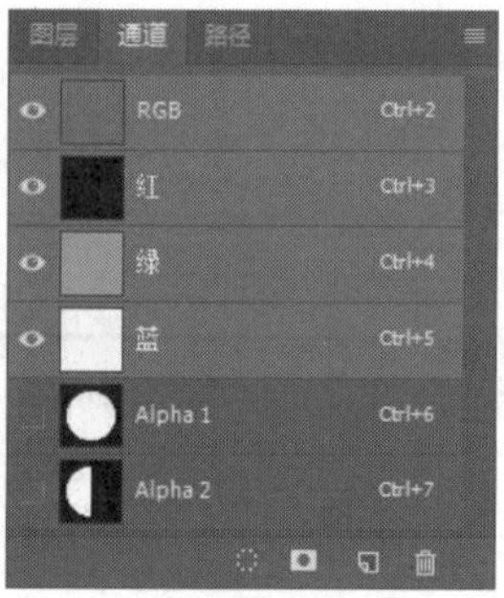

图 6-23　将选区存储为 Alpha2

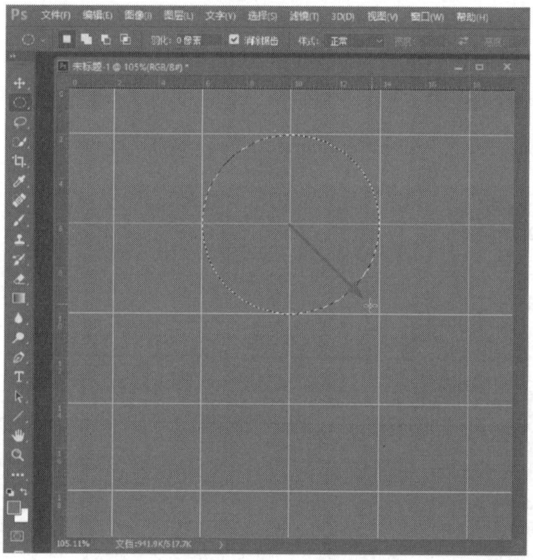

图 6-24　创建小圆形选区（1）

步骤 7 再次使用【椭圆选框工具】，按住【Alt】+【Shift】键，拖动鼠标创建如图 6-26 所示的小圆形选区。打开【通道】面板，单击【将选区存储为通道】按钮，将选区存储为 Alpha4，如图 6-27 所示。

步骤 8 按住【Ctrl】键，单击【通道】面板中的 Alpha2 通道，获得半圆形选区，如图 6-28 所示。执行【选择】→【载入选区】命令，设置【载入选区】对话框中的【通道】为【Alpha3】，【操作】为【添加到选区】，使 Alpha2 和 Alpha3 中的选区合并，如图 6-29 所示。选区合并效果如图 6-30 所示。

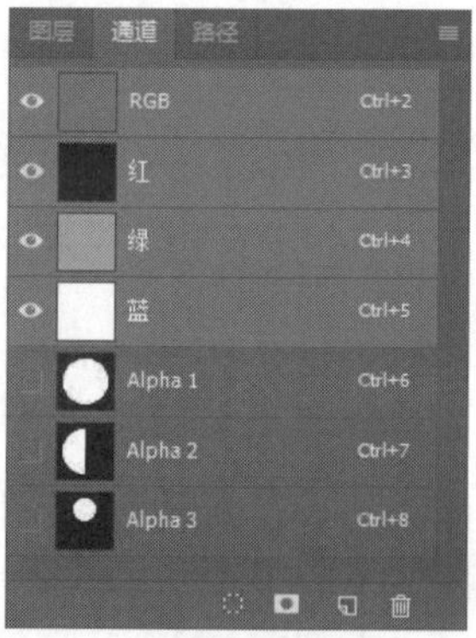

图 6-25　将选区存储为 Alpha3

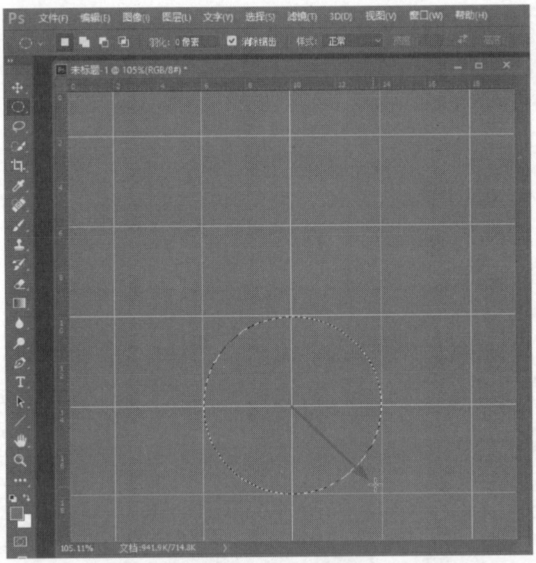

图 6-26　创建小圆形选区（2）

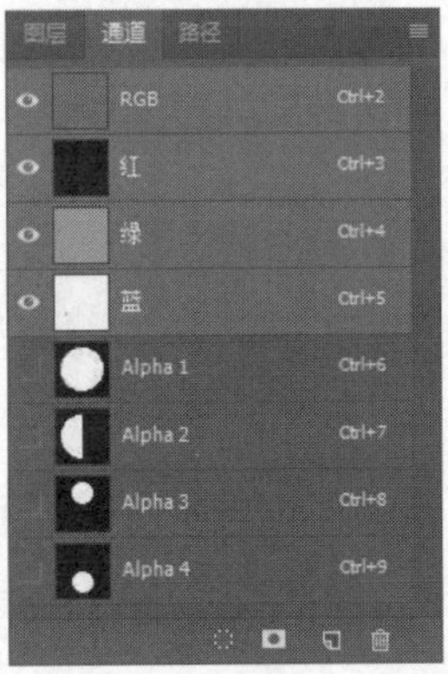

图 6-27　将选区存储为 Alpha4

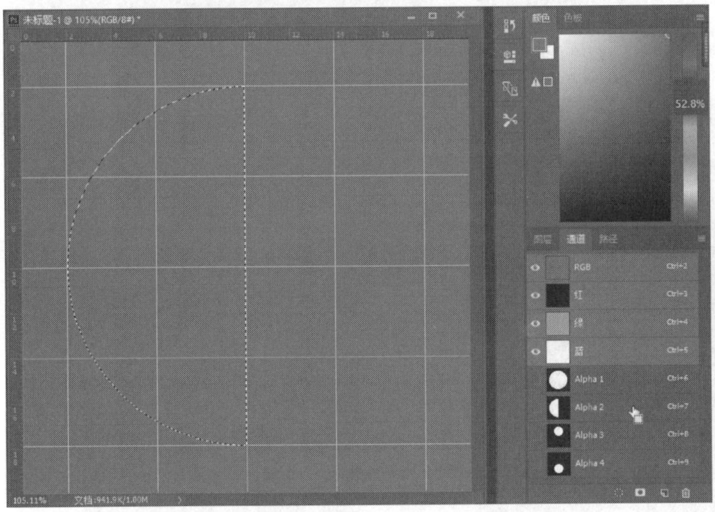

图 6-28　单击【通道】面板中的 Alpha2 通道

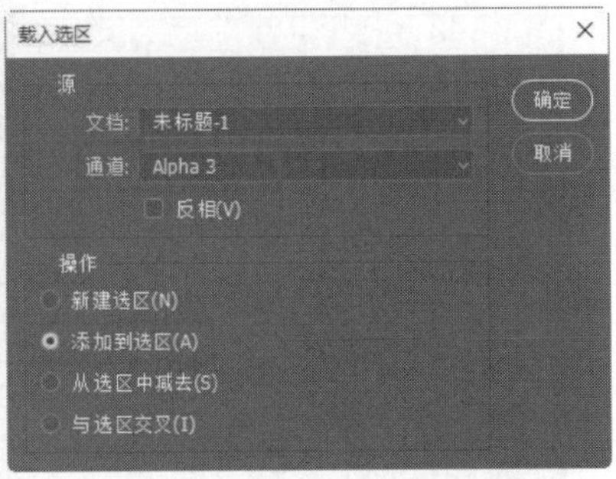

图 6-29 【载入选区】对话框

步骤 9　执行【选择】→【载入选区】命令，设置【载入选区】对话框中的【通道】为【Alpha4】，【操作】为【从选区中减去】，如图 6-31 所示，使两个选区抵减。选区抵减效果如图 6-32 所示。然后单击【通道】面板中的【将选区存储为通道】按钮，将抵减后的选区存储为 Alpha5，如图 6-33 所示。

步骤 10　按住【Ctrl】键，单击【通道】面板中的 Alpha1 通道，获得正圆形选区，如图 6-34 所示，接下来执行【选择】→【载入选区】命令，设置【载入选区】对话框中的【通道】为【Alpha5】，【操作】为【从选区中减去】，如图 6-35 所示，使两个选区抵减。然后单击【通道】面板中的【将选区存储为通道】按钮，将抵减后的选区存储为 Alpha6，如图 6-36 所示。

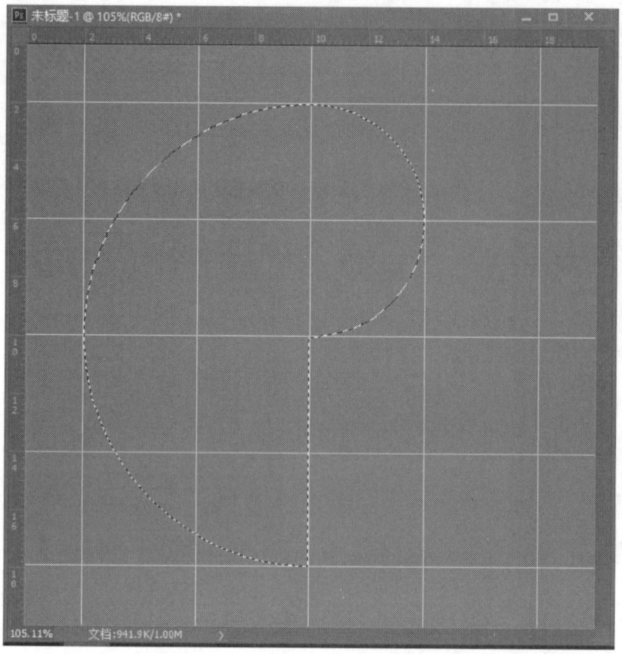

图 6-30　选区合并效果

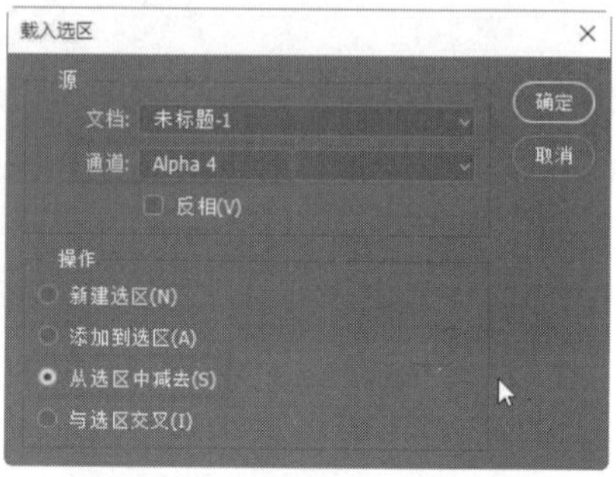

图 6-31　【载入选区】对话框

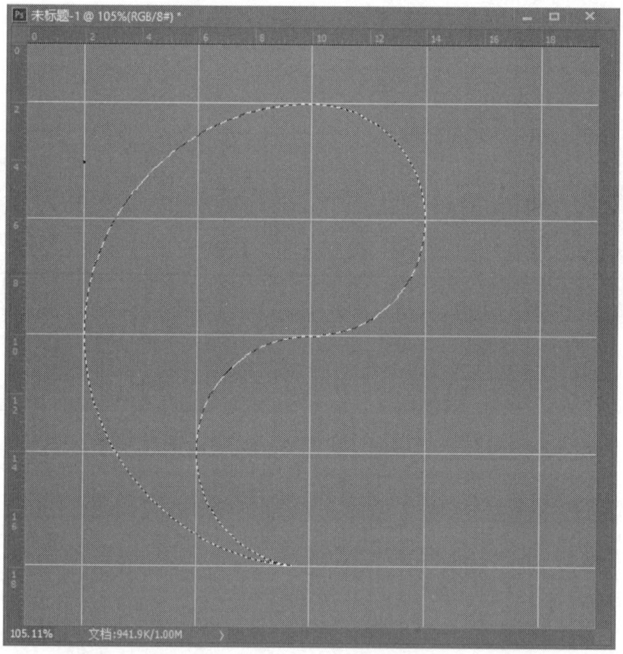

图 6-32　选区抵减效果

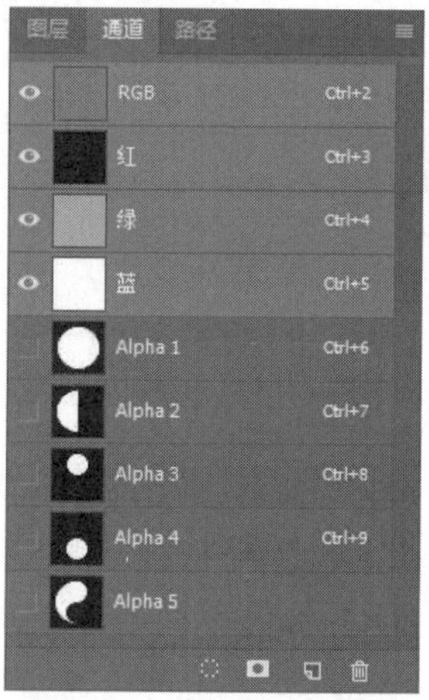

图 6-33　将抵减后的选区存储为 Alpha5

步骤 11　单击【图层】面板下方的【创建新图层】按钮，得到“图层 1”，向“图层 1”填充白色，如图 6-37 所示。按住【Ctrl】键，单击【通道】面板中的 Alpha5 通道，载入选区，再单击【图层】面板下方的【创建新图层】按钮，得到“图层 2”，向“图层 2”填充黑色，如图 6-38 所示。

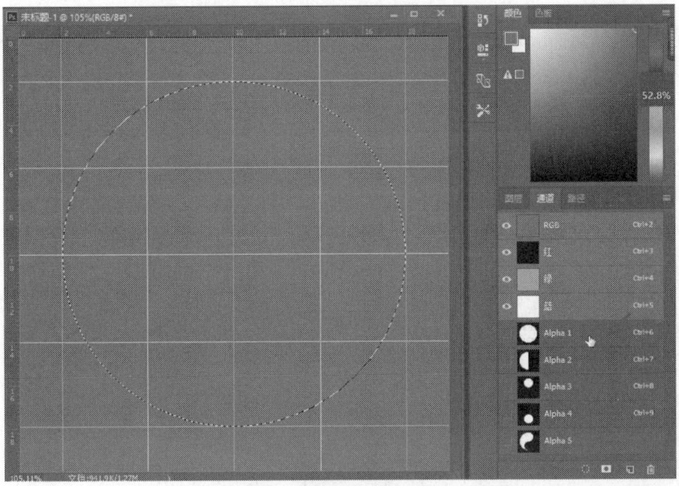

图 6-34　单击【通道】面板中的 Alpha1 通道

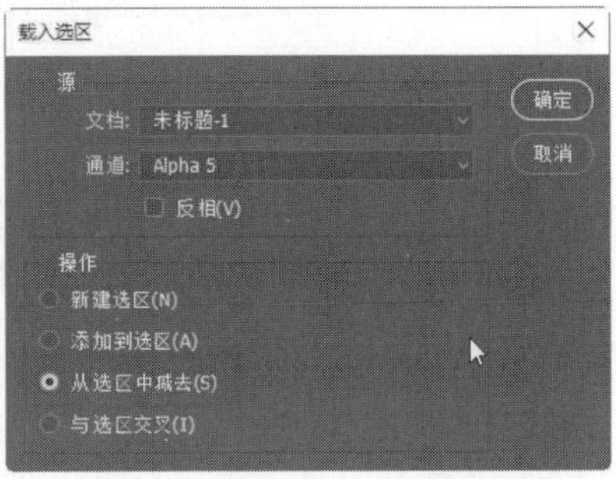

图 6-35　【载入选区】对话框

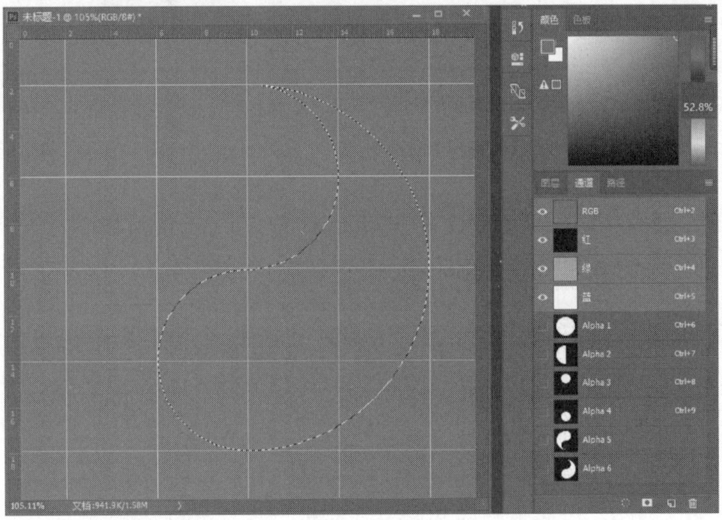

图 6-36　将抵减后的选区存储为 Alpha6

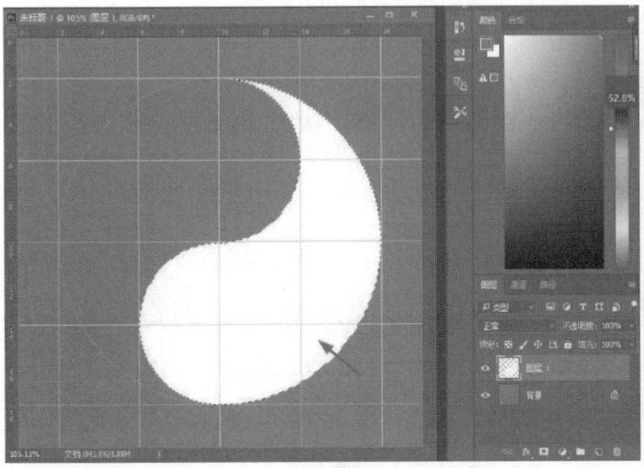

图 6-37　向“图层 1”填充白色

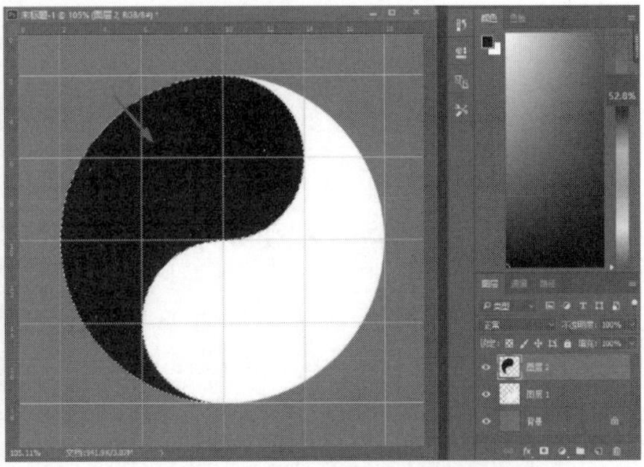

图 6-38　向“图层 2”填充黑色

步骤 12　单击【图层】面板下方的【创建新图层】按钮，得到“图层 3”。使用【椭圆选框工具】，按住【Alt】+【Shift】键，拖动鼠标，创建如图 6-39 所示的小圆形选区（直径约为 1.7 厘米），向选区内填充白色。接下来使用【椭圆选框工具】，按住【Alt】+【Shift】键，拖动鼠标，创建如图 6-40 所示的小圆形选区，并填充黑色。

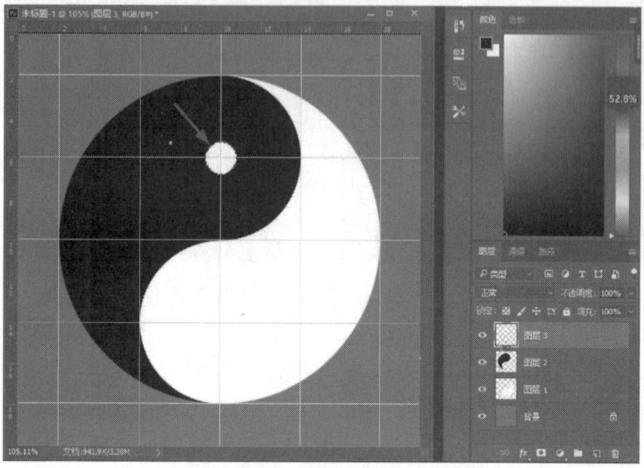

图 6-39　创建小圆形选区并填充白色

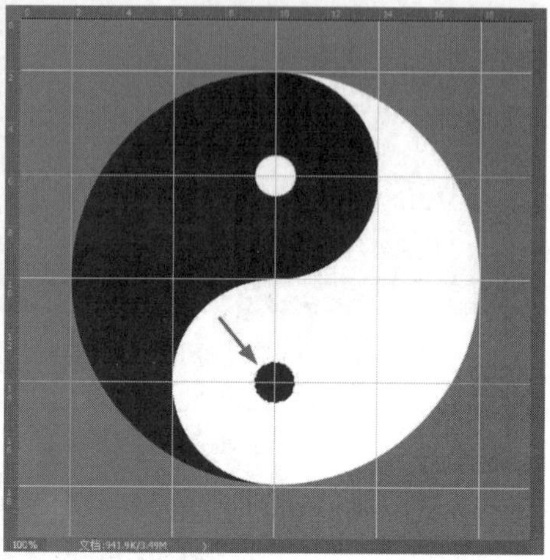

图 6-40　创建小圆形选区并填充黑色

步骤 13　执行【视图】→【清除参考线】命令，得到完成的效果图。

操作技巧

如果当前图像中存在选区，按住【Ctrl】键单击【通道】面板中的某一个 Alpha 通道，可以将它作为一个新的选区载入；按住【Ctrl】+【Shift】键，单击这个 Alpha 通道，可将它添加到现有选区中；按住【Ctrl】+【Alt】键，单击这个 Alpha 通道，可以从当前的选区中减去载入的选区；按住【Ctrl】+【Shift】+【Alt】键，单击这个 Alpha 通道，可进行与当前选区相交的操作。

任务 3　利用通道进行人物磨皮

6.3.1　任务目标及效果说明

本任务的目标是使学生熟练掌握利用通道、计算等技巧给人物脸部进行磨皮的操作，主要实现祛斑效果。大致思路为：先选择合适的通道并复制，然后通过计算及滤镜把斑点处理得更明显，得到斑点的选区后，再用曲线调亮来消除斑点。本任务的素材如图 6-41 所示，完成的效果图如图 6-42 所示。

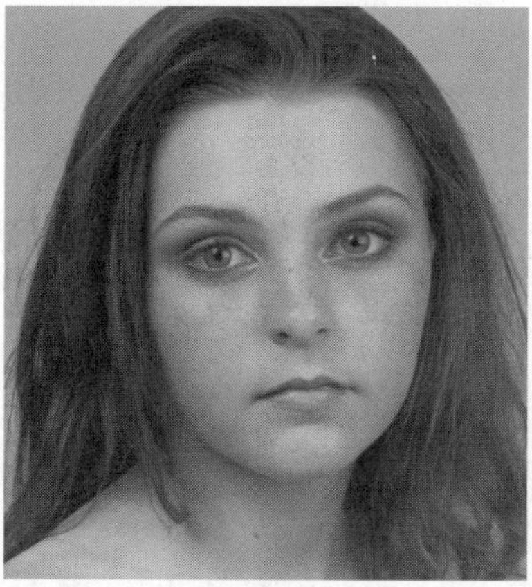

图 6-41　素材

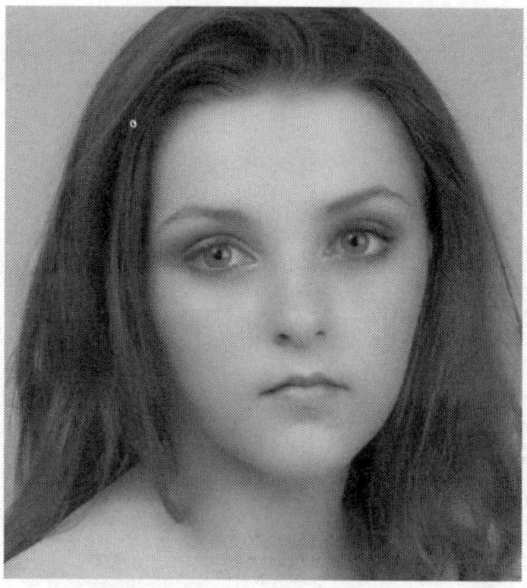

图 6-42　完成的效果图

彩图

6.3.2　制作步骤

步骤 1　执行【文件】→【打开】命令，打开素材，进入【通道】面板，复制“蓝”通道，得到“蓝 拷贝”通道，激活“蓝 拷贝”通道，如图 6-43 所示。

步骤 2　执行【滤镜】→【其他】→【高反差保留】命令，打开如图 6-44 所示的对话框。

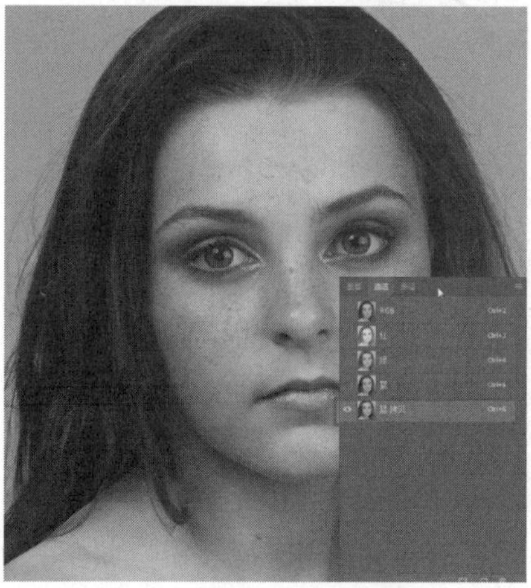

图 6-43　复制“蓝”通道

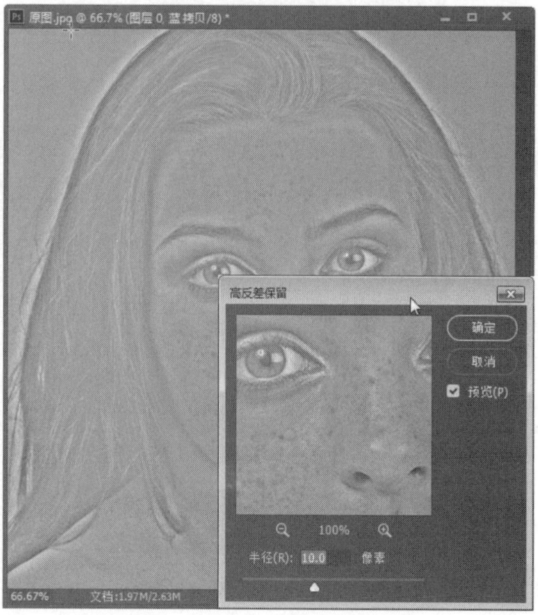

图 6-44　【高反差保留】对话框

步骤 3　执行【图像】→【计算】命令，采用【强光】混合模式，如图 6-45 所示。

步骤 4　重复执行【图像】→【计算】命令 3 ~ 5 次（本任务中为 5 次），直到脸部斑点都计算清楚为止，计算后的效果如图 6-46 所示。

步骤 5　按住【Ctrl】键，单击通道中的 Alpha5（最后一次计算生成的通道），如图 6-47 所示，以 Alpha5 作为选区，载入选区，效果如图 6-48 所示。

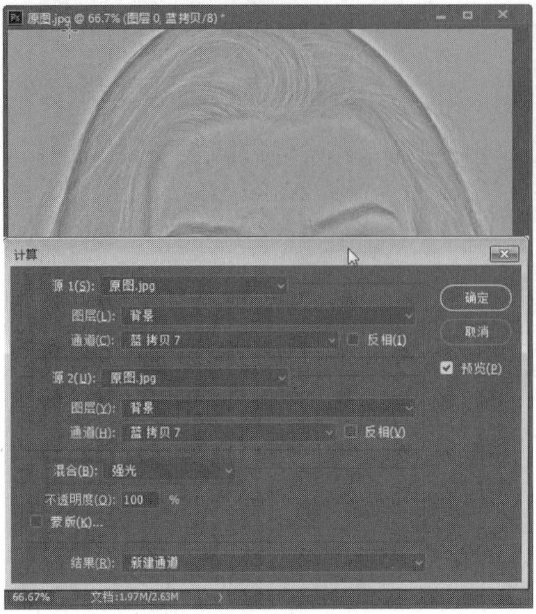

图 6-45 【计算】对话框

图 6-46 计算后的效果图

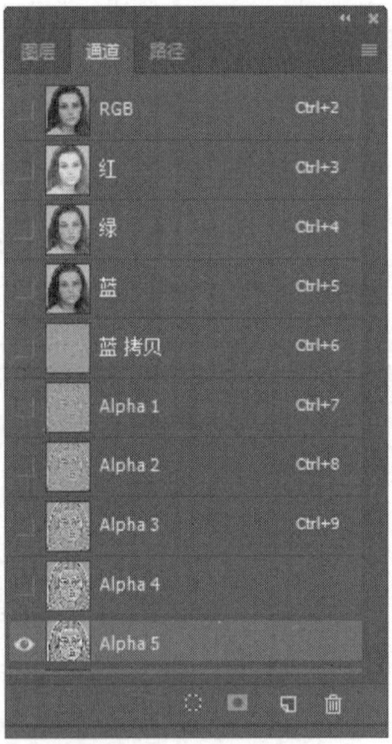

图 6-47 单击通道中的 Alpha5

图 6-48 载入选区效果

步骤 6 由【通道】面板切换到【图层】面板，执行【选择】→【反选】命令，反选出脸部斑点，单击【图层】面板下方的【创建调整图层】按钮，创建曲线调整图层，调整曲线参数，将曲线中点垂直向上拉提亮，如图 6-49 所示，调整后的效果如图 6-50 所示。

步骤 7 执行【滤镜】→【液化】命令，调整脸部，参数如图 6-51 所示。到此，得到完成的效果图。

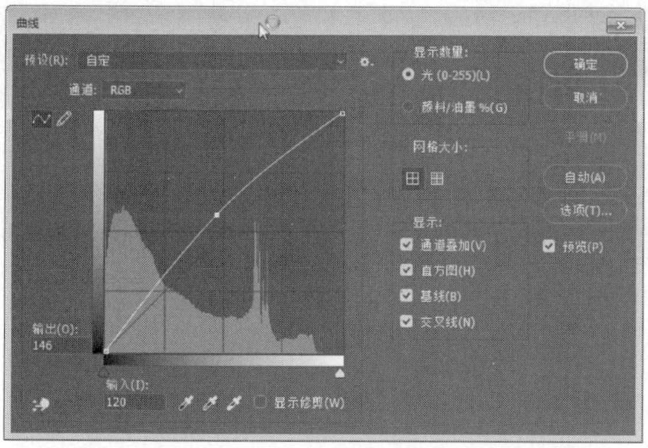

图 6-49　创建曲线调整图层

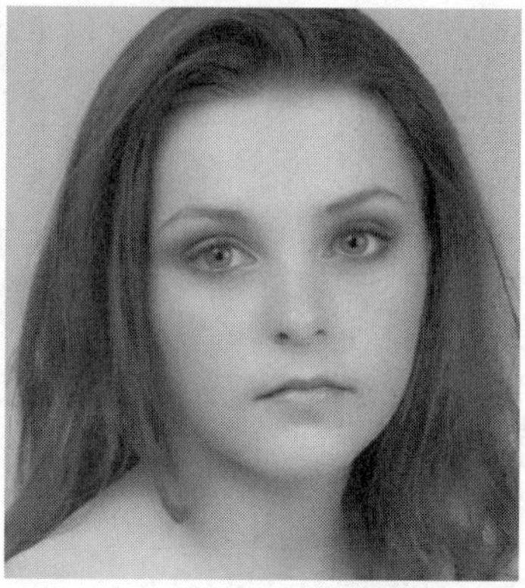

图 6-50　调整后的效果

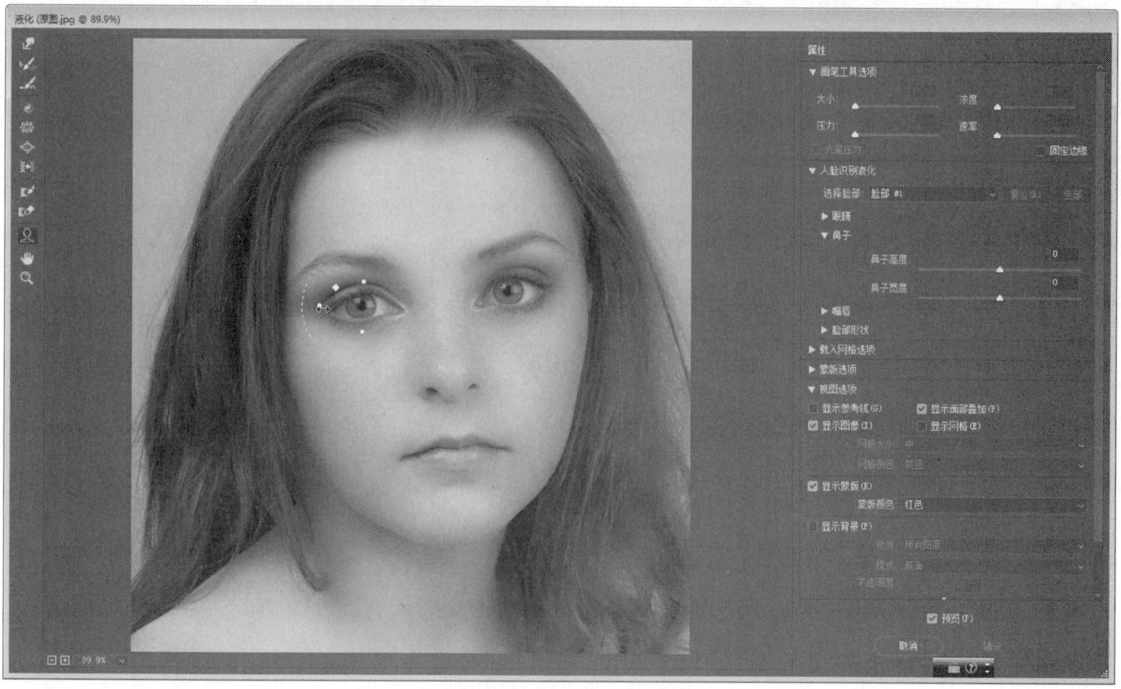

图 6-51　【液化】对话框

任务 4　利用通道进行火焰抠图

6.4.1　任务目标及效果说明

本任务的目标是使学生掌握将颜色分量通道复制为 Alpha 通道，并将 Alpha 通道转换成选区的基本方法，掌握利用图层混合模式把不同图层里的红色、绿色、蓝色图像制作成火焰或烟雾的效果，进而实现对火焰和烟雾进行抠图操作。本任务的素材如图 6-52 所示，完成的效果图如图 6-53 所示。

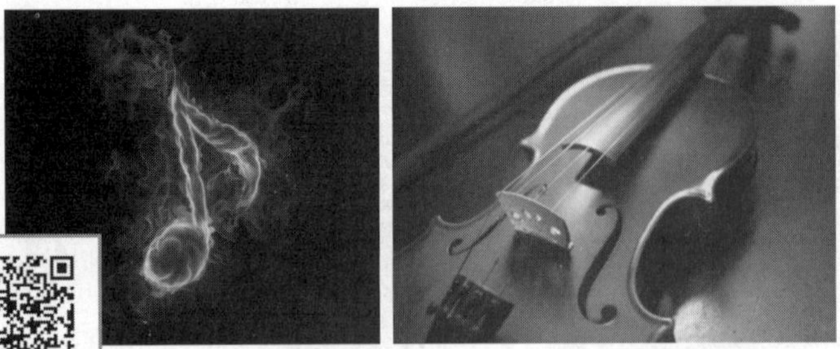

彩图

图 6-52　素材

图 6-53　完成的效果图

6.4.2　制作步骤

步骤 1　执行【文件】→【打开】命令，打开素材“火焰.jpg”，进入【通道】面板，将“红”通道拖动到面板下方的【创建新通道】按钮上，复制“红”通道，如图 6-54 所示，得到“红 拷贝”Alpha 通道。再用相同的方法复制“绿”通道和“蓝”通道，得到“绿 拷贝”和“蓝 拷贝”Alpha 通道，通道复制结果如图 6-55 所示。

步骤 2　在【通道】面板中单击 RGB 通道，以返回到复合通道，如图 6-56 所示。

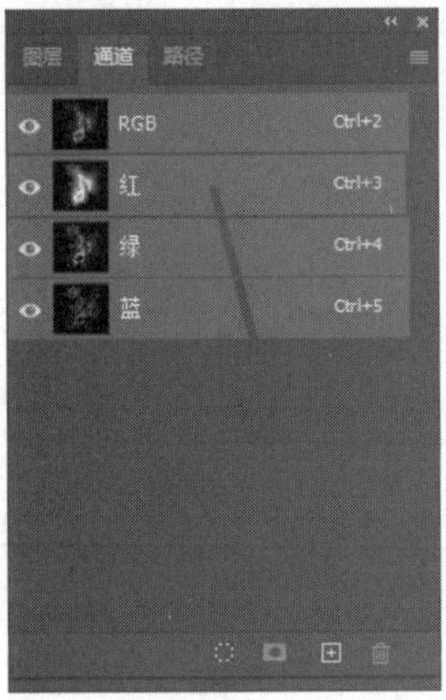

图 6-54　复制“红”通道

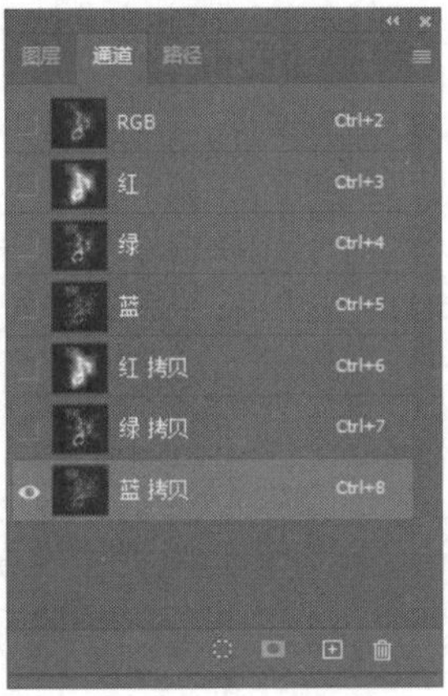

图 6-55　通道复制结果

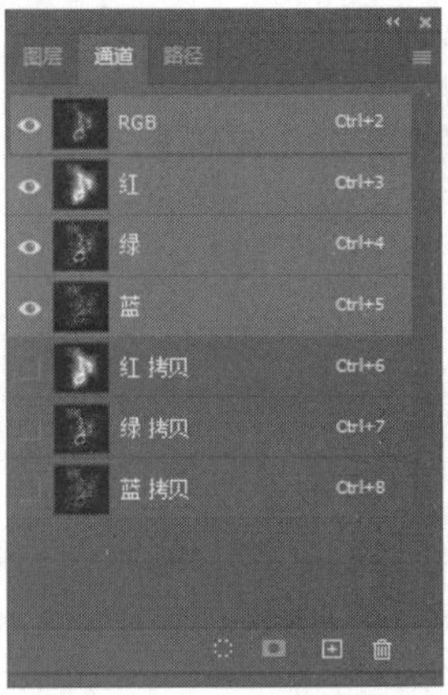

图 6-56　单击 RGB 通道

步骤 3　按住【Ctrl】键，单击“红 拷贝”通道，以载入对应选区。打开【图层】面板，单击面板下方的【创建新图层】按钮，得到“图层 1”，设置前景色为红色（R：255，G：0，B：0），按【Alt】+【Delete】键填充红色，如图 6-57 所示。

步骤 4　按住【Ctrl】键，单击“绿 拷贝”通道，以载入对应选区。打开【图层】面板，单击面板下方的【创建新图层】按钮，得到“图层 2”，设置前景色为绿色（R：0，G：255，B：0），按【Alt】+【Delete】键填充绿色。再用相同的方法载入“蓝 拷贝”通道条对应的选区，创建“图层 3”并填充纯蓝色（R：0，G：0，B：255），最后按【Ctrl】+【D】键取消选区。图层创建结果如图 6-58 所示。

步骤 5　单击“背景”图层左侧的眼睛标志使其隐藏。单击“图层 1”，按住【Shift】键，单击“图层 3”，同时选中“图层 1”“图层 2”“图层 3”，将图层混合模式更改为【滤色】，如图 6-59 所示。最后按【Ctrl】+【Alt】+【Shift】+【E】键盖印图层，得到“图层

4”，如图 6-60 所示。单击“图层 4”，按【Ctrl】+【C】键将图像复制到剪贴板中。

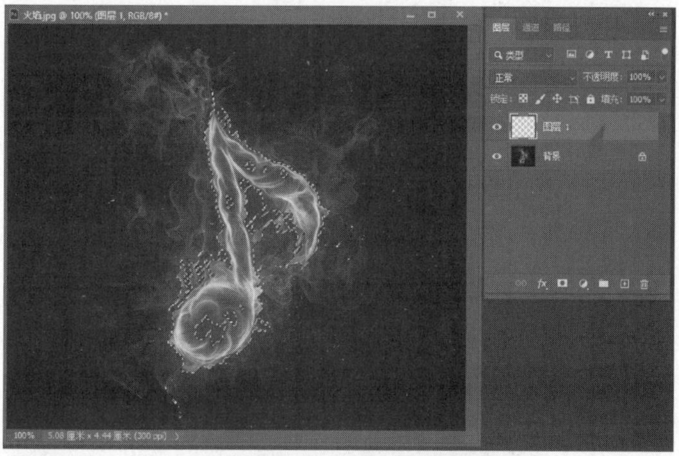

图 6-57　创建“图层 1”并填充红色

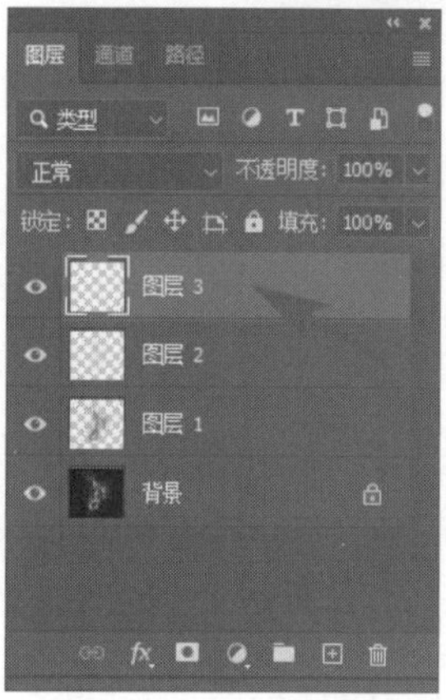

图 6-58　图层创建结果

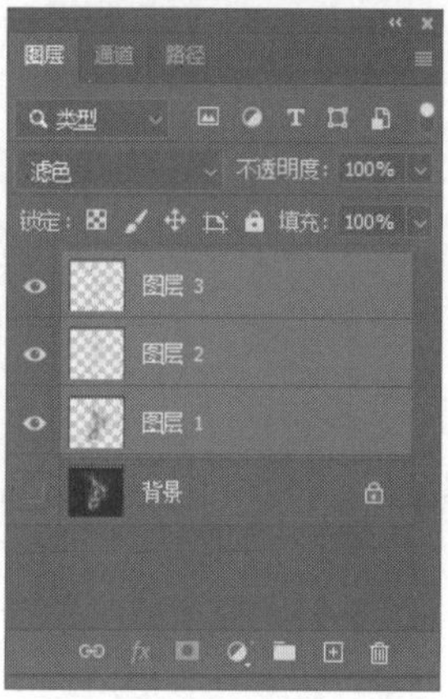

图 6-59　图层设置

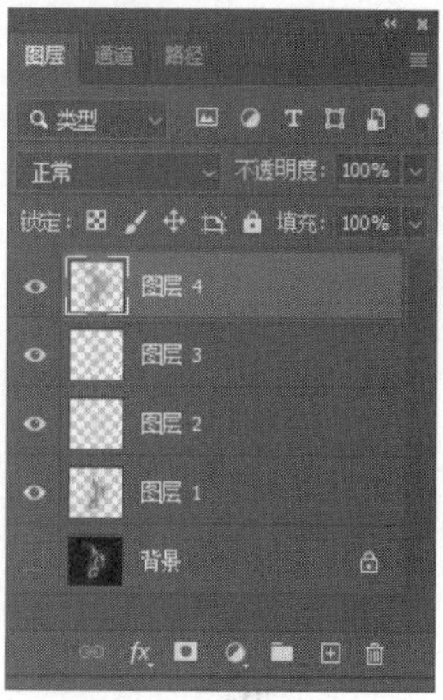

图 6-60　盖印图层得到“图层 4”

步骤 6　打开素材“小提琴.jpg”，按【Ctrl】+【V】键，将抠取的火焰图像粘贴到图像窗口中，得到“图层 1”，如图 6-61 所示。

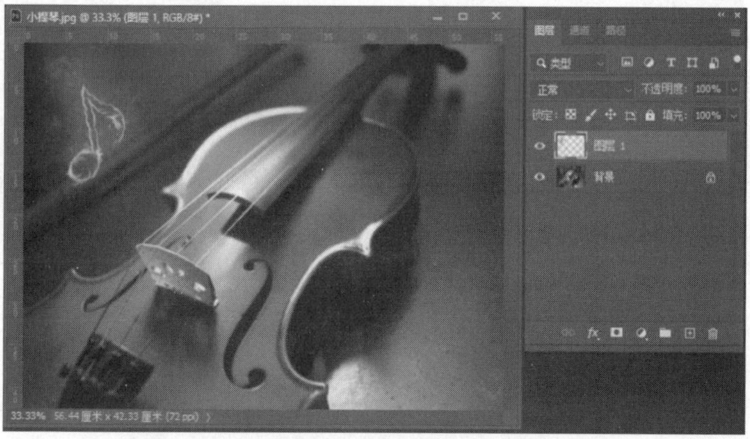

图 6-61　将抠取的火焰图像粘贴到图像窗口中

步骤 7 使用【移动工具】适当调整火焰图像的位置，得到完成的效果图。

课后习题

1. 简述通道的概念、作用及使用方式。
2. 利用通道为人物更换背景。素材如图 6-62 所示，完成的效果图如图 6-63 所示。

图 6-62 素材

图 6-63 完成的效果图

3. 利用通道进行人物磨皮。素材如图 6-64 所示，完成的效果图如图 6-65 所示。

图 6-64 素材

图 6-65 完成的效果图

微课视频

项目 7 路径

知识准备

1. 路径

路径是基于贝塞尔曲线建立的矢量图形。使用路径可以进行复杂图像的选取，还可以存储选区以备再次使用，更可以绘制线条平滑优美的图形。路径示意图如图 7-1 所示。

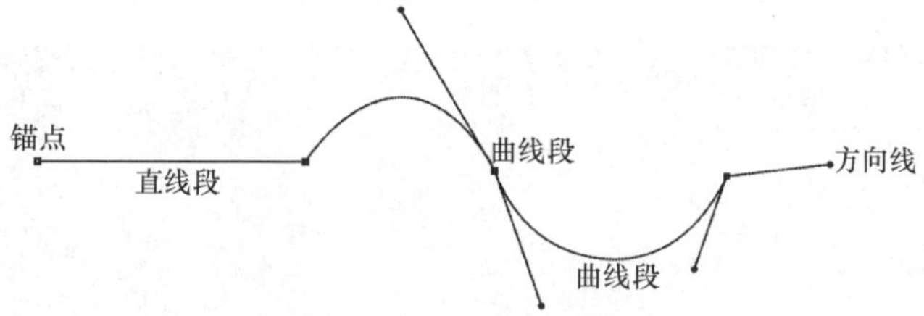

图 7-1　路径

下面先介绍几个概念。

（1）锚点：由钢笔工具创建，是一个路径中两条线段的交点，路径是由锚点组成的。按住【Alt】键并单击刚建立的锚点，可以将锚点转换为带有一个独立调节手柄的直线点。

（2）直线点：是一条直线段与一条曲线段的连接点。

（3）曲线点：是两条曲线段之间的连接点，调节手柄可以改变曲线的弧度。

（4）直线段：用钢笔工具在图像窗口中单击两个不同的位置，将在两点之间创建一条直线段。

（5）曲线段：拖动曲线锚点可以创建一条曲线段。

（6）端点：路径的结束点就是路径的端点。

2. 钢笔工具

钢笔工具是一种矢量工具，主要用于抠取复杂的图像，以及绘制各种矢量图。矢量绘图有三种不同的模式，其中“路径”模式允许我们使用钢笔工具绘制出矢量的路径。钢笔工具绘制的路径可控制性极强，而且在绘制完毕后可以进行重复修改，非常适合绘制精细而复杂的路径。

在使用钢笔工具进行精确抠图时，需要用到钢笔工具组和选择工具组。钢笔工具组包括钢笔工具、自由钢笔工具、添加锚点工具、删除锚点工具、转换点工具，选择工具组包括路径选择工具、直接选择工具，如图 7-2、图 7-3 所示。

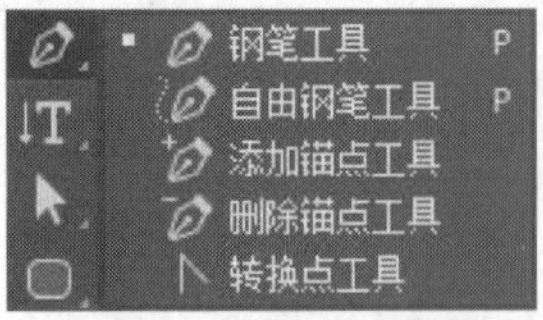

图 7-2　钢笔工具组

图 7-3　选择工具组

任务 1　利用路径制作霓虹灯效果的文字

7.1.1　任务目标及效果说明

本任务的目标是使学生学会文字选区的创建方法，选区与路径的转换方法，以及对路径进行描边的方法，能够熟练掌握和使用【文字工具】和【路径】面板中的【选区变路径】命令和【描边路径】命令来制作霓虹灯效果的文字。本任务完成的效果图如图 7-4 所示。

彩图

图 7-4　完成的效果图

7.1.2　制作步骤

步骤 1　执行【文件】→【新建】命令，新建一个 30 厘米×10 厘米，分辨率为 72 像素/英寸的文档，如图 7-5 所示。

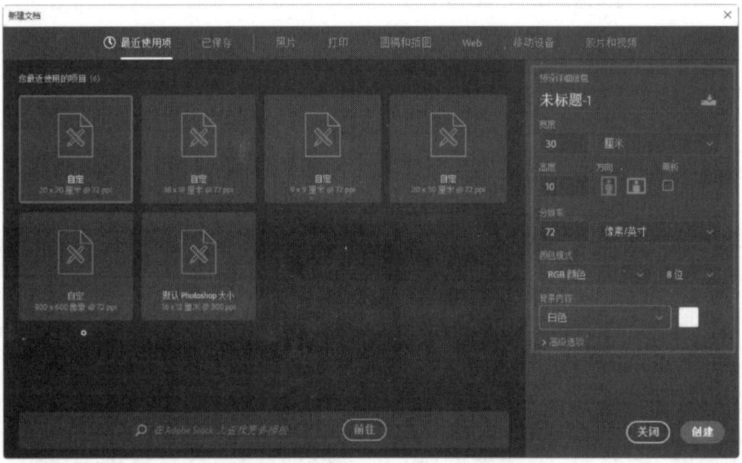

图 7-5　新建文档

步骤2 将“背景”图层填充为黑色。

步骤3 使用工具栏中的【横排文字蒙版工具】，在图像窗口中输入“创新学院”四个字，在选项栏中，将字体设置为【华文行楷】，字号设置为【200 点】，如图 7-6 所示，创建文字选区，如图 7-7 所示。

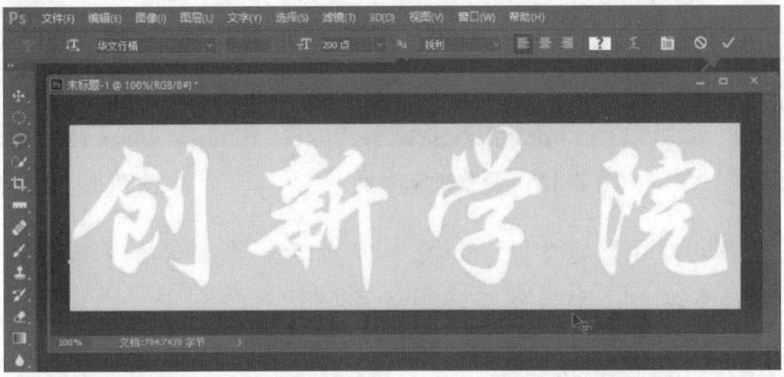

图 7-6　文字参数设置

图 7-7　创建文字选区

步骤4 打开【路径】面板，单击面板下方的【从选区生成工作路径】按钮，如图 7-8 所示，将文字选区变换成文字路径，如图 7-9 所示。

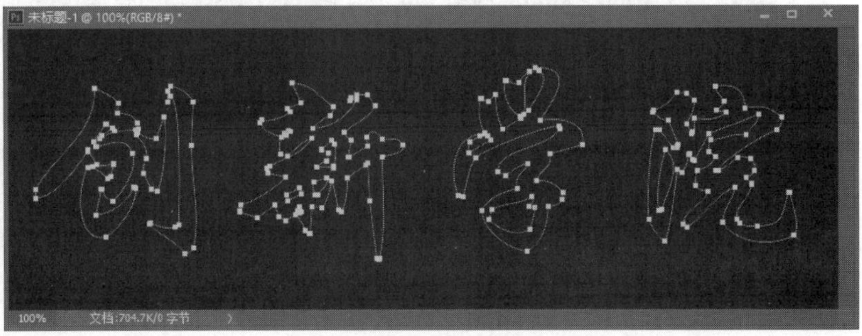

图 7-8　从选区生成工作路径　　　　图 7-9　文字路径

步骤5 单击【图层】面板下方的【创建新图层】按钮，得到“图层 1”，如图 7-10 所示。选择工具栏中的【画笔工具】，在选项栏中按照图 7-11 设置画笔参数。接下来设置前景色（R：241、G：84、B：249），如图 7-12 所示。然后单击【路径】面板下方的【用画笔描边路径】按钮，如图 7-13 所示。

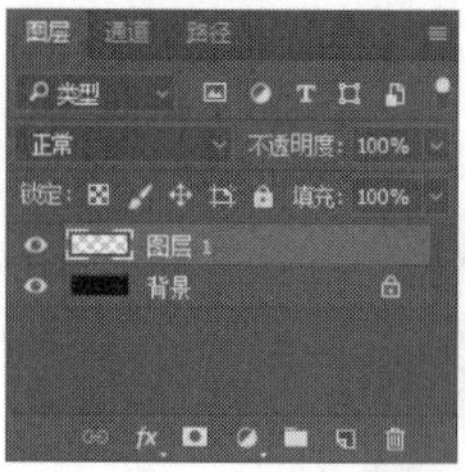

图 7-10 创建图层

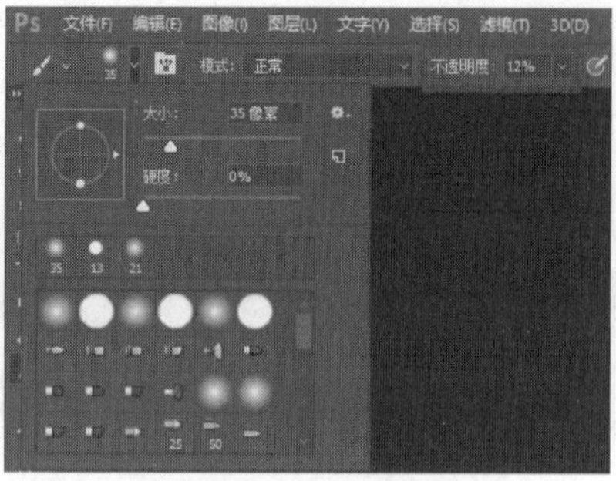

图 7-11 设置画笔参数

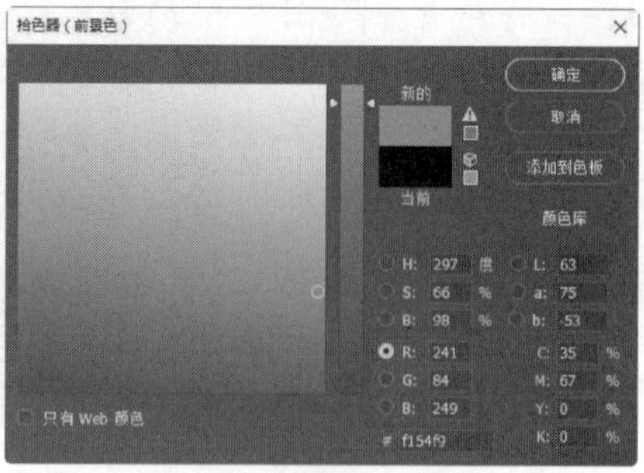

图 7-12 设置前景色

步骤 6 重新修改【画笔工具】的参数，如图 7-14 所示。再次单击【路径】面板下方的【用画笔描边路径】按钮，描边路径后的效果如图 7-15 所示。

图 7-13 用画笔描边路径

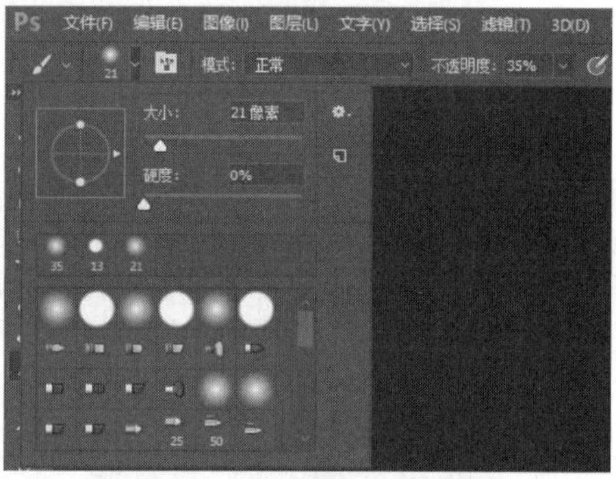

图 7-14 重新修改画笔参数

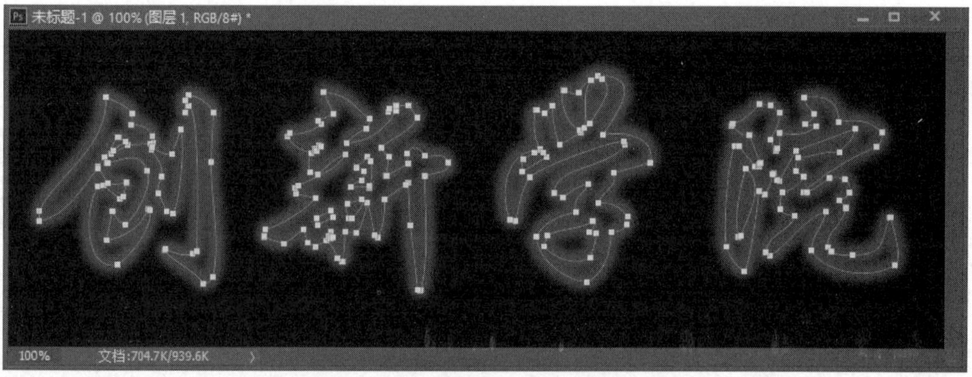

图 7-15 描边路径后的效果

步骤 7 再次修改【画笔工具】的参数，如图 7-16 所示，设置前景色（R：241、G：138、B：249），如图 7-17 所示。再次单击【路径】面板下方的【用画笔描边路径】按钮，描边路径后的效果如图 7-18 所示。

步骤 8 打开【路径】面板，在面板空白处单击，以隐藏图像中的路径，如图 7-19 所示。到此，得到完成的效果图。

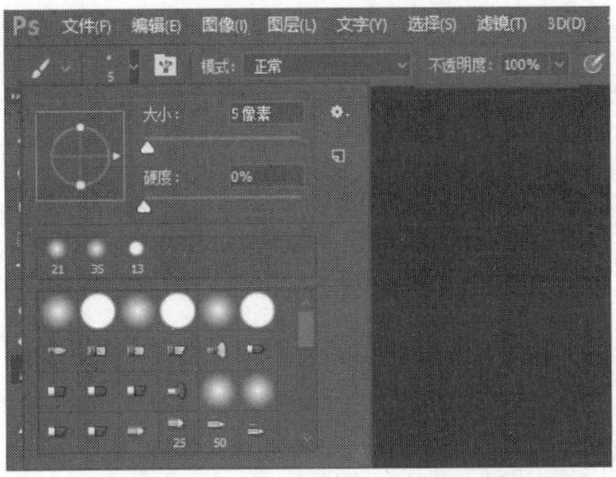

图 7-16　再次修改画笔参数

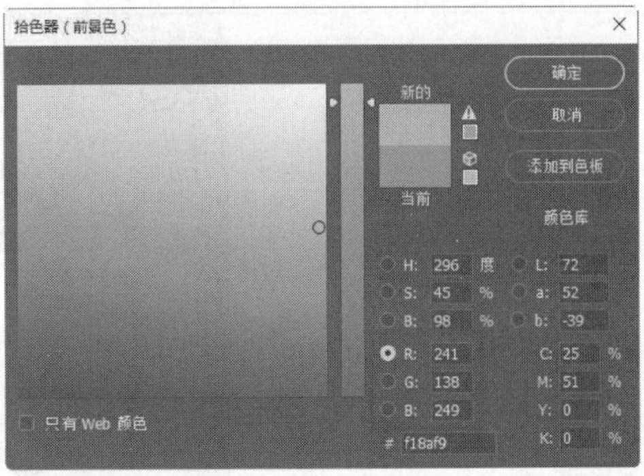

图 7-17　设置前景色

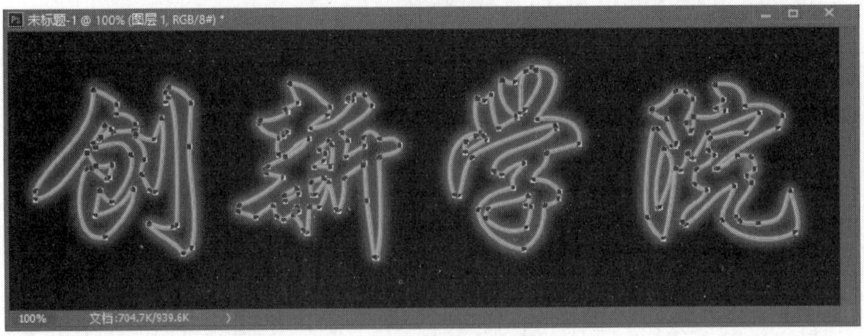

图 7-18　描边路径后的效果

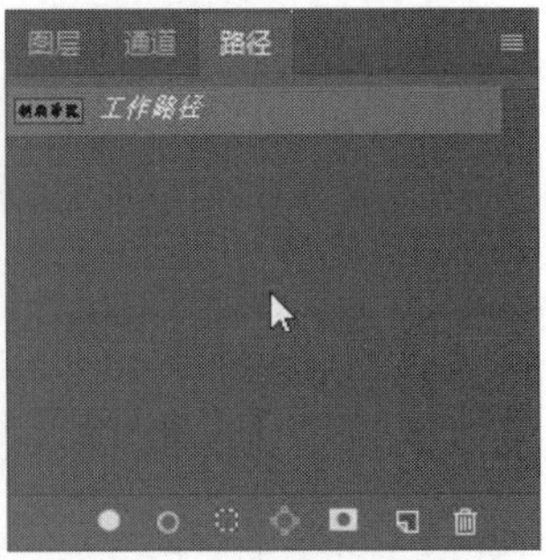

图 7-19　隐藏工作路径

操作技巧

要将图像中的选区转换成路径，除了可以直接单击【路径】面板下方的【从选区生成工作路径】按钮，还可以按住【Alt】键，单击【路径】面板下方的【从选区生成工作路径】按钮，或者选择【路径】面板菜单中的【建立工作路径】菜单项，打开【建立工作路径】对话框后，在【容差】文本框中填入 0.5 ~ 10.0 之间的数值，控制转换后路径的平滑程度（设置的容差值越大，用于绘制路径的锚点越少，路径也就越平滑；反之，路径会更加接近选区的形状），然后单击【确定】按钮。

任务 2　利用路径绘制“荷塘月色”

7.2.1　任务目标及效果说明

本任务通过自定义形状工具中的矩形工具、椭圆工具，以及路径选择工具、直接选择工具等，结合路径操作，绘制一幅“荷塘月色”插图。本任务完成的效果图如图 7-20 所示。

彩图

图 7-20　完成的效果图

7.2.2　制作步骤

步骤 1　执行【文件】→【新建】命令，新建一个 21 厘米 × 29.7 厘米，分辨率为 300 像素/英寸的文档，将其命名为“绘制荷塘月色”并保存。

步骤 2　使用【移动工具】单击【设置前景色】按钮，设置前景色和背景色，如图 7-21、图 7-22 所示。

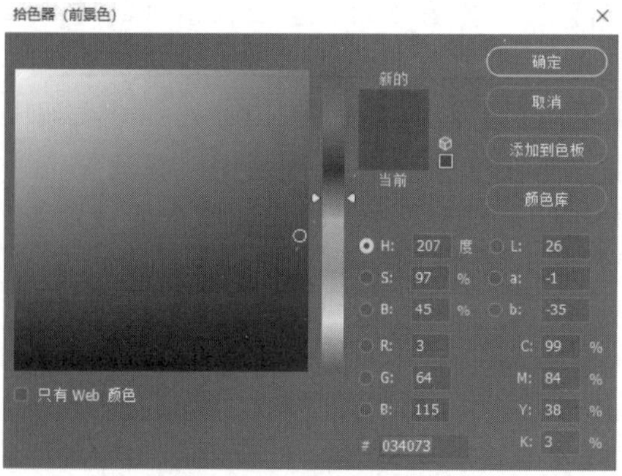

图 7-21　设置前景色

图 7-22　设置背景色

步骤 3　选择工具栏中的【渐变工具】，在选项栏中单击【线性渐变】按钮，在“背景”图层上进行从下往上的线性渐变，渐变效果如图 7-23 所示。

步骤 4　创建新组，使用【移动工具】单击【图层】面板下方的【创建新组】按钮，将其命名为“荷花”。选择【自定义形状工具】中的【矩形工具】，在选项栏中选择【形状】模式，设置【填充】颜色，如图 7-24 所示。

图 7-23　渐变效果

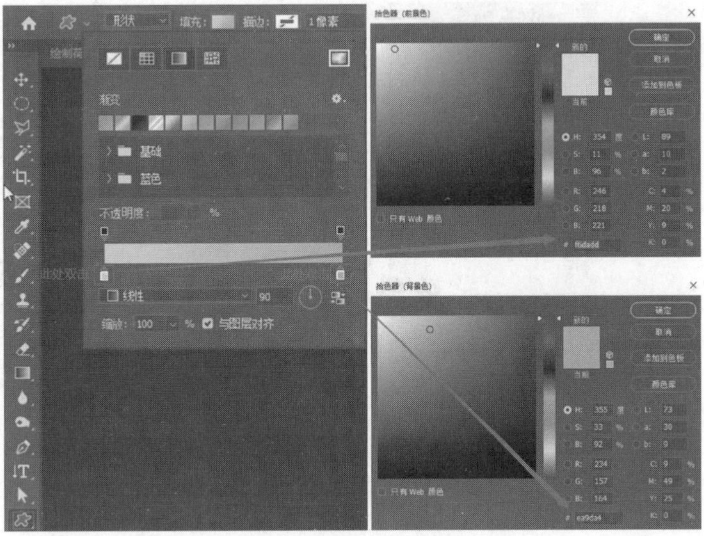

图 7-24　设置【填充】颜色

步骤 5　绘制荷花第 1 片花瓣。

（1）使用【矩形工具】绘制矩形，得到一个形状图层“矩形 1”，如图 7-25 所示。

（2）以矩形右下角为旋转中心点，进行−45° 旋转。

（3）使用【移动工具】拉出 2 条垂直参考线和 1 条水平参考线，如图 7-26 所示。

图 7-25　绘制矩形

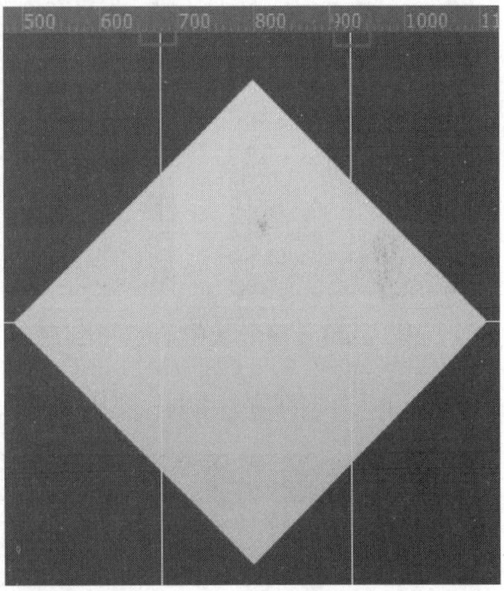

图 7-26　−45° 旋转和拉出参考线

（4）使用【直接选择工具】对矩形左右两边的锚点进行拖动，如图 7-27 所示。

（5）使用【转换点工具】对左右两边的锚点进行形状调整，如图 7-28 所示。

步骤 6　制作其他花瓣。

（1）使用【移动工具】单击“矩形 1”形状图层，按下【Ctrl】+【J】键复制形状图层，得到“矩形 1 拷贝”图层，按下【Ctrl】+【T】键进行自由变换操作，使用【移动工具】将形状中心点移到底部，如图 7-29 所示。

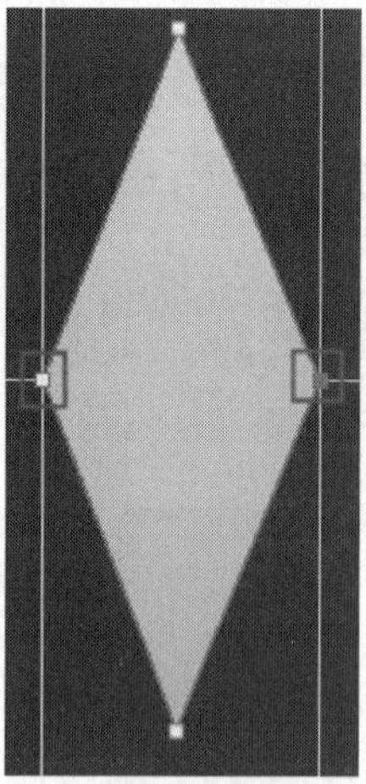

图 7-27　拖动两个锚点

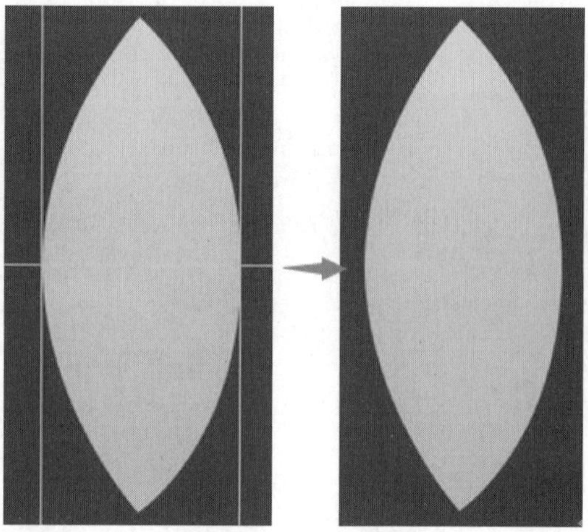

图 7-28　对左右两边的锚点进行形状调整

（2）设置旋转角度为 15°，制作第 2 片花瓣，效果如图 7-30 所示。

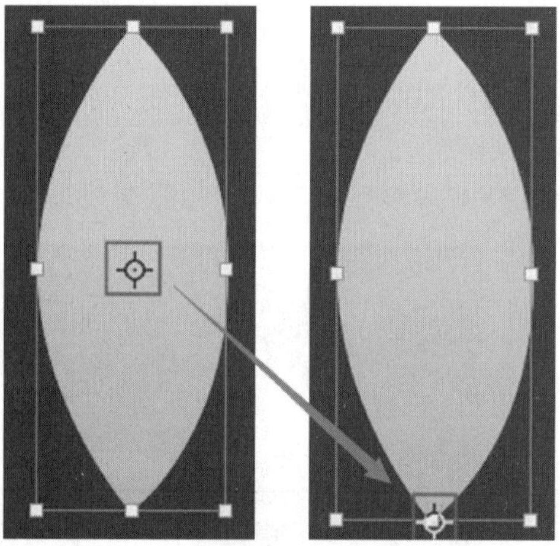

图 7-29　将形状中心点移到底部

图 7-30　制作第 2 片花瓣

（3）使用相同的方法制作其他花瓣，效果如图 7-31 所示。

图 7-31　制作其他花瓣

（4）选中上述所有形状图层，按下【Ctrl】+【E】键合并图层，得到新图层，命名为“荷花”。

步骤 7　绘制荷梗。

（1）使用【移动工具】单击【设置前景色】按钮，进行荷梗颜色的设置，如图 7-32 所示。

（2）选择【矩形工具】，在选项栏中设置【填充】颜色为【无颜色】→【最近使用的颜色】下方的第 1 个颜色，如图 7-33 所示。

图 7-32　设置前景色

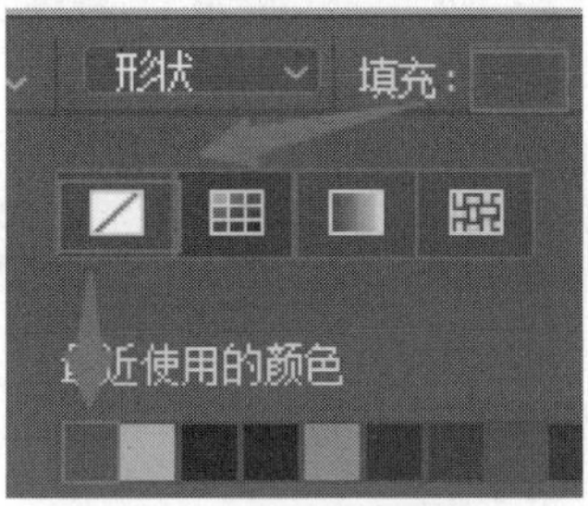

图 7-33　设置荷梗颜色

（3）绘制矩形，执行【编辑】→【变换】→【变形】命令，效果如图 7-34 所示。

步骤 8 使用【移动工具】将“荷梗”图层移到“荷花”图层的下方，并进行相应的位置调整，效果如图 7-35 所示。

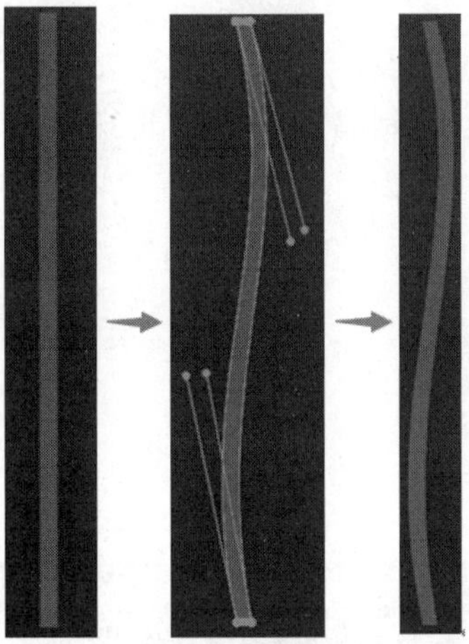

图 7-34　绘制荷梗

图 7-35　荷花与荷梗组合

步骤 9 绘制花苞。参考步骤 6 ~ 8，完成花苞的制作，效果如图 7-36 所示。

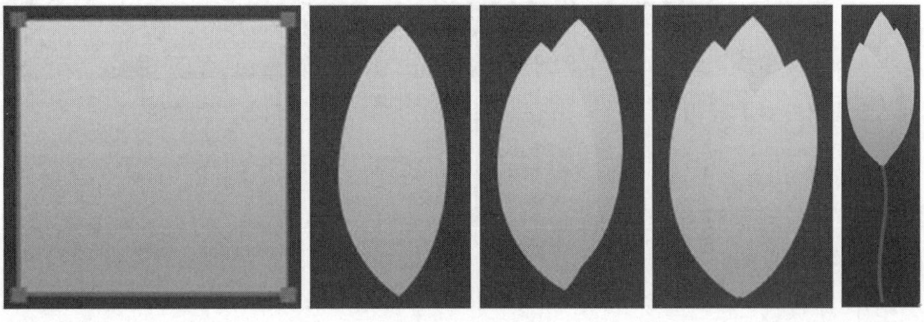

图 7-36　绘制花苞

步骤 10 绘制荷叶。创建新组，使用【移动工具】单击【图层】面板下方的【创建新组】按钮，将其命名为“荷叶”。选择【椭圆工具】，绘制多个椭圆，如图 7-37 所示。

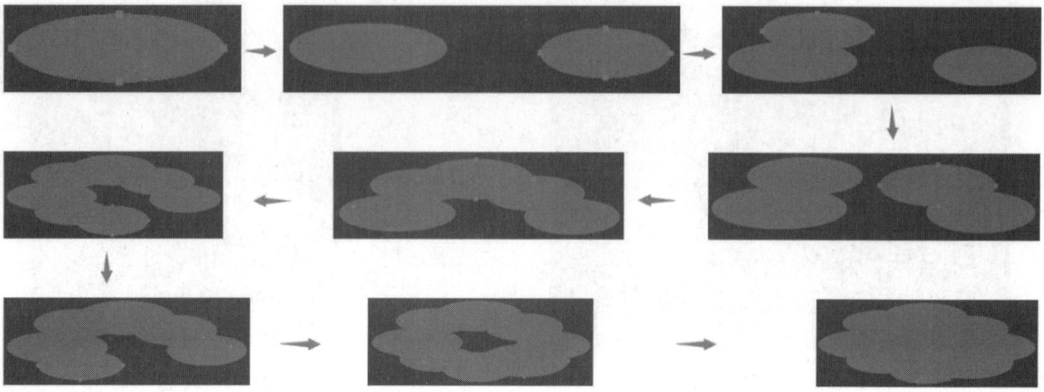

图 7-37 绘制多个椭圆

步骤 11 绘制荷叶上的暗影。

（1）选择【画笔工具】，按【F5】键，打开【画笔设置】面板，选择画笔笔尖形状为【柔角 30】，设置圆度为【50%】，如图 7-38 所示。

（2）将【画笔工具】移到荷叶上面，根据荷叶的大小，在英文输入法状态下按【[】或【]】键适当缩小或放大荷叶的大小，然后单击多次，绘制暗影，如图 7-39 所示。

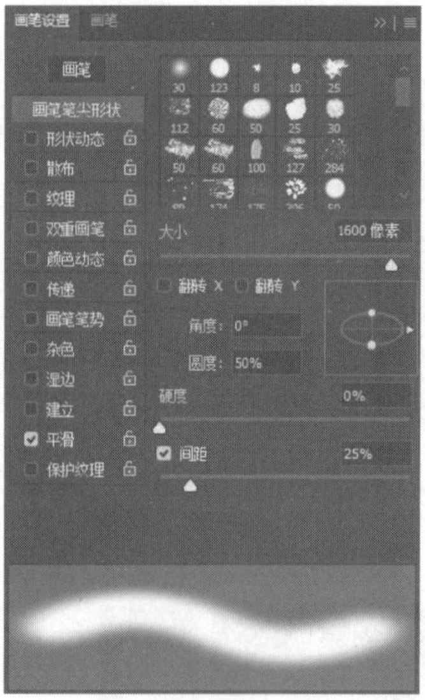

图 7-38 【画笔设置】面板

图 7-39 绘制荷叶上的暗影

（3）使用【移动工具】单击“荷梗”图层，按【Ctrl】+【J】键复制“荷梗”图层，得到“荷梗 拷贝”图层，使用【移动工具】将其移到“荷叶”组下面，调整其位置和大小，得到的效果如图 7-40 所示。

步骤 12 绘制小荷叶。

（1）创建新组，使用【移动工具】单击【图层】面板下方的【创建新组】按钮，将其命名为“小荷叶”。

（2）使用【矩形工具】绘制矩形，得到“矩形 1”形状图层，使用【直接选择工具】移动锚点，使用【转换点工具】进行形状的调整，参考步骤 5，完成荷梗的复制和移动.

（3）参考步骤 11 完成荷叶暗影绘制，绘制小荷叶的过程如图 7-41 所示。

步骤 13 绘制荷叶尖。参考步骤 12，完成荷叶尖的制作，如图 7-42 所示。

步骤 14 使用【移动工具】将荷花、花苞、荷叶、小荷叶、荷叶尖放到合适的位置，并对它们进行多次复制，进行大小变换和位置移动，效果如图 7-43 所示。

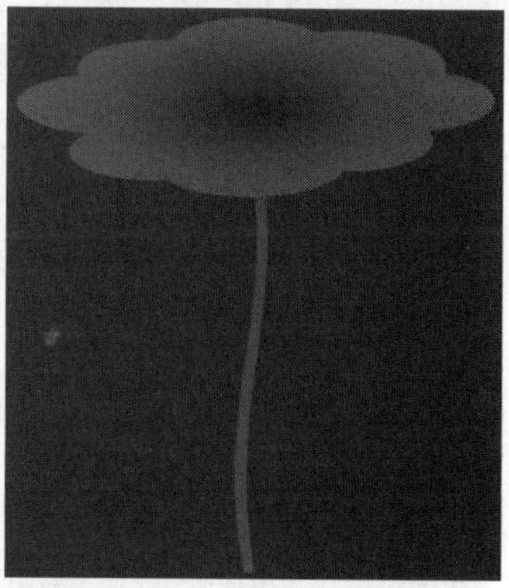

图 7-40　得到的效果

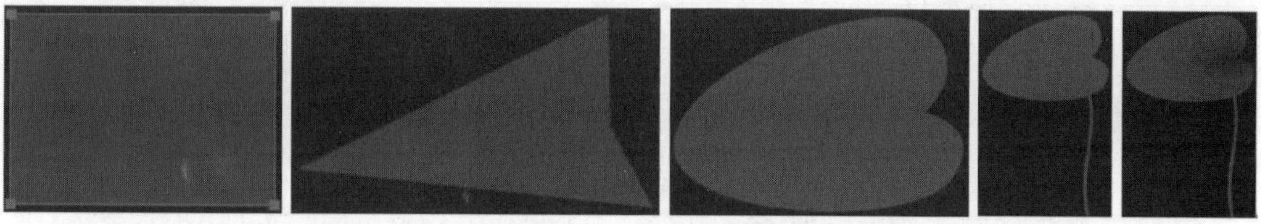

图 7-41　绘制小荷叶的过程

图 7-42　绘制荷叶尖

图 7-43　荷花、花苞、荷叶、小荷叶、荷叶尖

步骤 15 制作月亮。

（1）创建新组，使用【移动工具】单击【图层】面板下方的【创建新组】按钮，将其命名为“月亮”。

（2）参考步骤 3，完成径向渐变填充颜色设置，如图 7-44 所示。

（3）按住【Alt】+【Shift】键绘制一个圆形，如图 7-45 所示。

（4）设置月光朦胧的前景，如图 7-46 所示，然后选择【画笔工具】，按【F5】键，打开【画笔设置】面板，选择画笔笔尖形状为【柔角】，参考步骤 11，完成月光朦胧效果的制作，如图 7-47 所示。

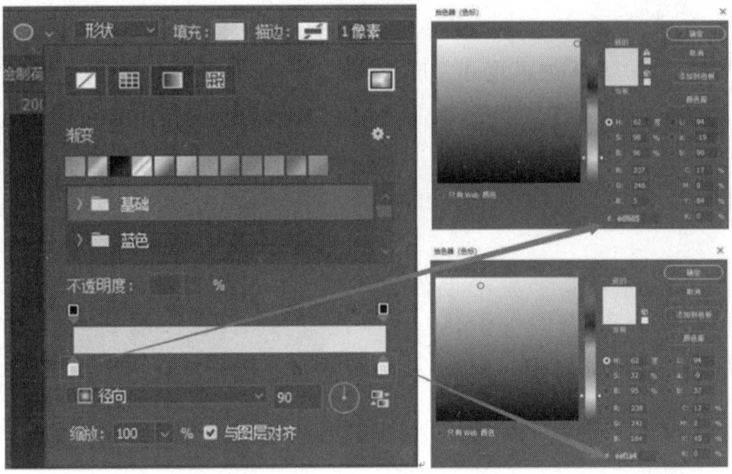

图 7-44　径向渐变填充颜色设置

图 7-45　绘制月亮

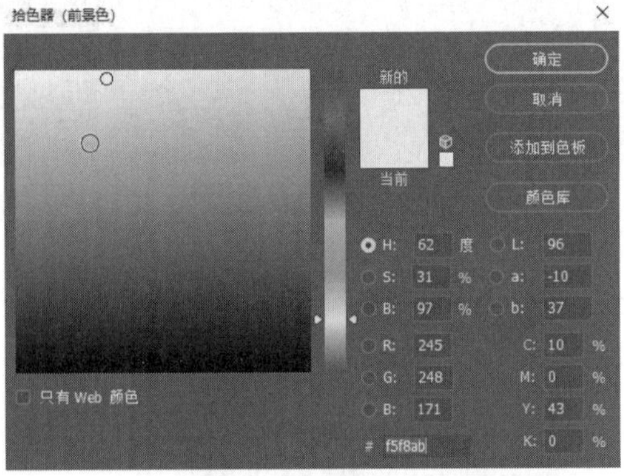

图 7-46　设置月光朦胧的前景色

图 7-47　完成月光朦胧效果的制作

步骤 16　制作文字。设置文字颜色，如图 7-48 所示。选择【直排文字工具】，设置字体为华文隶书，字号为 60 点，输入“荷塘月色”4 个字，如图 7-49 所示。接下来设置文字的图层样式，设置斜面和浮雕参数，如图 7-50 所示；设置外发光参数，如图 7-51 所示；设置光泽参数，如图 7-52 所示。得到的文字效果如图 7-53 所示。

图 7-48　设置文字颜色

图 7-49　输入文字

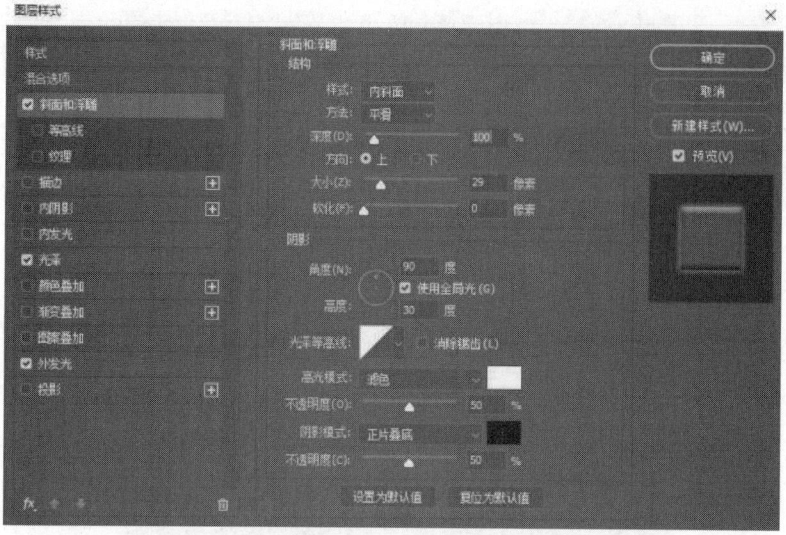

图 7-50 设置斜面和浮雕参数

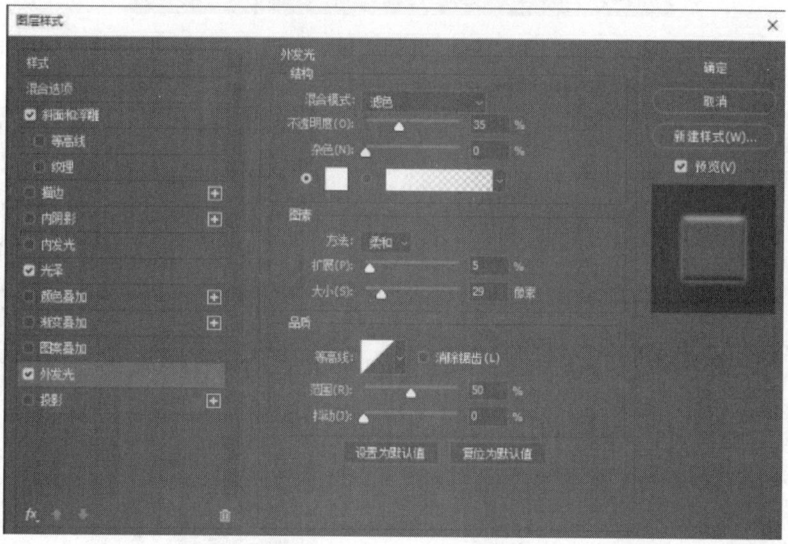

图 7-51 设置外发光参数

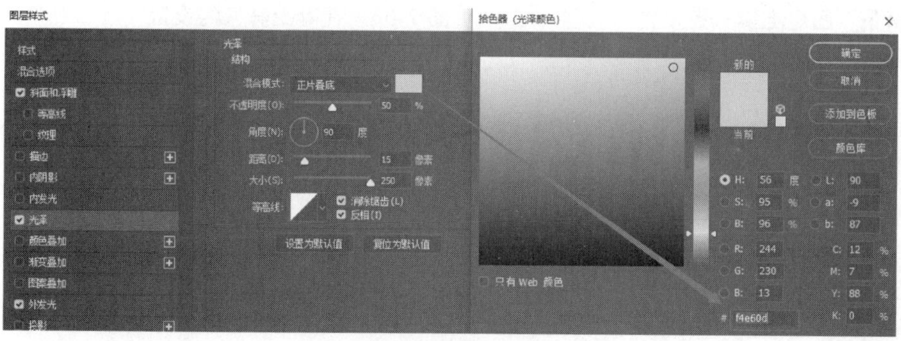

图 7-52 设置光泽参数

图 7-53 得到的文字效果

步骤 17 制作雾气。设置前景色，如图 7-54 所示。在“背景”图层的上方创建一个图层，命名为“雾气 1”，参考步骤 11，完成“背景”图层上雾气的设置，如图 7-55 所示。在“月亮”组下方创建一个图层，命名为“雾气 2”，同样参考步骤 11，完成荷叶上雾气的设置，如图 7-56 所示。

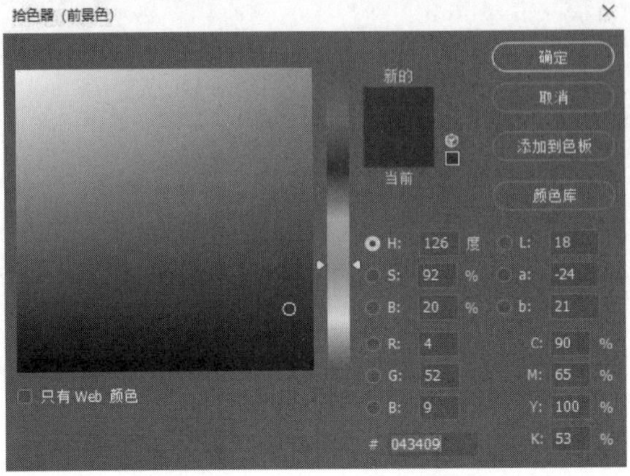

图 7-54　设置雾气的颜色

图 7-55　“背景”图层上雾气的设置

图 7-56　荷叶上雾气的设置

任务 3　利用路径绘制插画

7.3.1　任务目标及效果说明

通过学习钢笔工具、自定义形状工具、路径选择工具等，结合路径操作，绘制一幅插画。本任务完成的效果图如图 7-57 所示。

图 7-57 完成的效果图

7.3.2 制作步骤

步骤 1 执行【文件】→【新建】命令，新建一个 21 厘米 × 29.7 厘米，分辨率为 300 像素/英寸的空白文档，将其命名为“利用钢笔工具绘制插画”并保存。

步骤 2 设置前景色（#f0b8c3），按【Alt】+【Delete】键完成“背景”图层的颜色填充，如图 7-58 所示。

图 7-58 完成“背景”图层的颜色填充

步骤 3 绘制兔子轮廓。使用【钢笔工具】绘制兔子形状的路径，如图 7-59 所示。使用【转换点工具】调整路径，如图 7-60 所示。

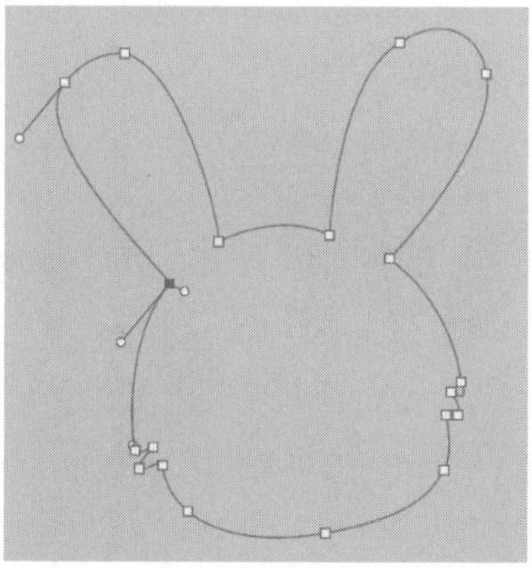

图 7-59 绘制兔子形状的路径

图 7-60 调整路径

步骤 4 填充兔子形状。

创建一个图层，命名为“兔子”，设置前景色为白色（#ffffff），按【Ctrl】+【Enter】键，将路径作为选区载入，如图 7-61 所示。按【Alt】+【Enter】键进行颜色填充，效果如图 7-62 所示。

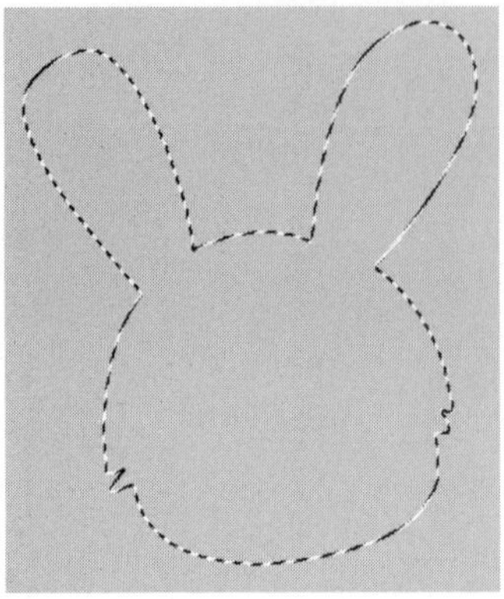

图 7-61　将路径作为选区载入

图 7-62　进行颜色填充

步骤 5　绘制兔子耳朵。

（1）创建一个图层，命名为“右边耳朵”，设置前景色（#f28072），使用【钢笔工具】绘制兔子右边耳朵形状的路径，如图 7-63 所示。参考上面的步骤 4，完成右边耳朵的颜色填充，效果如图 7-64 所示。

图 7-63　绘制右边耳朵路径

图 7-64　填充右边耳朵颜色

（2）创建一个图层，命名为“左边耳朵”，使用同样的方法，完成兔子左边耳朵绘制及颜色填充，如图 7-65 所示。

图 7-65　兔子左边耳朵绘制及颜色填充

步骤 6　绘制兔子的右眼。

（1）创建新组，命名为“右眼”，在该组下方创建一个图层，设置前景色（#381118），参考上面的步骤，使用【钢笔工具】绘制兔子右眼的路径，完成右眼的颜色填充，如图 7-66 所示。

图 7-66　兔子右眼绘制及颜色填充

（2）接下来设置前景色（#ffffff），选择【椭圆工具】，绘制 2 个圆形，如图 7-67、图 7-68 所示。

图 7-67　绘制右眼上的第 1 个圆形

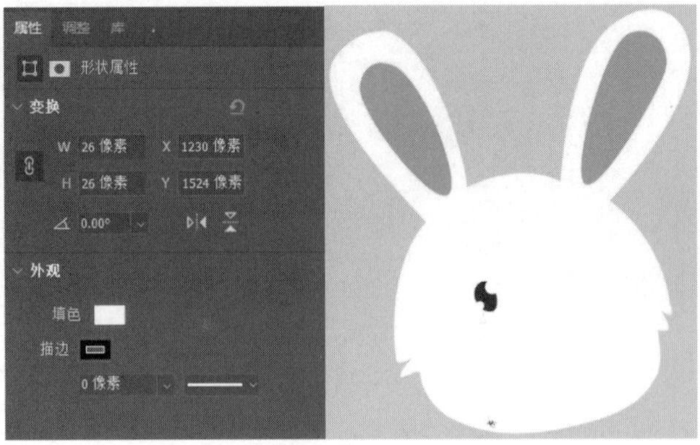

图 7-68　绘制右眼上的第 2 个圆形

步骤 7 绘制兔子的左眼。创建新组，命名为“左眼”，使用【移动工具】单击“右眼”图层，按住【Alt】键，复制出一个副本，将副本移入“左眼”组中，并将其移到合适位置，如图 7-69 所示。参考图 7-67、图 7-68 所示的参数，使用【椭圆工具】完成左眼上 2 个圆形的绘制，效果如图 7-70 所示。

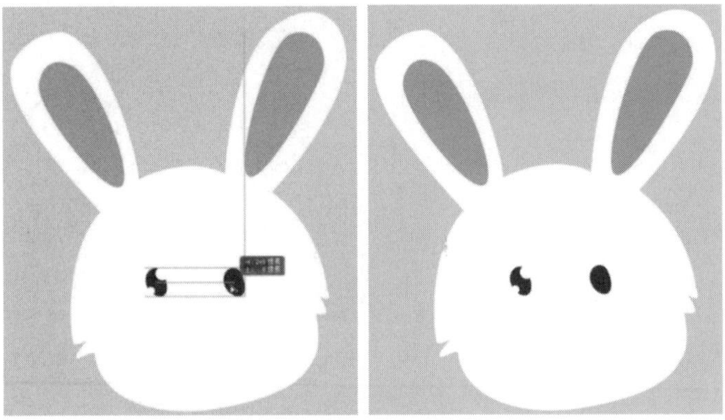

图 7-69　复制“右眼”图层并移入“左眼”组中

图 7-70　左眼效果

步骤 8 绘制兔子的鼻子。创建新组，命名为“鼻子”，在该组下方创建一个图层，设置前景色（#eb6a5a），参考上面的步骤 5，完成鼻子绘制及颜色填充，如图 7-71 所示。

图 7-71　鼻子绘制及颜色填充

步骤 9 绘制兔子的嘴巴。创建新组，命名为“嘴巴”，在该组下方创建一个图层，然后设置前景色（#772d31），使用【钢笔工具】绘制嘴巴的形状路径，如图 7-72 所示。接下来设置画笔的参数，如图 7-73 所示。使用【移动工具】单击【路径】面板，然后单击【用画笔描边】图标，效果如图 7-74 所示。

图 7-72　绘制嘴巴的形状路径

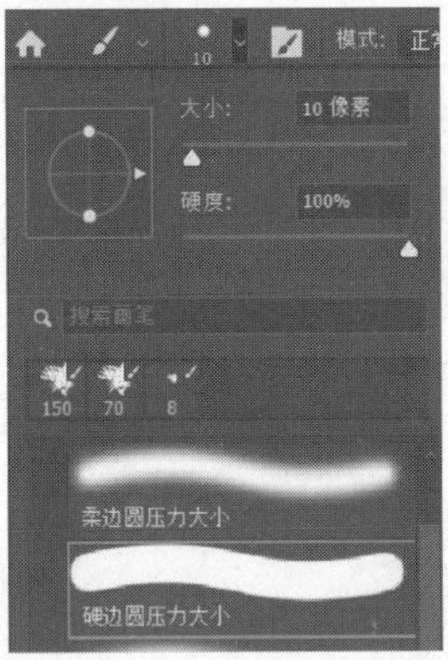

图 7-73　设置画笔的参数

图 7-74　用画笔描边

步骤 10 绘制兔子的舌头。创建新组，命名为“舌头”，在该组下方创建一个图层，然后设置前景色（#e15d57），参考步骤 8，完成舌头绘制及颜色填充，如图 7-75 所示。

图 7-75　舌头绘制及颜色填充

步骤 11 绘制右边腮红。

（1）创建新组，命名为“腮红-右边”，在该组下方创建一个图层，使用【椭圆工具】绘制椭圆，设置填色（#f4867b）、描边（#d88281）和椭圆尺寸，如图 7-76 所示，效果如图 7-77 所示。

（2）使用【钢笔工具】绘制 3 条斜线，如图 7-78 所示。重新设置前景色（#cb4531），参考步骤 9，设置画笔的参数，设置 3 条斜线描边的样式为【硬边圆】，从左到右的描边大小分别为 10px，13px 和 8px，描边后的效果如图 7-79 所示。

步骤 12 绘制左边腮红。使用【移动工具】将“腮红-右边”组选中，将其拖到【图层】面板下方的“创建新图层”按钮处，完成组的复制，得到一个副本，将该副本重命名为“腮红-左边”并移动到合适的位置。两边腮红完成后的效果如图 7-80 所示。

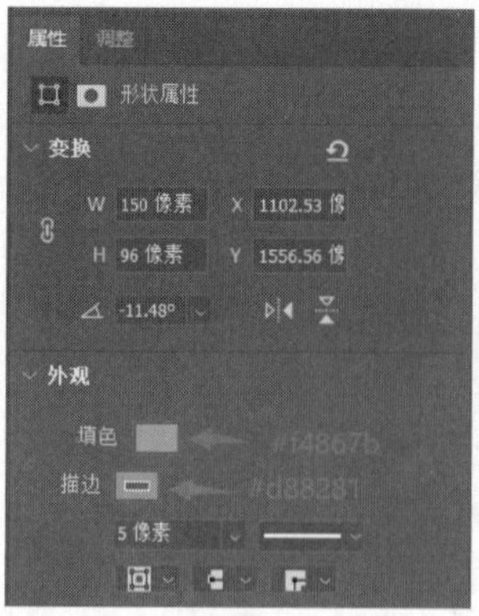

图 7-76　设置填色、描边和椭圆尺寸

图 7-77　椭圆效果

图 7-78　绘制 3 条斜线

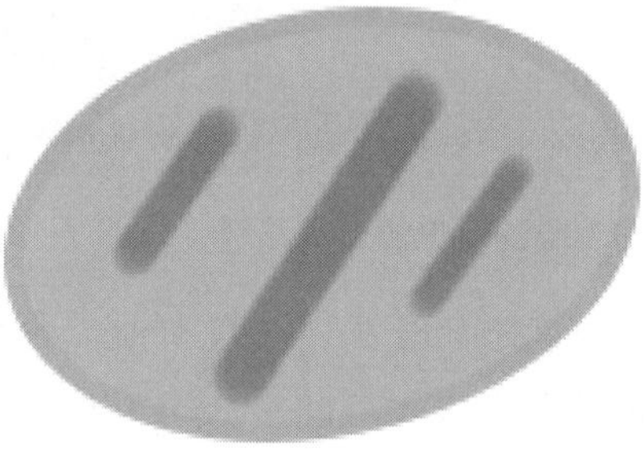

图 7-79　描边后的效果

图 7-80　两边腮红完成后

步骤 13　制作兔子的右脚。

（1）创建新组，命名为“右脚”，在该组下方创建一个图层，命名为“右脚轮廓”。使用【钢笔工具】绘制右脚形状的路径，如图 7-81 所示。使用【路径选择工具】将右脚的轮廓选中，如图 7-82 所示。

（2）设置前景色（#d1d0d0），参考步骤 9，分别设置画笔大小为 9px 和 7px，完成右脚轮廓和脚趾的描边，如图 7-83 所示。

（3）在“轮廓”图层下方创建一个图层，命名为“白色填充”。设置背景色(#ffffff)，使用【路径选择工具】将右脚的轮廓选中，按【Ctrl】+【Enter】键将路径作为选区载入，按【Ctrl】+【Delete】键，完成背景色的填充，如图 7-84 所示。

（4）使用【橡皮擦工具】将右脚轮廓的一部分擦除，完成的效果如图 7-85 所示。

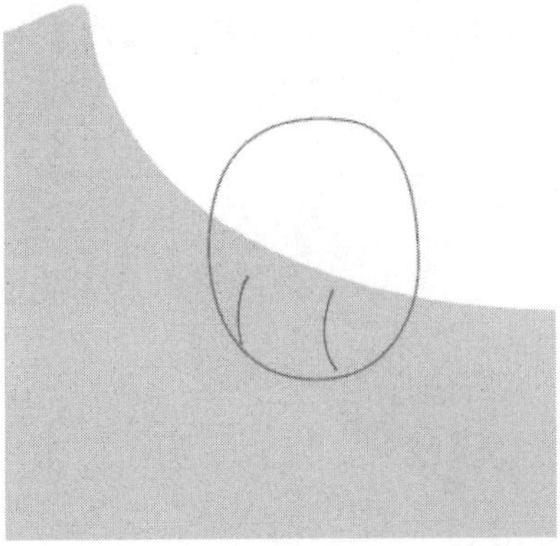

图 7-81 绘制右脚形状的路径

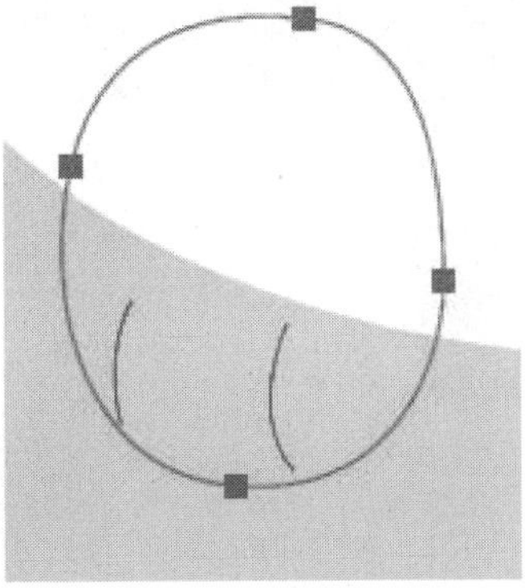

图 7-82 将右脚的轮廓选中

图 7-83 完成右脚轮廓和脚趾的描边

步骤 14 制作兔子的左脚。参考步骤 13，完成兔子的左脚的制作，效果如图 7-86 所示。

图 7-84 完成背景色的填充

图 7-85 将右脚轮廓的一部分擦除

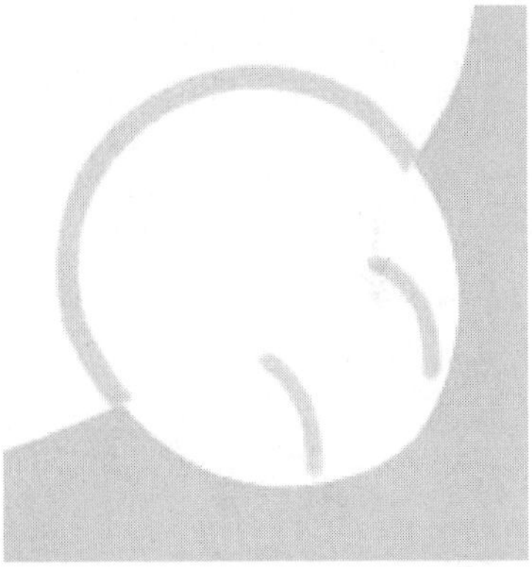

图 7-86 兔子的左脚的制作

步骤 15 绘制蝴蝶结。

（1）创建新组，命名为“蝴蝶结”，在该组下方创建一个图层，命名为“蝴蝶结-大”。然后设置前景色（#e4514a），参考步骤 8，完成大蝴蝶结绘制，如图 7-87 所示，然后进行颜色填充，如图 7-88 所示。

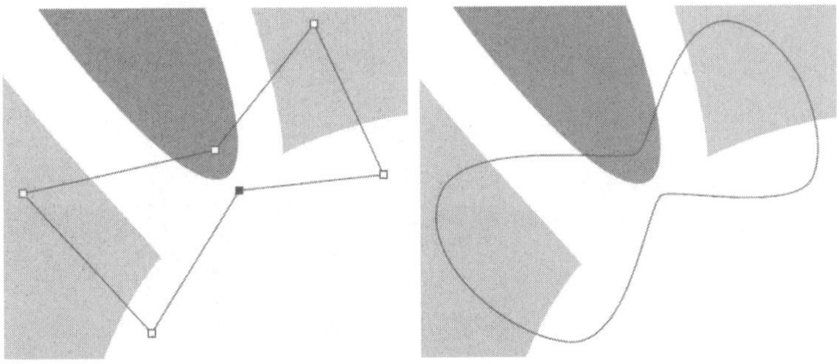

图 7-87 大蝴蝶结绘制

图 7-88 大蝴蝶结颜色填充

（2）在“蝴蝶结-大”图层上方创建一个图层，命名为“中间”，使用【钢笔工具】绘制蝴蝶结中间部分的形状路径，如图 7-89 所示，参考步骤 11 完成蝴蝶结中间部分的描边（#b6241f）和颜色（#c62c26）填充，效果如图 7-90 所示。

步骤 16 创建一个图层，命名为“兔子绒毛”，设置前景色（#d1cbcd），设置画笔样式为【柔边圆】，大小为【8px】，绘制兔子的绒毛，兔子的完成效果如图 7-91 所示。

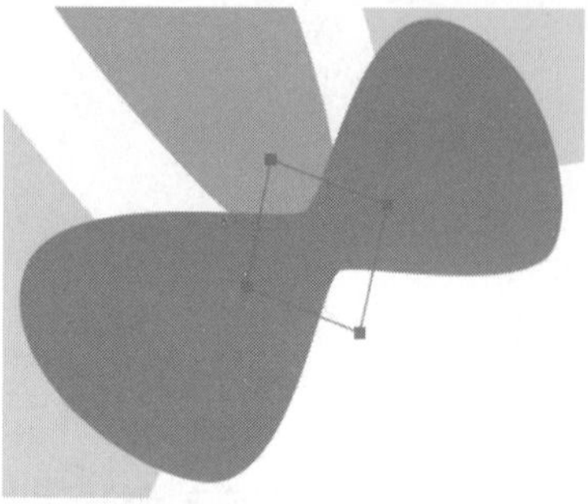

图 7-89 绘制蝴蝶结中间部分的形状路径

图 7-90 描边和颜色填充

图 7-91 兔子的完成效果

步骤 17 绘制甜甜圈。

（1）将兔子部分隐藏。然后创建新组，命名为“甜甜圈”，在该组下方创建一个图层，命名为“甜甜圈轮廓”。使用【钢笔工具】绘制甜甜圈形状路径，设置前景色（#532314），参考步骤 13，选择【画笔工具】并设置笔尖大小为 9px，完成甜甜圈轮廓描边，如图 7-92 所示。

（2）设置背景色（#ee69a9），完成甜甜圈奶油部分的颜色填充，如图 7-93 所示。使用【路径选择工具】将甜甜圈中间的路径选中，删除奶油中间部分，如图 7-94 所示。

（3）创建一个图层，命名为“甜甜圈”，重新设置前景色（#e2b90d），填充甜甜圈主体部分的颜色，如图 7-95 所示。

（4）参考图 7-96 所示的参数，使用【椭圆工具】完成糖针制作，糖针的颜色分别为#e20d49、#72e57a、#72d1e5、#ffffff、#f88e4e、#6ef8d9，效果如图 7-97 所示。

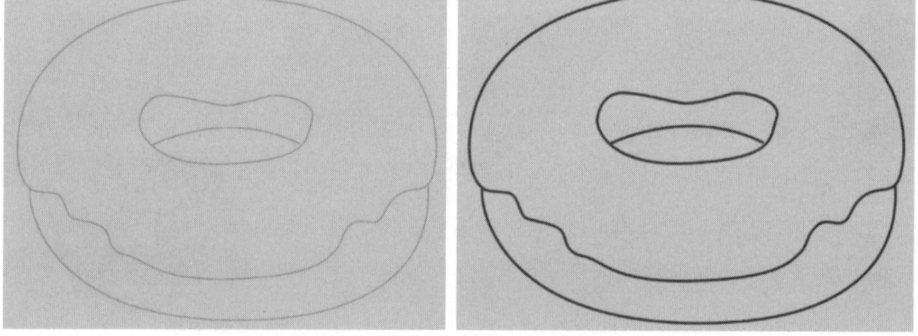

图 7-92 绘制甜甜圈形状路径并描边

（5）将隐藏的兔子部分显示出来，如图 7-98 所示。

步骤 18 绘制兔子的背景。创建一个图层，命名为“兔子背景”。设置前景色（#f6d3da），使用【椭圆工具】绘制一个椭圆，如图 7-99 所示。

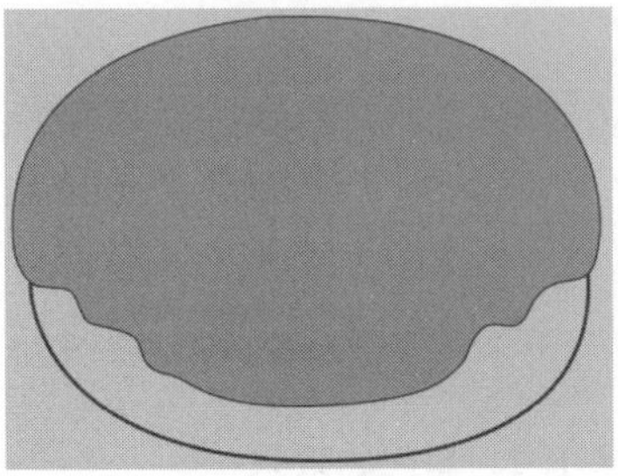

图 7-93　甜甜圈奶油部分的颜色填充

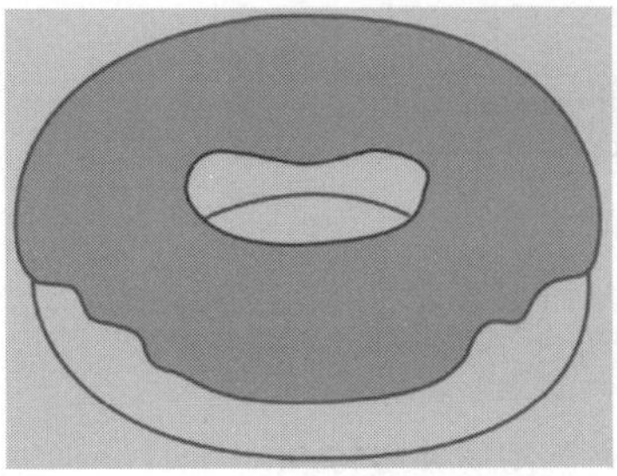

图 7-94　删除奶油中间部分

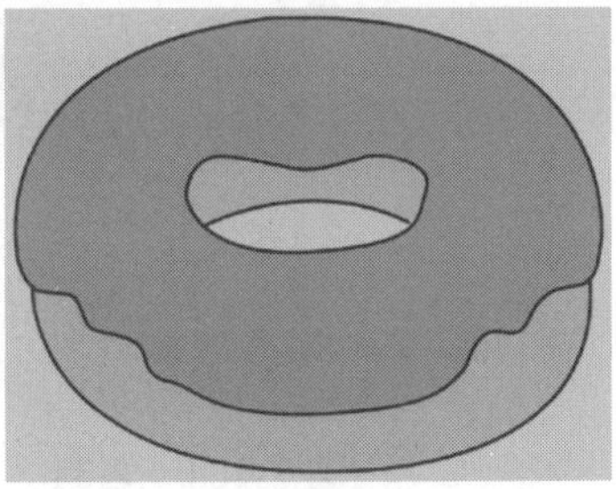

图 7-95　填充甜甜圈颜色

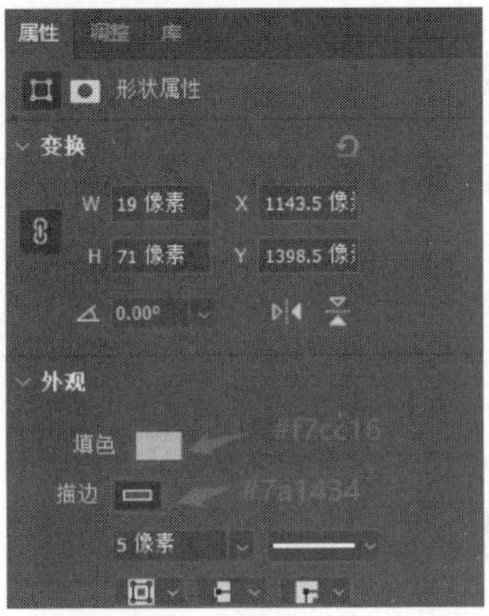

图 7-96　“糖针”的参数

图 7-97　“糖针”完成效果图

图 7-98　将隐藏的兔子部分显示出来

图 7-99　绘制兔子的背景

步骤 19　绘制星光点缀。

（1）创建新组，命名为“星光点缀”，在该组下方创建一个图层，命名为“星光”。参考图 7-100 所示的步骤，使用【椭圆工具】完成一个椭圆绘制。

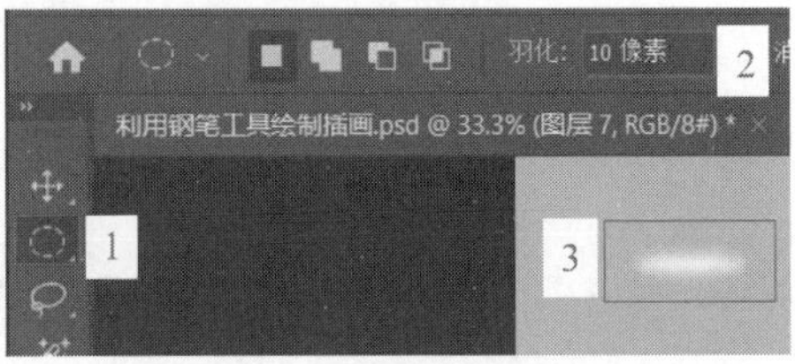

图 7-100　绘制第 1 个椭圆

（2）复制“星光”图层，得到一个副本，按【Ctrl】+【T】键，设置旋转角度为【90°】，如图 7-101 所示，得到星光的效果，如图 7-102 所示。

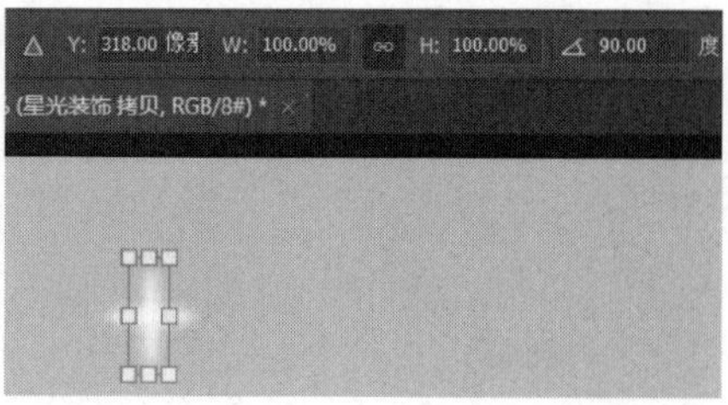

图 7-101　复制“星光”图层并旋转 90°

图 7-102　星光的效果

将上面两个图层合并，并复制多个图层，调整大小和位置，最终效果如图 7-57 所示。

课后习题

1. 使用矩形工具、钢笔工具、画笔工具等完成邮票、信封和带邮戳的信封制作。完成的效果图如图 7-103 所示。

图 7-103　完成的效果图

2. 使用钢笔工具制作小鸡插图，完成的效果图如图 7-104 所示。
3. 使用钢笔工具制作卡通老鼠插图，完成的效果图如图 7-105 所示。

图 7-104　完成的效果图

图 7-105　完成的效果图

微课视频

项目 8

图像调整

知识准备

在平面设计中，色彩调整是一个重要的环节。例如，在设计美食海报时，同样一张食物的照片，色彩饱和度不同，看起来的美味程度也会不同，如图 8-1 所示。

彩图

图 8-1　不同色彩饱和度的对比效果

在进行色彩调整时，经常会听到“亮度/对比度”“直方图”“色阶”“曲线”“曝光度”“色相”“饱和度”“明度”“颜色模式”等关键词。下面进行简单的介绍。

（1）亮度/对比度：常用于调整太暗或太亮的图像，如图 8-2、图 8-3 所示。

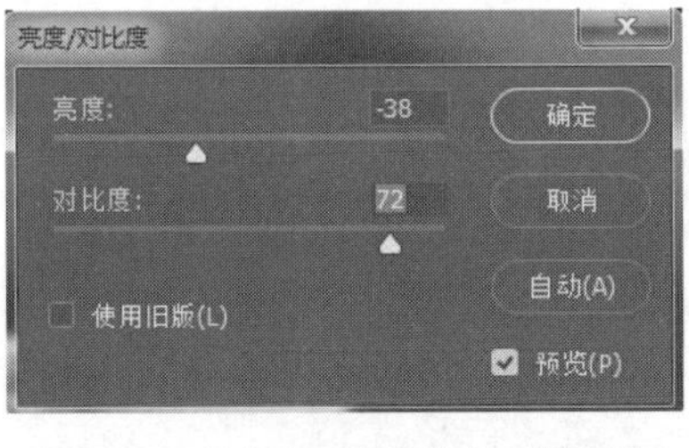

图 8-2 【亮度/对比度】对话框

图 8-3　调整前后的对比效果

（2）直方图：以图形的形式显示图像的每个亮度级别的像素数量。在直方图中，横向代表亮度，左侧为阴影区域，中间为中间调区域，右侧为高光区域。纵向代表像素数量，纵向数值越高，表示分布在这个亮度级别上的像素越多，如图 8-4 所示。

（3）色阶：以直方图为基础来改变图像和区域的明亮程度，只与亮度有关。【色阶】对话框如图 8-5 所示。

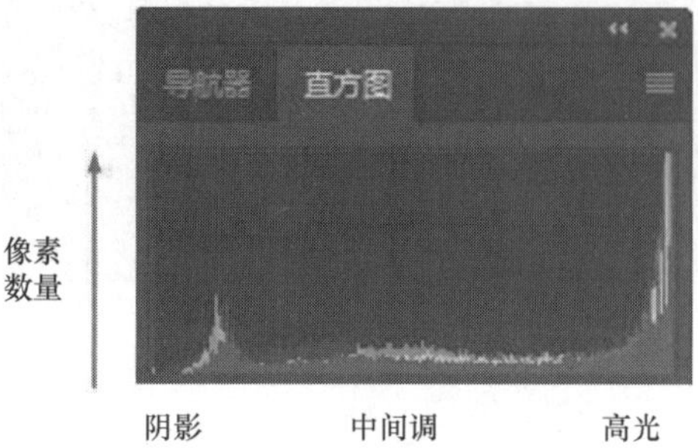

图 8-4　直方图

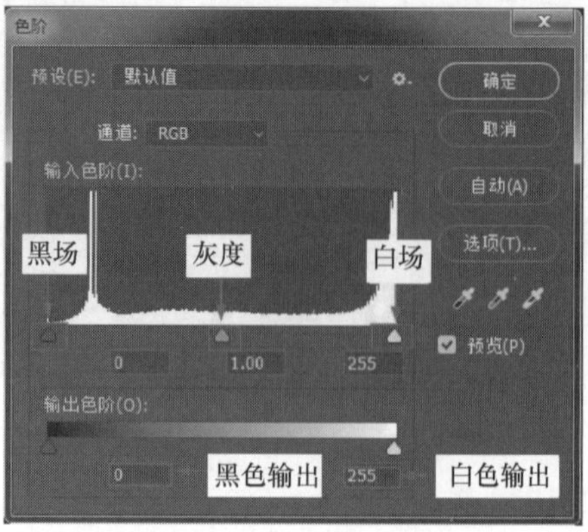

图 8-5　【色阶】对话框

（4）曲线：常用于调整图像的明亮程度及 RGB 各颜色通道的浓度。【曲线】对话框如图 8-6 所示。

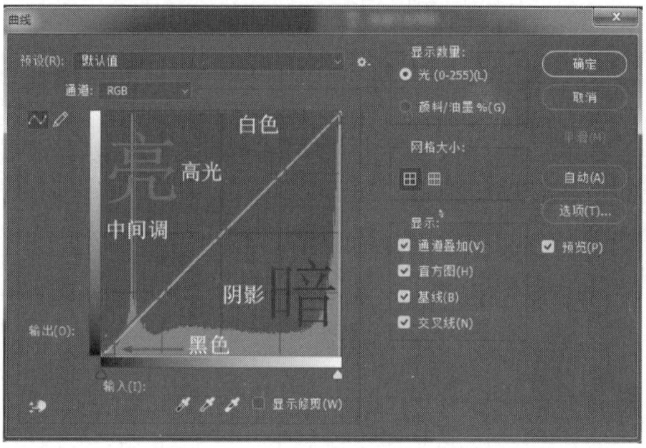

图 8-6　【曲线】对话框

（5）曝光度：主要用来调整图像的色相，如校正图像曝光过度、对比度过低或过高的情况。调整图像曝光度的对比效果如图 8-7 所示。

彩图

图 8-7　调整图像曝光度的对比效果

（6）色相：是指各类色彩的相貌，用于区别不同色彩的标准。调整色相的对比效果如图 8-8 所示。

彩图

图 8-8　调整色相的对比效果

（7）饱和度：是指色彩的鲜艳程度。调整饱和度的对比效果如图 8-9 所示。

彩图

图 8-9　调整饱和度的对比效果

（8）明度：是指色彩的明暗程度。调整明度的对比效果如图 8-10 所示。

彩图

图 8-10　调整明度的对比效果

（9）颜色模式：是指将某种颜色表现为数字形式的模式，或者说是一种记录图像颜色的模式。在 Photoshop CC 中，有多种颜色模式，包括位图模式、灰度模式、双色调模式、索引颜色模式、RGB 颜色模式、CMYK 颜色模式、Lab 颜色模式和多通道模式。

执行【图像】→【模式】命令，可以看到当前图像的颜色模式，也可以根据需要更改颜色模式，如图 8-11、图 8-12 所示。

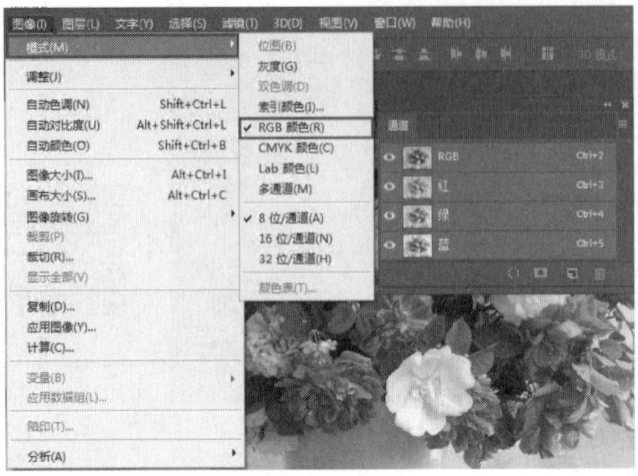

图 8-11　当前图像的颜色模式为 RGB 颜色模式

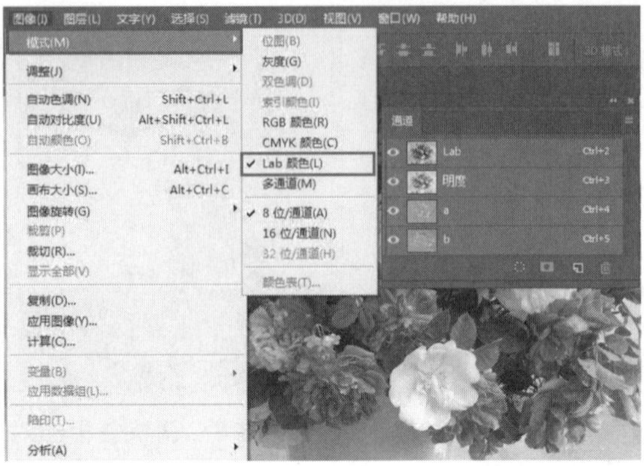

图 8-12　将 RGB 颜色模式更改为 Lab 颜色模式

虽然图像支持多种颜色模式，但并不是所有的颜色模式都经常使用。通常情况下，制作用于显示在电子设备上的图像时使用 RGB 颜色模式，涉及需要印刷的产品时使用 CMYK 颜色模式，而 Lab 颜色模式是色域最宽的颜色模式，也是最接近真实世界颜色的一种颜色模式，通常在将 RGB 图像转换为 CMYK 图像的过程中，可以先将 RGB 图像转换为 Lab 图像，再转换为 CMYK 图像。

任务 1　制作糖水效果

8.1.1　任务目标及效果说明

本任务的目标是让学生熟练掌握使用调整图层对图像进行颜色调整的方法，学会分析原图像的不足，对原图像的不足进行调整，学会观察与分析图像中的光影关系和色彩关系。本任务的素材如图 8-13 所示，完成的效果图如图 8-14 所示。

图 8-13　素材

图 8-14　完成的效果图

8.1.2　制作步骤

步骤 1　执行【文件】→【打开】命令，打开素材“糖水原图.jpg”。

步骤 2　单击【图层】面板下方的【创建调整图层】按钮，创建一个曲线调整图层“曲线 1”，如图 8-15 所示。调整曲线参数，增加对比度，如图 8-16 所示。

步骤 3　单击【图层】面板下方的【创建调整图层】按钮，创建一个色彩平衡调整图层“色彩平衡 1”，如图 8-17 所示。调整阴影、中间调、高光参数，统一色调，如图 8-18 所示。

图 8-15　创建曲线调整图层

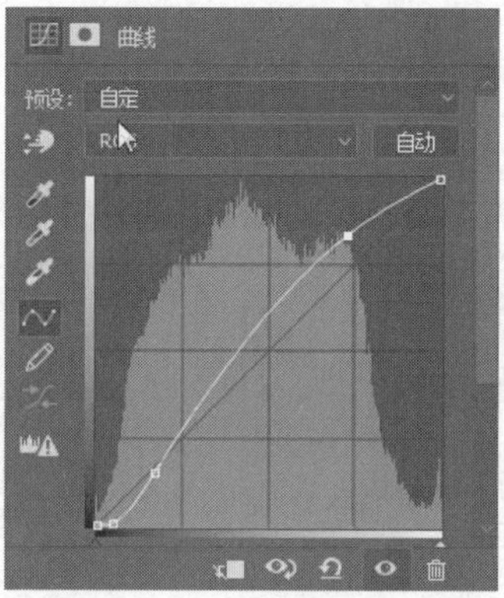

图 8-16　调整曲线参数

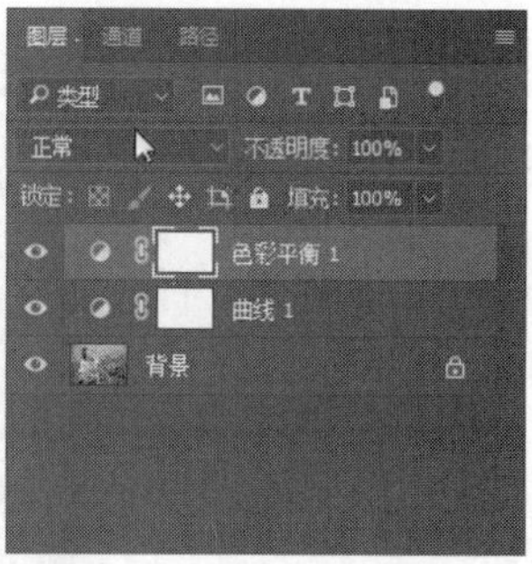

图 8-17　创建色彩平衡调整图层

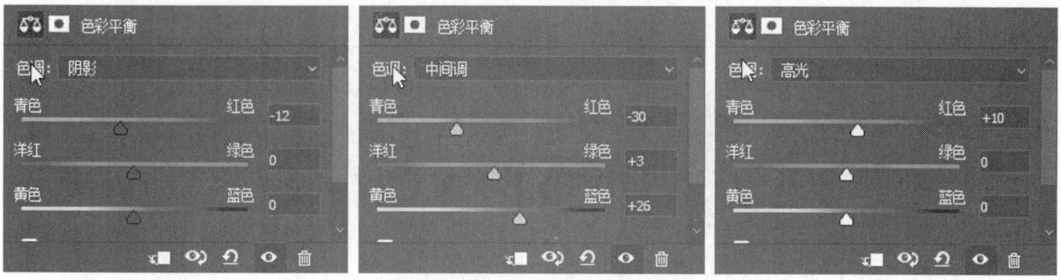

图 8-18　调整阴影、中间调、高光参数

步骤 4　单击【图层】面板下方的【创建调整图层】按钮，创建一个色相/饱和度调整图层“色相/饱和度 1”，如图 8-19 所示。调整色相/饱和度参数，完成调色，如图 8-20 所示。到此，得到本任务完成的效果图。

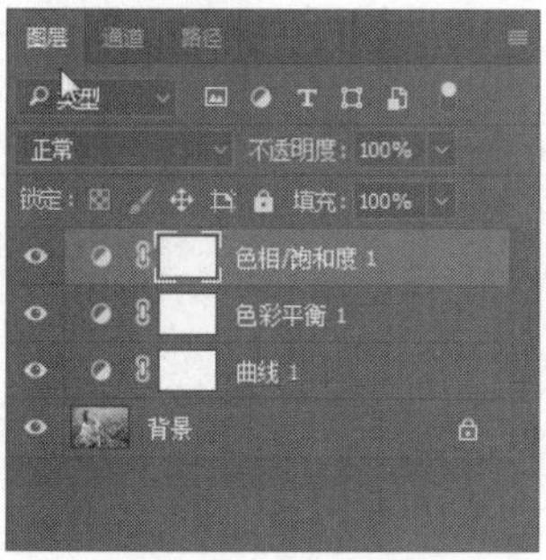

图 8-19　创建色相/饱和度调整图层

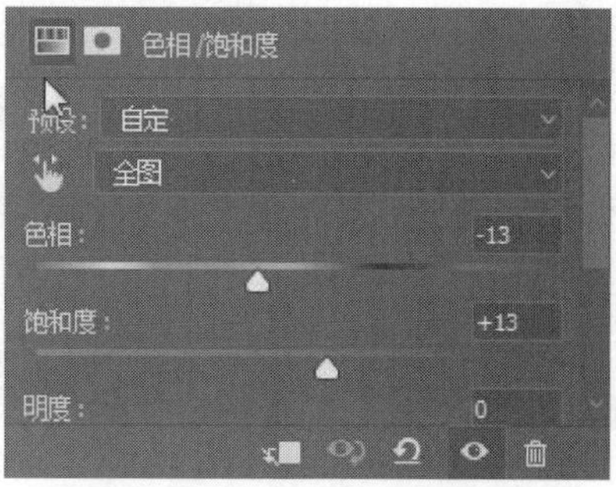

图 8-20　调整色相/饱和度参数

任务 2　制作四季变化效果

8.2.1　任务目标及效果说明

通过学习【图像】→【调整】→【色相/饱和度】命令，设置不同的参数，调节图像的色相和饱和度，制作出四季变化效果。本任务的素材如图 8-21 所示，完成的效果图如图 8-22 所示。

彩图

图 8-21　素材

春

夏

秋

冬

图 8-22　完成的效果图

8.2.2　制作步骤

步骤1　执行【文件】→【打开】命令，打开素材。

步骤2　执行【图像】→【调整】→【色相/饱和度】命令，调整色相/饱和度参数，如图 8-23 所示，得到春天的效果。

步骤3　执行【图像】→【调整】→【色相/饱和度】命令，调整色相/饱和度参数，如图 8-24 所示，得到夏天的效果。

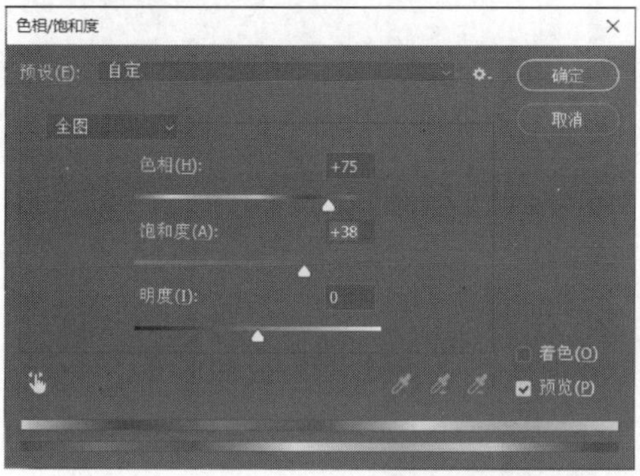

图 8-23　调整色相/饱和度参数（春）

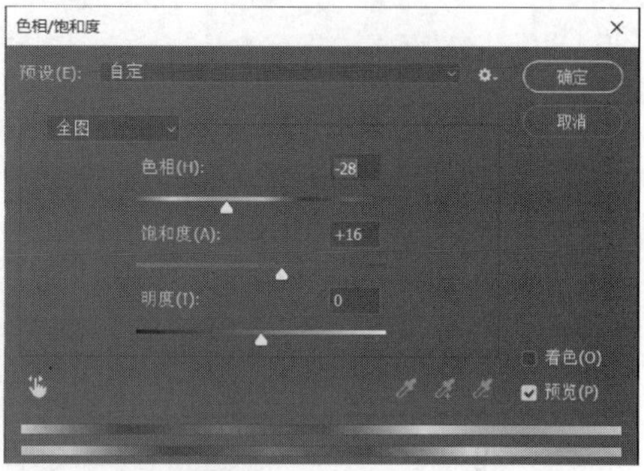

图 8-24　调整色相/饱和度参数（夏）

步骤4　执行【图像】→【调整】→【色相/饱和度】命令，调整色相/饱和度参数，如图 8-25 所示，得到秋天的效果。

步骤5　执行【图像】→【调整】→【色相/饱和度】命令，调整色相/饱和度参数，如图 8-26 所示，得到冬天的效果

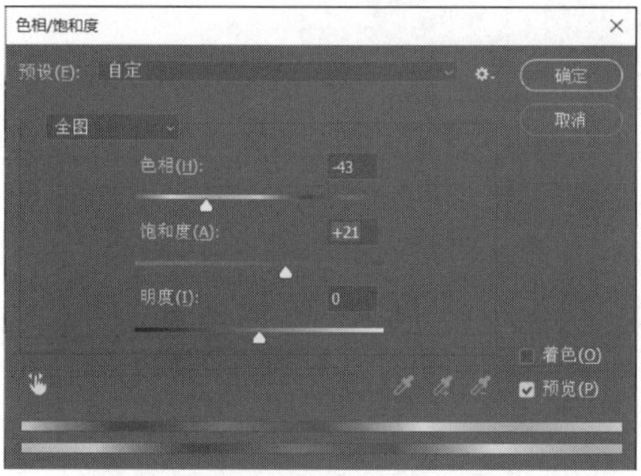

图 8-25　调整色相/饱和度参数（秋）

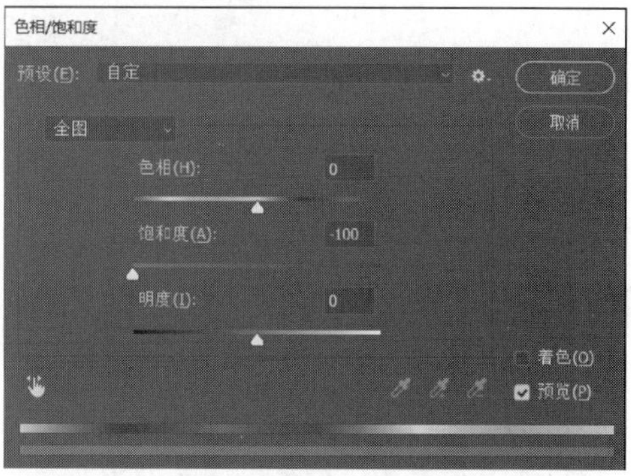

图 8-26　调整色相/饱和度参数（冬）

任务3　利用照片滤镜制作“岁月静好”

8.3.1　任务目标及效果说明

通过学习自然饱和度调整图层、曲线调整图层、照片滤镜调整图层、可选颜色调整图

层，制作充满诗情画意的“岁月静好”图片效果。本任务的素材如图 8-27 所示，完成的效果图如图 8-28 所示。

彩图

图 8-27　素材

图 8-28　完成的效果图

8.3.2　制作步骤

步骤 1　执行【文件】→【打开】命令，打开素材“古筝少女.jpg”，复制“背景”图层，得到“背景 拷贝”图层。单击“背景 拷贝”图层，执行【图像】→【调整】→【去色】命令，得到一个灰色图层，图片去色效果如图 8-29 所示。设置该图层的图层混合模式为【柔光】，不透明度为【50%】，如图 8-30 所示，设置后的效果如图 8-31 所示。

图 8-29　图片去色效果

图 8-30　图层混合模式为【柔光】

图 8-31　设置后的效果

步骤 2 执行【图层】→【新建调整图层】→【照片滤镜】命令，得到一个照片滤镜调整图层，照片滤镜调整图层参数设置如图 8-32 所示。将前景色设置为黑色，在照片滤镜调整图层中，使用【柔边圆】画笔进行涂抹，得到如图 8-33 所示的效果。

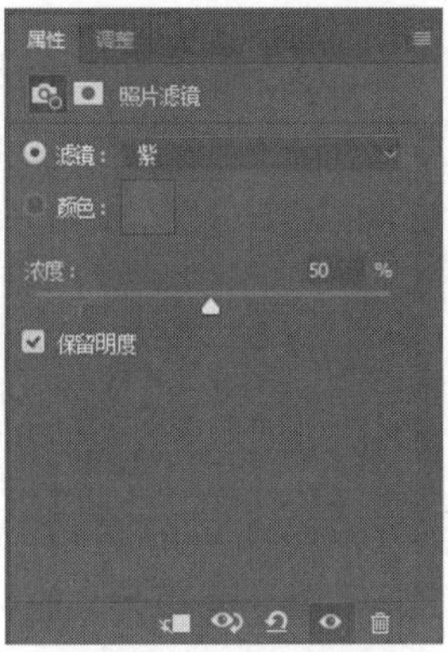

图 8-32 照片滤镜调整图层参数设置

图 8-33 照片滤镜调整图层设置后的效果

步骤 3 将前景色设置为黑色，使用【硬边圆】画笔在照片滤镜调整图层的蒙版上涂抹，涂抹人物的头部、面部、手部，涂抹后的效果如图 8-34 所示。

图 8-34 涂抹人物头部、面部、手部后的效果

步骤 4 继续使用【硬边圆】画笔在照片滤镜调整图层的蒙版上涂抹人物背景，涂抹后的效果如图 8-35、图 8-36 所示。

图 8-35 涂抹人物背景后的效果

图 8-36 在蒙版上涂抹

步骤 5 增加画面饱和度。执行【图层】→【新建调整图层】→【自然饱和度】命令，得到一个自然饱和度调整图层。自然饱和度调整图层参数设置如图 8-37 所示，得到如图 8-38 所示的效果。

图 8-37　自然饱和度调整图层参数设置

图 8-38　自然饱和度调整图层设置后的效果

步骤 6 再创建一个自然饱和度调整图层，进行如图 8-39 所示的设置，得到如图 8-40 所示的效果。

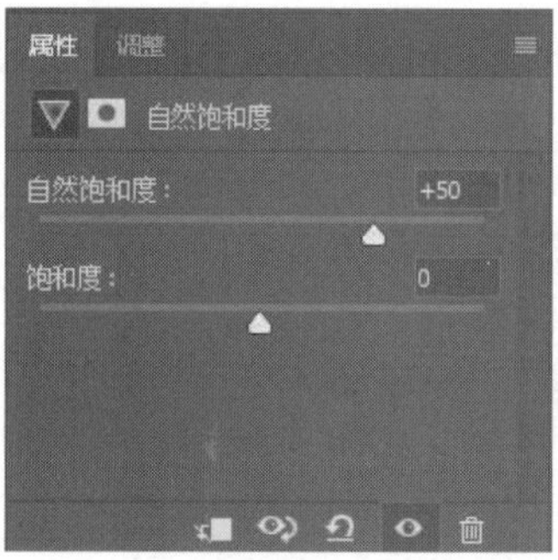

图 8-39　第二个自然饱和度调整图层参数设置

图 8-40　第二个自然饱和度调整图层设置后的效果

步骤 7 此时，画面有些偏暗，执行【图层】→【新建调整图层】→【曲线】命令，得到一个曲线调整图层，曲线调整图层参数设置如图 8-41 所示，得到如图 8-42 所示的效果。

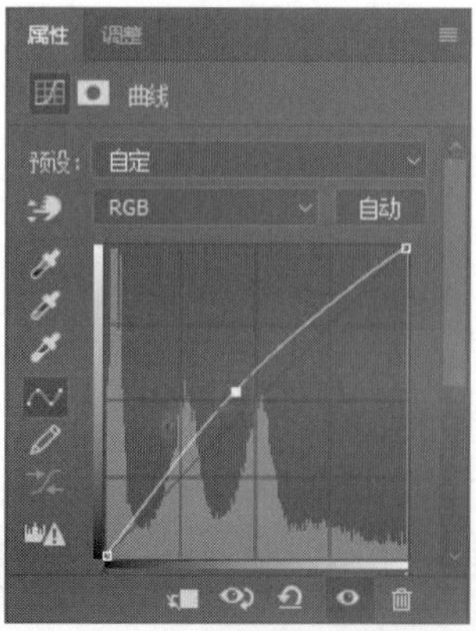

图 8-41　曲线调整图层参数设置

图 8-42　曲线调整图层设置后的效果

步骤 8 此时，画面仍有些偏暗，执行【图层】→【新建调整图层】→【可选颜色】命令，得到一个可选颜色调整图层，可选颜色调整图层参数设置如图 8-43 所示，得到如图 8-44 所示的效果。接下来按【Ctrl】+【Shift】+【Alt】+【E】键盖印图层，得到“图层 1”。

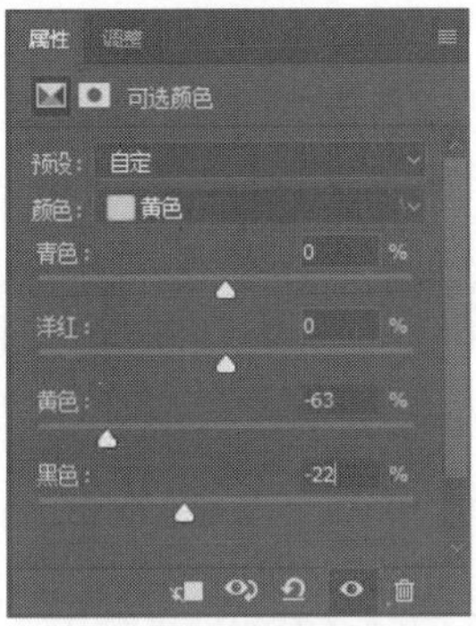

图 8-43　可选颜色调整图层参数设置

图 8-44　可选颜色调整图层设置后的效果

步骤 9 执行【文件】→【新建】命令，新建一个 60cm×60cm，分辨率为 100 像素/英寸的空白文档，命名为“利用照片滤镜制作岁月静好”。使用【移动工具】将“图层 1”移入本文档，调整其大小和位置，如图 8-45 所示。

图 8-45　移入“图层 1”

步骤 10 执行【文件】→【打开为智能对象】命令，打开素材“亭子.jpg”，将其置入“利用照片滤镜制作岁月静好”文档，双击该图层，将其重命名为“亭子”，接下来用鼠标右键单击图层，执行【栅格化图层】命令，如图 8-46 所示。然后执行【编辑】→【自由变换】命令，调整其大小和位置，如图 8-47 所示。

图 8-46　置入并栅格化

图 8-47　调整“亭子”图层的大小和位置

步骤 11 单击“亭子”图层，单击【图层】面板下方的【添加图层蒙版】按钮。将前景色设置为黑色，选择【画笔工具】，设置画笔样式和大小，用【画笔工具】进行涂抹，如图 8-48 所示。到此，得到本任务完成的效果图。

图 8-48 在图层蒙版上涂抹黑色

任务 4 修复图像中的偏色

8.4.1 任务目标及效果说明

通过学习【图像】→【调整】命令中的【色彩平衡】【色阶】【色相/饱和度】等命令，利用补色原理知识和直方图调整图像对比度的技巧来修复图像中的偏色，使图像的色相、对比度、饱和度得以恢复正常状态。本任务的素材如图 8-49 所示，完成的效果图如图 8-50 所示。

彩图

图 8-49 素材

图 8-50 完成的效果图

8.4.2 制作步骤

步骤 1 执行【文件】→【打开】命令，打开“偏色素材 1.jpg”，执行【图像】→【调整】→

【色彩平衡】命令，在打开的【色彩平衡】对话框中共有三组互补色，分别是青色↔红色、洋红↔绿色、黄色↔蓝色，如图 8-51 所示。具体操作方法是：观察图像中哪种颜色过多，把相应的滑块向其相反的颜色方向拖动。比如，本图像中绿色和黄色成分过多，可以将对应的滑块向绿色的补色（洋红色）和黄色的补色（蓝色）方向拖动。

图 8-51　【色彩平衡】对话框

步骤 2　将中间的洋红↔绿色滑块向左（洋红色方向）拖动到适当位置，在拖动过程中观察图像颜色的变化，待多余的绿色消失即可。接下来将黄色↔蓝色滑块向右（蓝色方向）拖动到适当位置。此时如果感觉图像整体有些偏红，还可以将青色↔红色滑块向左（青色方向）拖动到适当位置，如图 8-52 所示。到此，得到完成的效果图。

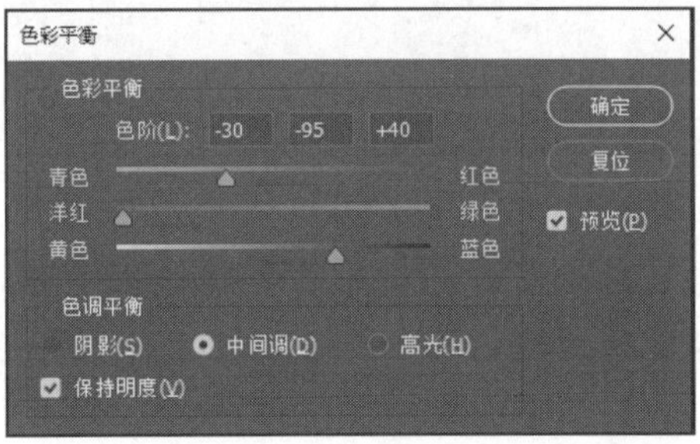

图 8-52　在【色彩平衡】对话框中添加补色以修复偏色

操作技巧

一般使用【色彩平衡】命令可以快速修复某种单一颜色过多的图像，但如果图像的偏色成分比较复杂，就不适合使用【色彩平衡】命令来修复偏色了。这种情况下，可以尝试使用【色阶】命令，分别进入红、绿、蓝颜色通道中，利用直方图调整输入色阶对应的滑块，来调整图像的偏色，使颜色恢复正常。

步骤 3　执行【文件】→【打开】命令，打开“偏色素材 2.jpg”，执行【图像】→【调整】→【色阶】命令，打开【色阶】对话框，如图 8-53 所示。

图 8-53 【色阶】对话框

步骤 4 在【色阶】对话框中，分别进入红、绿、蓝通道中，将【输入色阶】下的黑色滑块和白色滑块向中间适当拖动（将滑块拖动到直方图下方两侧的边缘处），如图 8-54 所示。

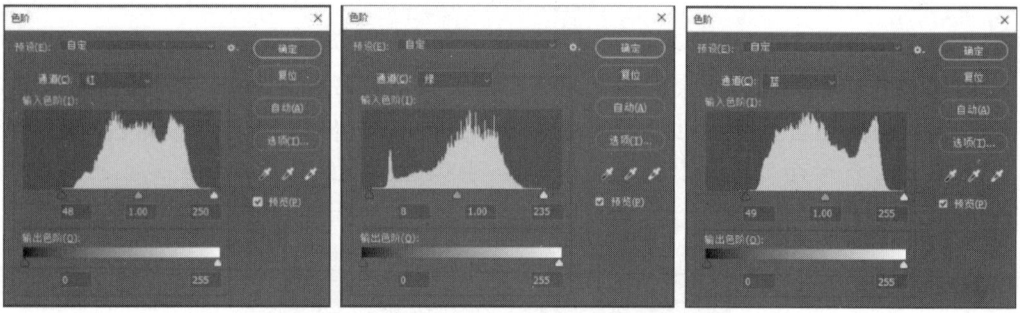

图 8-54 调整红、绿、蓝通道的输入色阶

步骤 5 为了增强修复的图像的对比度，在【色阶】对话框中，再次选择 RGB 通道，将输入色阶的黑色滑块和白色滑块向中间适当拖动，如图 8-55 所示。

步骤 6 执行【图像】→【调整】→【色相/饱和度】命令，适当调高饱和度，以提高图像颜色的鲜艳程度，如图 8-56 所示。到此，得到完成的效果图。

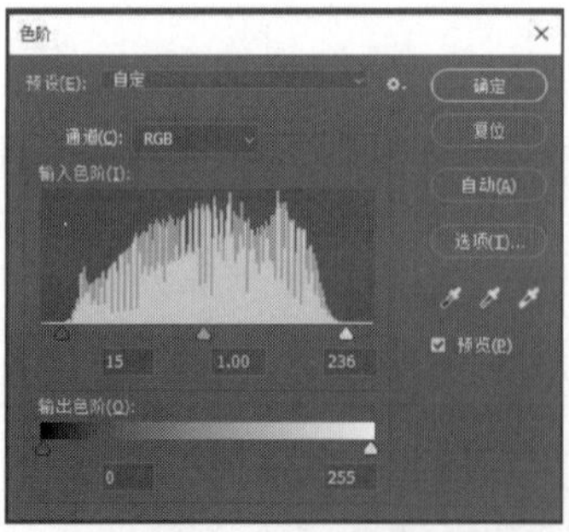

图 8-55 调整 RGB 通道的输入色阶

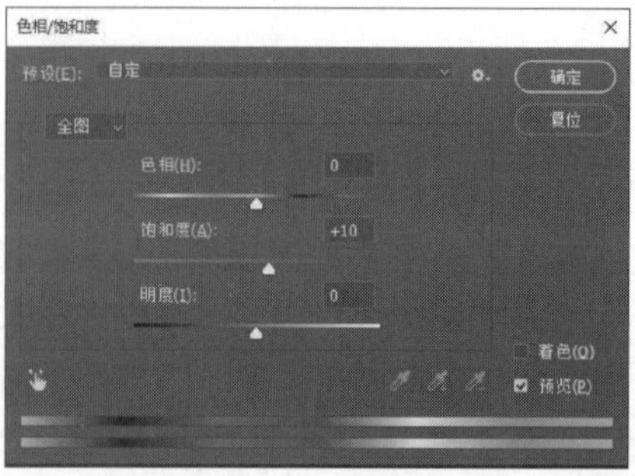

图 8-56 调高饱和度

课后习题

1. 利用曲线调整图层，以及【亮度/对比度】命令、【色彩平衡】命令等，完成异色栀子花的制作。素材如图 8-57 所示，完成的效果图如图 8-58 所示。

2. 利用【色相/饱和度】【色彩平衡】等命令完成七色桔梗花的制作。素材如图 8-59 所示，完成的效果图如图 8-60 所示。

图 8-57　素材

图 8-58　完成的效果图

图 8-59　素材

3. 利用阈值完成金色年华的制作(需自学阈值相关知识和操作)。素材如图 8-61 所示，完成的效果图如图 8-62 所示。

图 8-60　完成的效果图

图 8-61　素材

图 8-62　完成的效果图

项目9

滤 镜

微课视频

知识准备

滤镜是一种特殊的图像处理工具，主要用来实现图像的各种特殊效果。在 Photoshop CC 中，有数十种滤镜，有些效果通过设置滤镜的几个参数就能实现。

滤镜的工作原理是遵循一定的程序算法，以像素为单位对图像中的像素进行分析，并对其颜色、亮度、饱和度、对比度、色调、分布、排列等属性进行计算和处理，从而完成原图像部分或全部像素属性的调节或控制。值得注意的是，即使滤镜的参数设置得相同，如果图像的分辨率不同，得到的图像效果也是不同的。

滤镜效果风格迥异，但是使用方法十分相似。在图像中，不仅可以添加一个滤镜，还可以添加多个滤镜，制作出混合滤镜的效果。

下面以【树】滤镜为例，介绍滤镜的使用方法。

执行【滤镜】→【渲染】→【树】命令，打开【树】对话框，如图 9-1 所示。

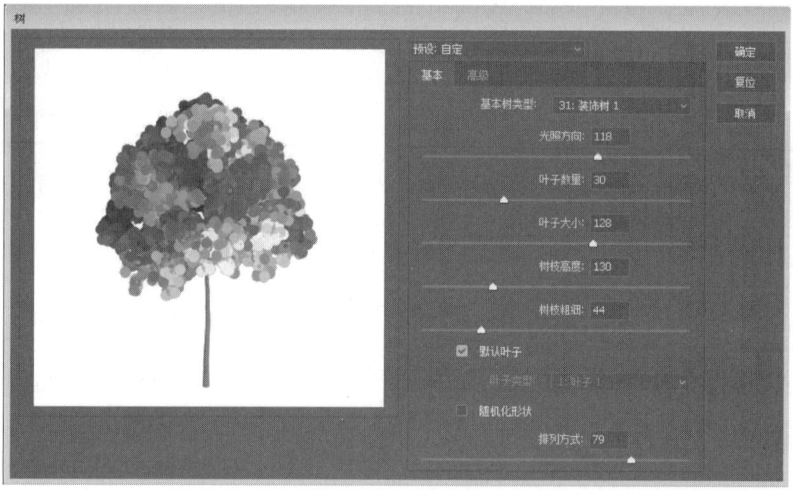

图 9-1 【树】对话框

对话框左侧为实时预览图，右侧是操作区，从上到下分为：

（1）预设区，主要用于设计树的参数。

（2）参数区，分【基本】和【高级】两个面板，它决定树长什么样。

在【基本】面板中，主要可设置如下参数。

- 基本树类型：预设的树目前有 40 多种类型可选，如图 9-2 所示。

图 9-2　基本树类型

- 光照方向：设置光从哪个方向照过来，影响树的明暗。
- 叶子数量：叶子的多少。
- 叶子大小：树叶的大小。
- 树枝高度：树有多高。
- 树枝粗细：树有多粗。
- 叶子类型：叶子类型目前有 16 种预设，可用随机的形状也可以通过参数自定义，如图 9-3 所示。

在【高级】面板中，主要可针对树的一些真实细节进行调节，如图 9-4 所示。

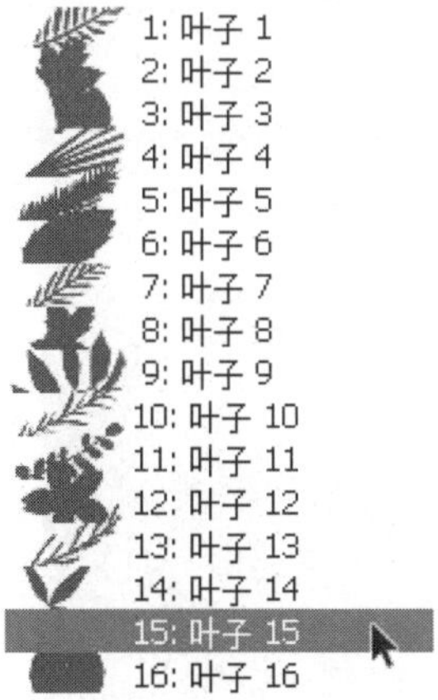

图 9-3　叶子类型

图 9-4　【高级】面板参数设置

任务 1　利用液化滤镜瘦身

9.1.1　任务目标及效果说明

本任务的目标是让学生熟练掌握使用【液化】滤镜进行人物身形的调整。【液化】滤镜可以让图像像液体一样产生扭曲变形，在【液化】对话框中使用相应的工具，可以推、拉、旋转、反射、折叠和膨胀图像的任意区域，从而使图像产生特殊的艺术效果。需要注意的是，【液化】滤镜在索引颜色模式、位图模式和多通道模式中不可用。本任务的素材如图 9-5 所示，完成的效果图如图 9-6 所示。

彩图

图 9-5　素材

图 9-6　完成的效果图

9.1.2　制作步骤

步骤 1　执行【文件】→【打开】命令，打开素材“液化瘦身.jpg”，使用【椭圆选框工具】把人物脸部选中，如图 9-7 所示。

步骤 2　执行【滤镜】→【液化】命令，进入【液化】对话框，在对话框右侧的属性栏中，在【人脸识别液化】面板中，调整鼻子、嘴唇、脸部形状的液化参数，如图 9-8 所示。

图 9-7　使用【椭圆选框工具】把人物脸部选中

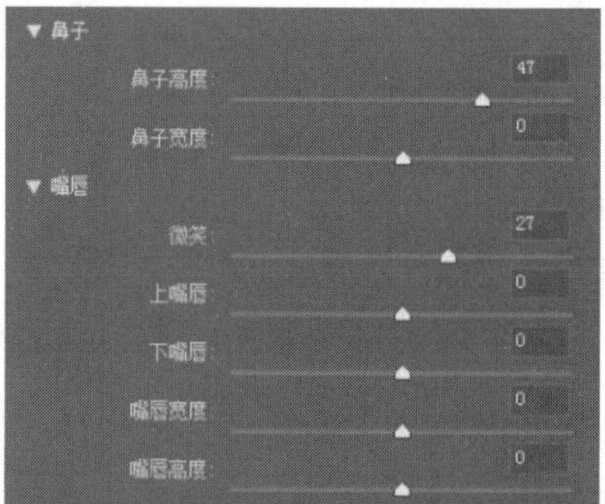

图 9-8　调整鼻子、嘴唇、脸部形状的液化参数

步骤 3　调整完成后，单击【液化】对话框下方的【确定】按钮，再执行【滤镜】→【液化】

命令，使用左侧工具栏（如图 9-9 所示）中的向前变形工具对人物整体身形进行调整，如图 9-10 所示。到此，得到完成的效果图。

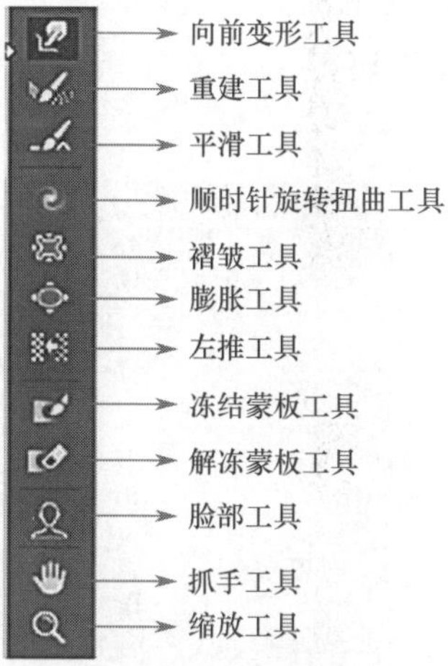

图 9-9 【液化】对话框左侧工具栏

图 9-10　身形调整

操作技巧

为了让效果更好，可做一些微调。如果改变大线条，一定要用较大笔刷，做局部小的调整时才会用到小的笔刷。

任务 2　利用高反差保留滤镜进行人物磨皮

9.2.1　任务目标及效果说明

本任务的目标是使学生理解人物磨皮的基本原理，巩固图层混合模式和图层蒙版的使用方法，让学生能够熟练掌握用【高反差保留】滤镜、【高斯模糊】滤镜和【叠加】图层混合模式实现磨皮效果，为人像处理打下良好的基础。本任务的素材如图 9-11 所示，完成的效果图如图 9-12 所示。

彩图

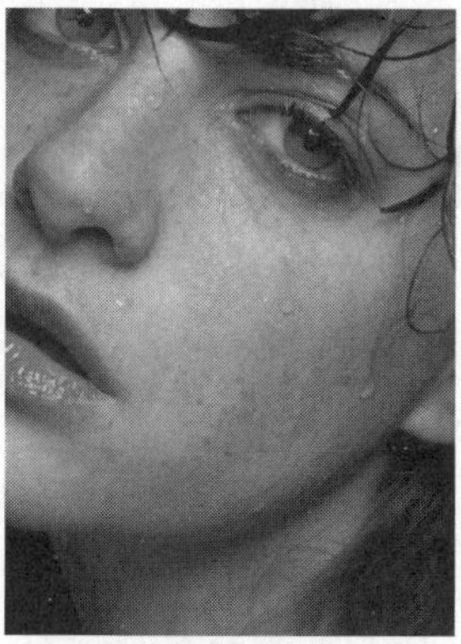

图 9-11　素材

图 9-12　完成的效果图

9.2.2 制作步骤

步骤 1 执行【文件】→【打开】命令，打开素材，执行【图层】→【新建】→【通过拷贝的图层】命令将图像复制到“图层 1”中，如图 9-13 所示。在【图层】面板中，设置图层混合模式为【叠加】，效果如图 9-14 所示。

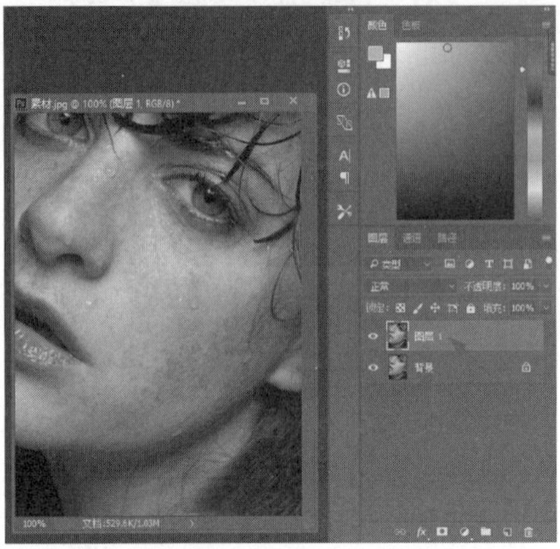

图 9-13 将图像复制到“图层 1”中

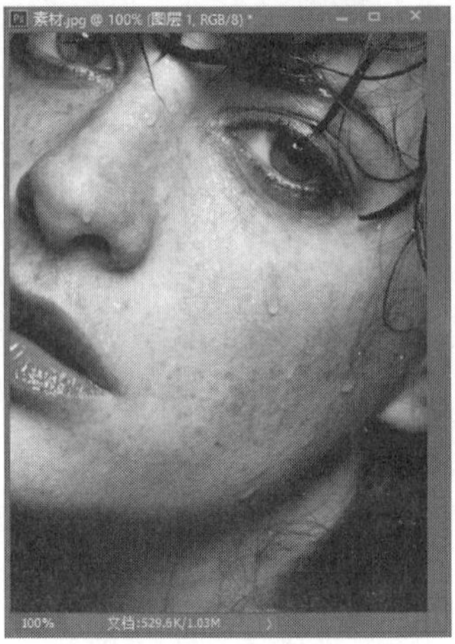

图 9-14 设置【叠加】混合模式之后的效果

步骤 2 执行【图像】→【调整】→【反相】命令，效果如图 9-15 所示。再执行【滤镜】→【其他】→【高反差保留】命令，在【高反差保留】对话框中设置半径为 10 像素，如图 9-16 所示。

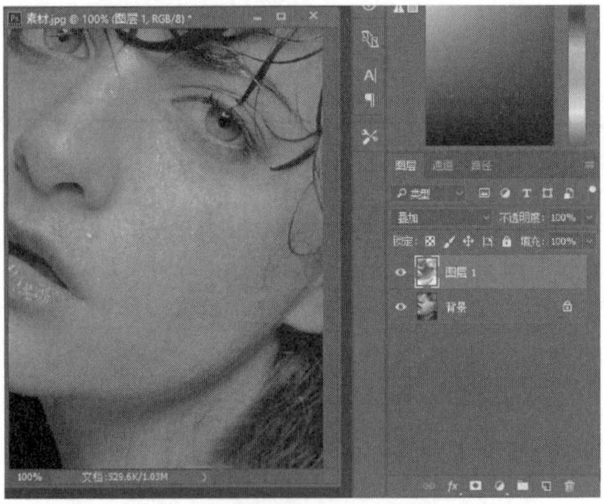

图 9-15 反相后的效果

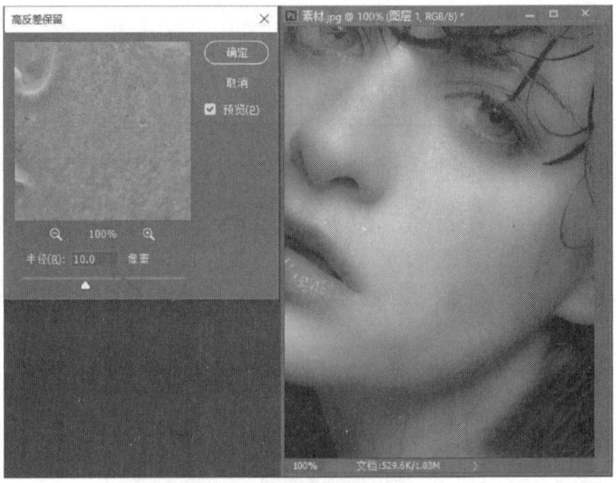

图 9-16 【高反差保留】对话框

步骤 3 按住【Alt】键不放，单击【图层】面板下方的【添加图层蒙版】按钮，为“图层 1”添加黑色蒙版，如图 9-17 所示。设置前景色为白色（#ffffff），使用【画笔工具】（大小为 80 像素，硬度为 0%）在图像中涂抹需要磨皮的部分（头发、眼睛、嘴部除外），如图 9-18 所示。

步骤 4 调整“图层 1”的不透明度为 85%，如图 9-19 所示，再执行【滤镜】→【模糊】→

【高斯模糊】命令，设置半径为 0.7 像素，以增强皮肤的质感。到此，就得到了本任务完成的效果图。

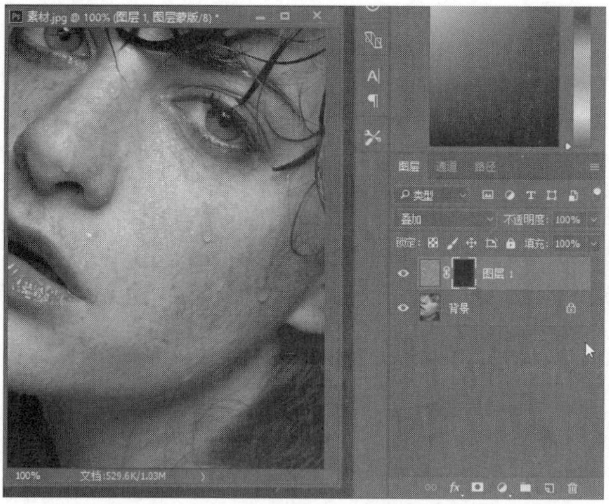

图 9-17　为“图层 1”添加黑色蒙版

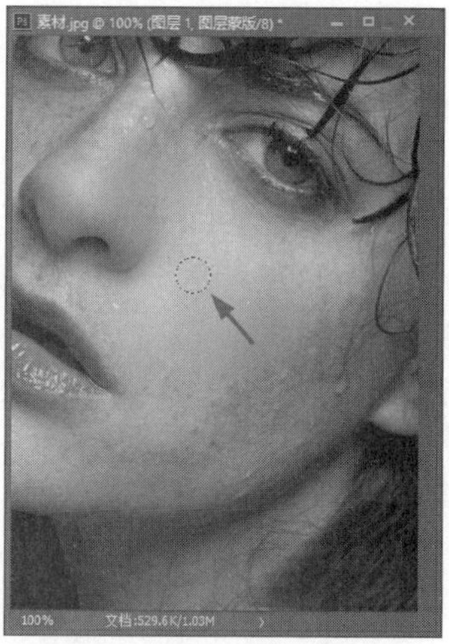

图 9-18　使用【画笔工具】涂抹

操作技巧

【高反差保留】滤镜除了可以实现磨皮，还可以很好地隐去照片中的过渡层次，特别是当将此滤镜应用于人像照片时，其能够起到突出人的五官和形体的作用，从而增强画面的艺术感染力。

【高反差保留】滤镜在有强烈颜色转变的地方按指定的半径保留边缘的细节。应用这个滤镜的结果与应用【高斯模糊】滤镜相反，它可以移去图像中间调的细节，而保留高光和阴影区域的内容。在使用【高反差保留】滤镜时，半径不要取得太大，多次使用【高反差保留】滤镜，可锐化图像，效果会更好一些。

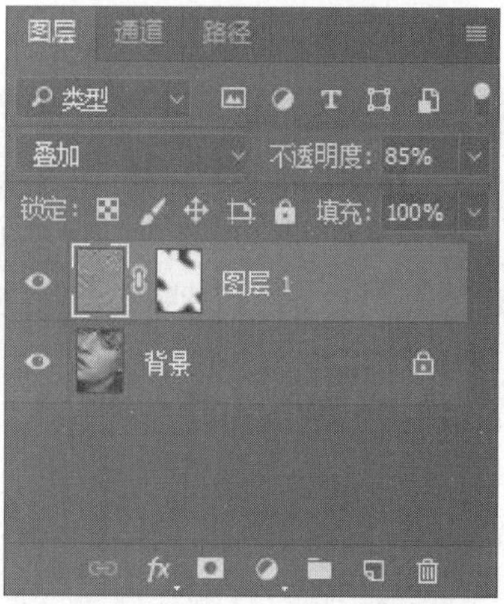

图 9-19　调整“图层 1”的不透明度为 85%

任务 3　利用滤镜制作下雪效果

9.3.1　任务目标及效果说明

本任务通过执行【滤镜】→【像素化】→【点状化】命令和【滤镜】→【模糊】→【动感模糊】命令制作下雪效果，使用图层混合模式更改图像的显示效果。本任务的素材如图 9-20 所示，完成的效果图如图 9-21 所示。

图 9-20　素材

彩图

图 9-21　完成的效果图

9.3.2　制作步骤

步骤 1　执行【文件】→【打开】命令，打开素材“房子.jpg”。创建一个图层，命名为“图层 1”，设置前景色为黑色，按【Alt】+【Delete】键为图层填充黑色，如图 9-22 所示。

图 9-22　为图层填充黑色

步骤 2　执行【滤镜】→【像素化】→【点状化】命令，在【点状化】对话框中设置单元格大小为 5，单击【确定】按钮，如图 9-23 所示。

步骤 3　执行【滤镜】→【模糊】→【动感模糊】命令，在【动感模糊】对话框中，设置角度为 54 度，距离为 5 像素，单击【确定】按钮，如图 9-24 所示。

步骤 4　在【图层】面板中设置“图层 1”的图层混合模式为【滤色】，即可得到本任务完成的效果图。

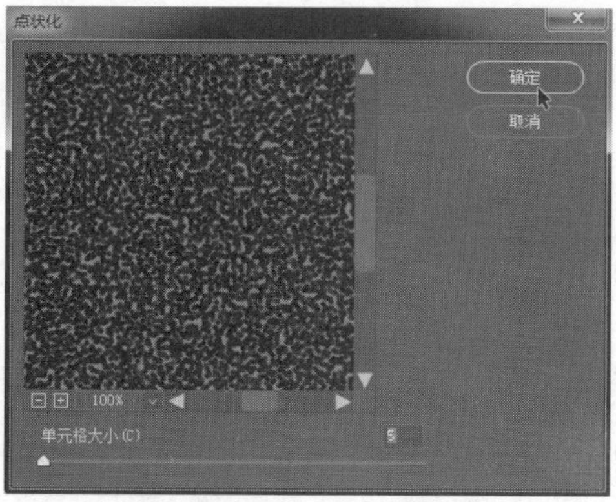

图 9-23 【点状化】对话框

图 9-24 【动感模糊】对话框

任务 4　利用树滤镜制作“松鼠乐园”

9.4.1　任务目标及效果说明

通过学习【树】滤镜，结合蒙版、路径等知识制作“松鼠乐园”插图。本任务的素材如图 9-25 所示，完成的效果图如图 9-26 所示。

图 9-25　素材

彩图

图 9-26　完成的效果图

9.4.2　制作步骤

步骤 1　执行【文件】，【新建】命令，新建一个 50cm × 20cm、分辨率为 72 像素/英寸的空白文档，命名为“利用‘树’滤镜制作松鼠乐园”。

步骤 2　使用【移动工具】选择【渐变工具】，在选项栏中单击【渐变编辑器】，弹出【渐变编辑器】对话框，按图 9-27 进行设置，设置完成后单击【新建】按钮。

步骤 3　单击“背景”图层，按住【Shift】键，由下往上拖动鼠标实现垂直渐变填充，得到如图 9-28 所示的效果。

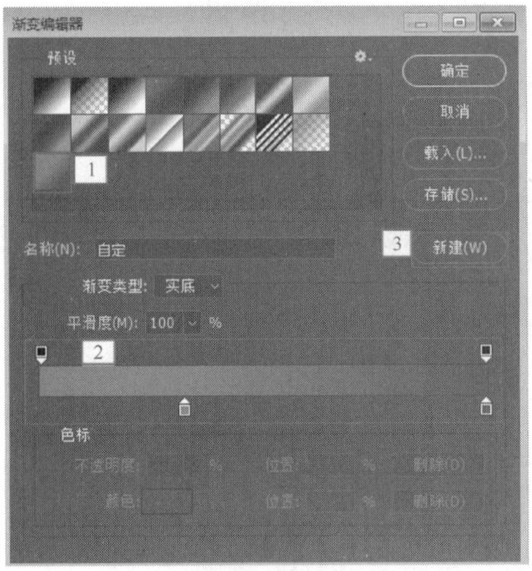

图 9-27 【渐变编辑器】对话框

图 9-28　实现垂直渐变填充

步骤 4　单击【图层】面板下方的【创建新组】按钮，创建“组 1”，将其重命名为“山”。在“山”组下面创建一个图层，将其命名为“山”。

步骤 5　执行【文件】→【打开为智能对象】命令，打开素材“山.jpg”，将其置入“利用‘树’滤镜制作松鼠乐园”文档，接着用鼠标右键单击该图层，执行【栅格化图层】命令，效果如图 9-29 所示。使用【魔棒工具】选中“山”图层中的白色背景部分，按【Delete】键删除该部分，效果如图 9-30 所示。

图 9-29 置入智能对象并栅格化图层

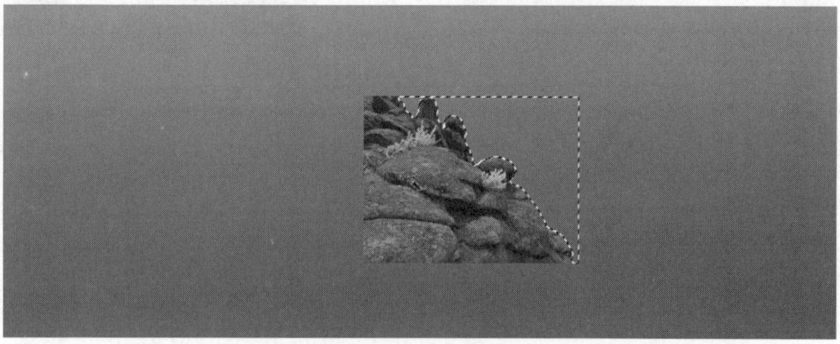

图 9-30 使用【魔棒工具】删除白色背景部分

步骤6 单击“山”图层，按住【Alt】键进行图层复制，调整两个图层的大小和位置，使用【钢笔工具】绘制路径，使用【转换点工具】调整路径，并将路径转换为选区，删除假山中的一部分，最终完成如图 9-31 所示的假山效果，具体操作过程可扫码观看视频课程讲解。

图 9-31 假山效果

步骤7 单击【图层】面板下方的【创建新组】按钮，将其重命名为“松鼠”。

步骤8 执行【文件】→【打开】命令，选择素材“松鼠 1.jpg”，然后使用【移动工具】将其移入“利用‘树’滤镜制作松鼠乐园”文档，并放置在“松鼠”组下，重命名为“松鼠 1”图层，如图 9-32 所示。

步骤9 单击“松鼠 1”图层，单击【图层】面板下方的【添加图层蒙版】按钮，将前景色设置为黑色，选择【画笔工具】，参数设置如图 9-33 所示；接下来使用【画笔工具】在图层蒙版上涂抹，如图 9-34 所示，得到如图 9-35 所示的效果。

图 9-32　移入“松鼠 1.jpg”

图 9-33　【画笔工具】参数设置

图 9-34　在图层蒙版上涂抹

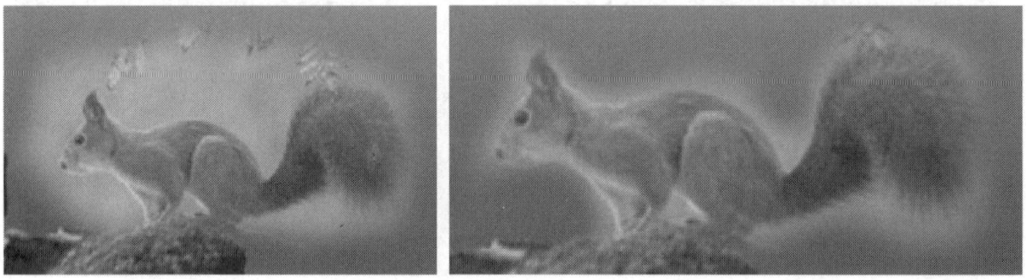

图 9-35　涂抹后的效果

图 9-36　“松鼠 1”完成效果

步骤 10　继续使用【画笔工具】涂抹松鼠四周，对于松鼠边缘的涂抹，将画笔的不透明度降低，如设置成 15%，仔细涂抹，得到如图 9-36 所示的效果。

步骤 11　用同样的方法将其他 4 只松鼠移入文件，调整其大小和位置，参考步骤 9、步骤 10，添加图层蒙版，用【画笔工具】完成涂抹，得到如图 9-37 所示的效果。

图 9-37　5 只松鼠完成效果

步骤 12　单击【图层】面板下方的【创建新组】按钮，将其重命名为“白云”。在“白云”

组下面创建一个图层，将其命名为“白云”。

步骤 13　单击【路径】面板下方的【创建新路径】按钮，创建“工作路径”，然后使用【椭圆工具】绘制椭图形，如图 9-38 所示。

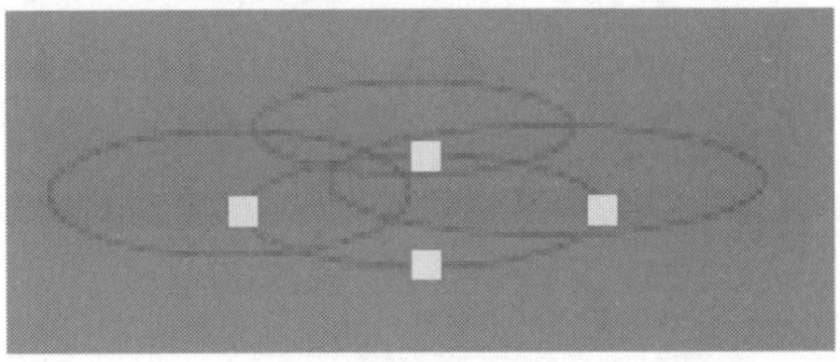

图 9-38　绘制椭图形

步骤 14　回到【路径】面板，选中“工作路径”，单击【将路径作为选区载入】按钮，将路径转换为选区；将前景色设置为白色，将选区填充为白色，效果如图 9-39、图 9-40 所示。

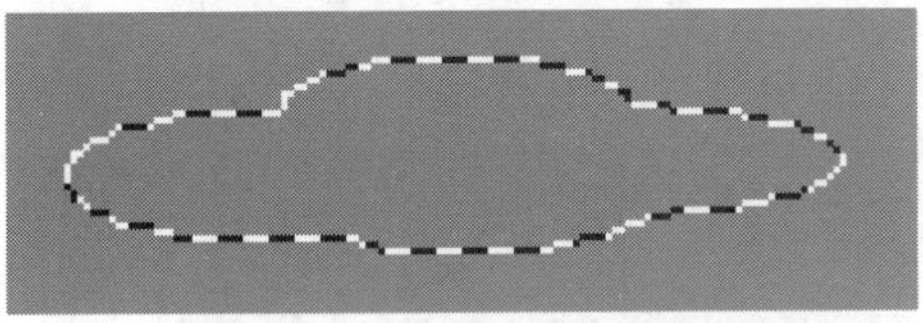

图 9-39　将路径转换为选区

图 9-40　将选区填充为白色

步骤 15　用同样的方法，制作其他白云，效果如图 9-41 所示。

图 9-41　白云完成效果图

步骤 16　单击【图层】面板下方的【创建新组】按钮，将其重命名为“樱花”。在“樱花”组下创建一个图层，将其命名为“樱花树”。

步骤 17　单击【路径】面板下方的【创建新路径】按钮，创建“工作路径”，然后使用【钢笔工具】绘制形状，如图 9-42 所示。

图 9-42　用【钢笔工具】绘制形状

步骤 18 执行【滤镜】→【渲染】→【树】命令，在弹出的【树】对话框中将基本树类型选择为【17: 樱花】，接着设置相关参数，如图 9-43 所示，参数设置效果可实时观察，设置完成后，单击【确定】按钮，效果如图 9-44 所示。

图 9-43 【树】对话框参数设置

图 9-44 添加【树】滤镜后的效果

步骤 19 为了使画面更加唯美，可使用【套索工具】抠取樱花的花瓣，放在樱花树的树枝周围。到此，得到本任务完成的效果图。

任务 5 利用极坐标滤镜制作“星球小镇”

9.5.1 任务目标及效果说明

本任务的目标是使学生理解【极坐标】滤镜的基本原理和作用，让学生能够熟练掌握【极坐标】滤镜的使用方法，并利用图层蒙版制作“星球小镇”插图，为以后的创意图像制作打下良好的基础。本任务的素材如图 9-45 所示，完成的效果图如图 9-46 所示。

图 9-45　素材

彩图

图 9-46　完成的效果图

9.5.2　制作步骤

步骤 1　执行【文件】→【打开】命令，打开素材“全景照片.jpg”，执行【图像】→【图像旋转】→【180 度】命令，旋转图像。再执行【滤镜】→【扭曲】→【极坐标】命令，在【极坐标】对话框中选择【平面坐标到极坐标】选项，如图 9-47 所示。

步骤 2　执行【图像】→【图像大小】命令，在【图像大小】对话框中将【宽度】和【高度】均设为 400 毫米，如图 9-48 所示。

步骤 3　按【Ctrl】+【J】键复制“背景”图层，得到“图层 1”，如图 9-49 所示。

步骤 4　在“图层 1”的上方创建“图层 2”，设置前景色为白色，背景色为蓝色（R：75，G：

110，B：192）。在工具栏中选择【渐变工具】，并在选项栏中选择【前景色到背景色渐变】的【径向渐变】模式，从图像窗口的中央位置向四周拖动鼠标，在“图层 2”中绘制出渐变背景，如图 9-50 所示。

图 9-47 【极坐标】对话框

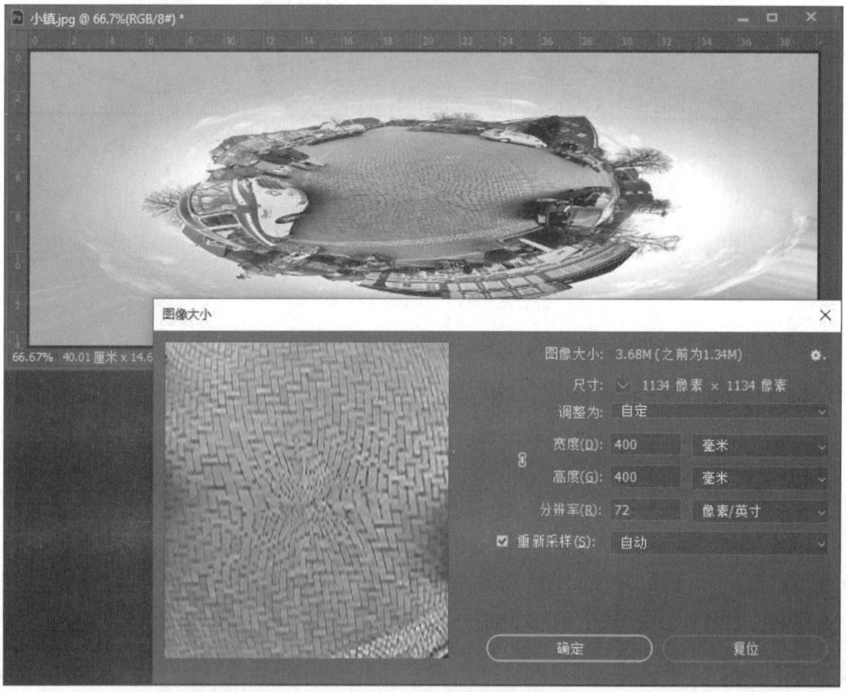

图 9-48 设置图像大小

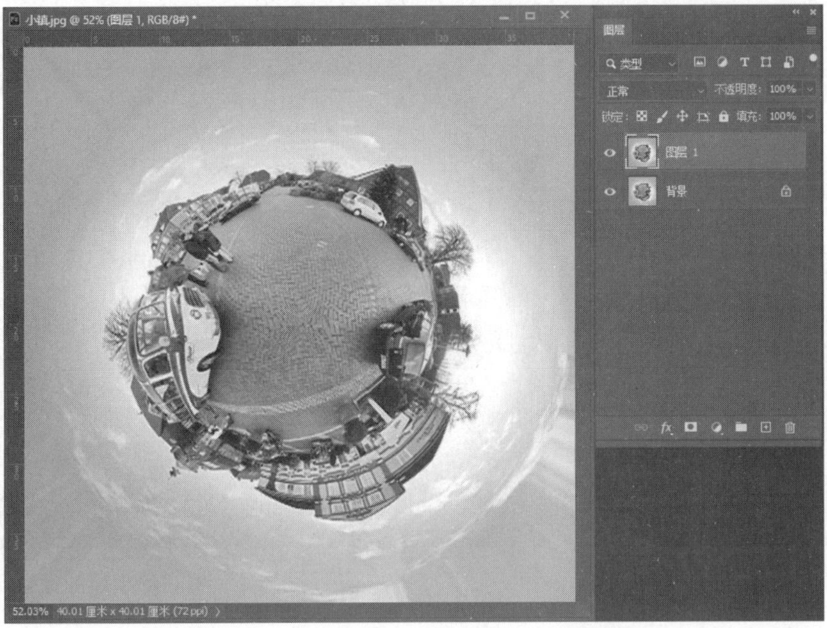

图 9-49　复制“背景”图层得到“图层 1”

图 9-50　在“图层 2”中绘制出渐变背景

步骤 5　将“图层 1”拖动到【图层】面板的最上方。按住【Alt】键单击【图层】面板下方的【添加图层蒙版】按钮，给“图层 1”添加一个黑色蒙版，如图 9-51 所示。

步骤 6　设置前景色为白色，使用【画笔工具】（笔尖大小为 400 像素，硬度为 20%）在蒙版中涂抹白色，将“图层 1”中间的小镇图像显示出来，如图 9-52 所示。到此，得到了本任务完成的效果图。

图 9-51　调整“图层 1”位置并为其添加黑色蒙版

图 9-52　把“图层 1”中间的小镇图像显示出来

课后习题

1. 使用【扭曲】滤镜、蒙版等功能，完成海底世界的制作。素材如图 9-53 所示，完成的效果图如图 9-54 所示（需自学【扭曲】滤镜相关知识和操作）。

图 9-53　素材

2. 利用【消失点】滤镜，去除照片中的杂物。素材如图 9-55 所示，完成的效果图如图 9-56 所示（需自学【消失点】滤镜相关知识和操作）。

图 9-54 完成的效果图

图 9-55 素材

图 9-56 完成的效果图

3. 执行【滤镜】→【扭曲】→【置换】命令，完成旗帜的制作。素材如图 9-57 所示，完成的效果图如图 9-58 所示。

图 9-57 素材

图 9-58 完成的效果图

项目10 综合案例

微课视频

任务1 制作“冰爽一夏”海报

10.1.1 任务目标及效果说明

通过钢笔工具、椭圆工具、路径选择工具、直接选择工具、文字工具、画笔工具等，结合图层样式及路径等操作，制作“冰爽一夏”海报。本任务完成的效果图如图10-1所示。

彩图

图10-1 完成的效果图

10.1.2 制作步骤

步骤1 制作海报背景。

（1）执行【文件】→【新建】命令，新建一个21cm×29.7cm、分辨率为300像素/英寸的空白文档，将其命名为“制作‘冰爽一夏’海报”并保存。

（2）使用【移动工具】单击【设置前景色】按钮，设置前景色（#f6f5f1）和背景色（#f796b4）。

（3）选择【渐变工具】，选择【线性渐变】模式，在“背景”图层上进行从下往上的线性渐变，效果如图 10-2 所示。

（4）使用【移动工具】单击【设置前景色】按钮，设置前景色（#1c9c97）。选择【钢笔工具】，在选项栏中选择【形状】模式并设置【填充】颜色，如图 10-3 所示。接下来使用【钢笔工具】进行形状绘制，得到海报背景，如图 10-4 所示。

图 10-2　渐变背景

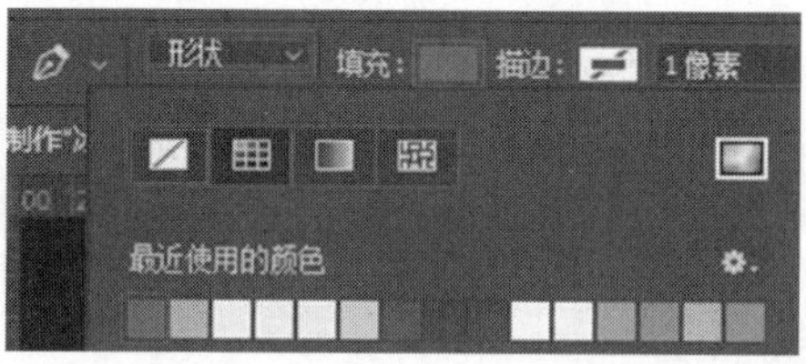

图 10-3　选择【形状】模式并设置【填充】颜色

图 10-4　海报背景

步骤 2　绘制玻璃杯。

（1）创建新组，命名为“冰淇淋”。选择【椭圆工具】，在选项栏中选择【路径】模式，如图 10-5 所示，然后绘制杯口，如图 10-6 所示。接下来使用【钢笔工具】绘制杯身和杯脚，如图 10-7、图 10-8 所示。

图 10-5　选择【路径】模式

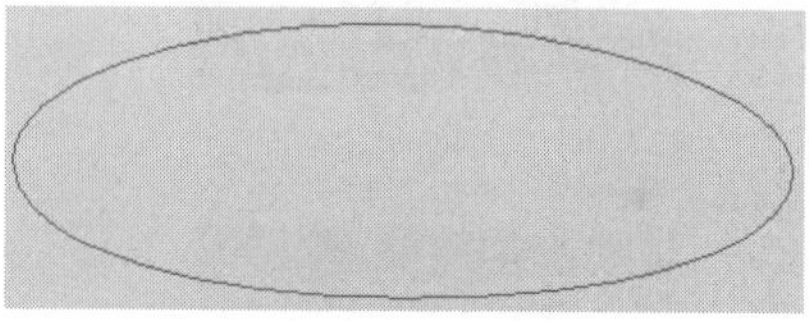
图 10-6　绘制杯口

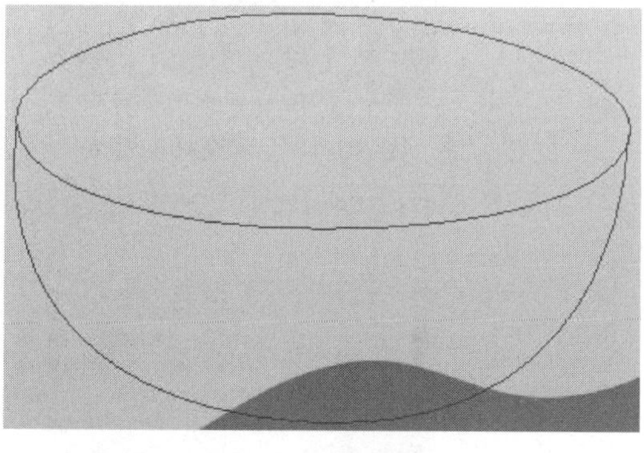
图 10-7　绘制杯身

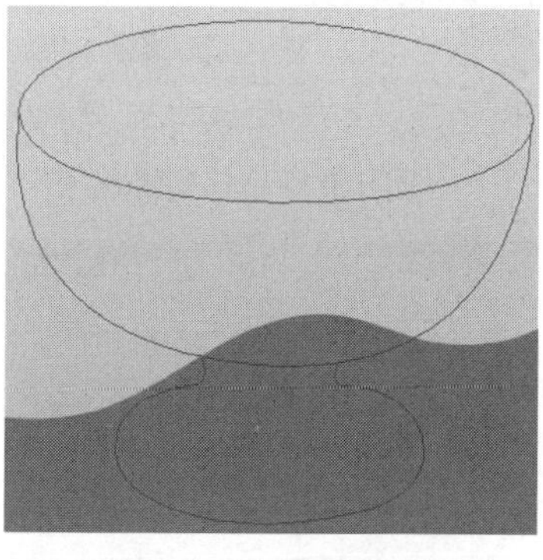
图 10-8　绘制杯脚

（2）玻璃杯描边。创建一个图层，命名为“玻璃杯轮廓”。设置前景色为白色（#ffffff）。选择【画笔工具】，在选项栏中设置画笔参数，如图 10-9 所示。接下来单击【路径】面板，在其左下角单击【用前景色填充路径】按钮，完成玻璃杯轮廓描边，如图 10-10 所示。

（3）选择【魔棒工具】，选中杯口，如图 10-11 所示。执行【选择】→【修改】→【扩展】命令，设置扩展量为 2 像素，如图 10-12 所示。使用【移动工具】选择【拾色器】，分别设置前景色（#f6f5e7）和背景色（#f6f1a4）。然后使用【移动工具】选择【渐变工具】，在选项栏中选择【线性渐变】模式，使用前景色和背景色进行线性渐变，填充杯口颜色，如图 10-13 所示。

（4）参考本任务中步骤 2 中的第（3）步，完成杯身颜色的渐变设置，并填充杯脚颜色（#f9f27c），如图 10-14、图 10-15 所示。

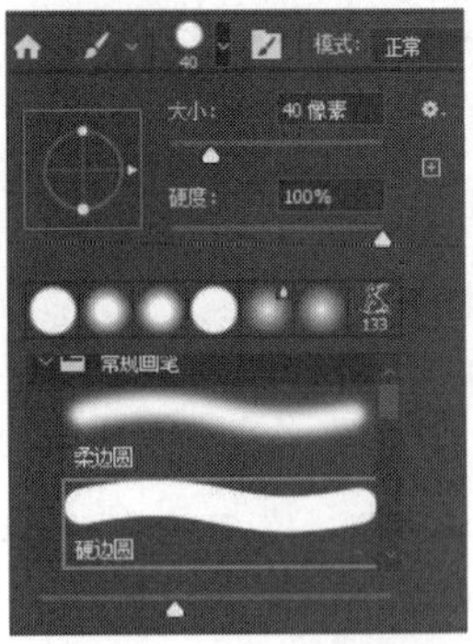

图 10-9　设置画笔参数

图 10-10　用【画笔工具】完成玻璃杯轮廓描边

图 10-11　用【魔棒工具】选中杯口

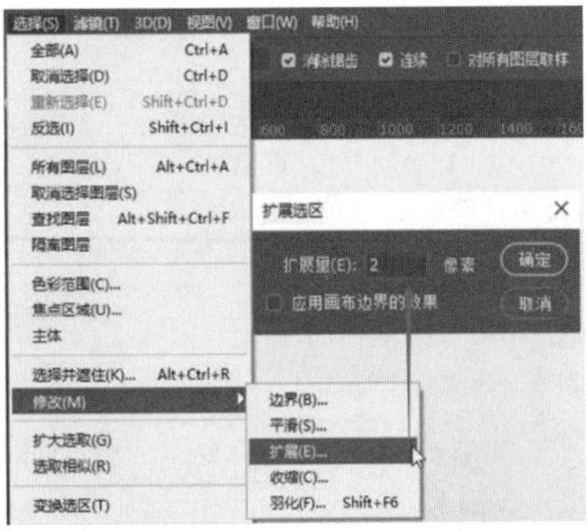

图 10-12　扩展选区

图 10-13　填充杯口颜色

图 10-14　杯身颜色的渐变设置

图 10-15　填充杯脚颜色

（5）绘制高光效果。使用【钢笔工具】绘制弧线，如图 10-16 所示。设置画笔参数，如图 10-17 所示。参考本任务中步骤 2 中的第（2）步，完成描边，如图 10-18 所示。为了让高光效果看起来更加自然，使用【模糊工具】对高光部分进行模糊操作，效果如图 10-19 所示。玻璃杯完成效果如图 10-20 所示。

图 10-16　绘制弧线

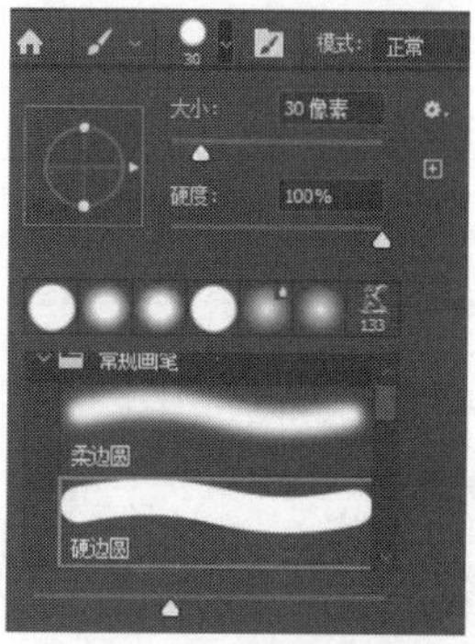

图 10-17　设置画笔参数

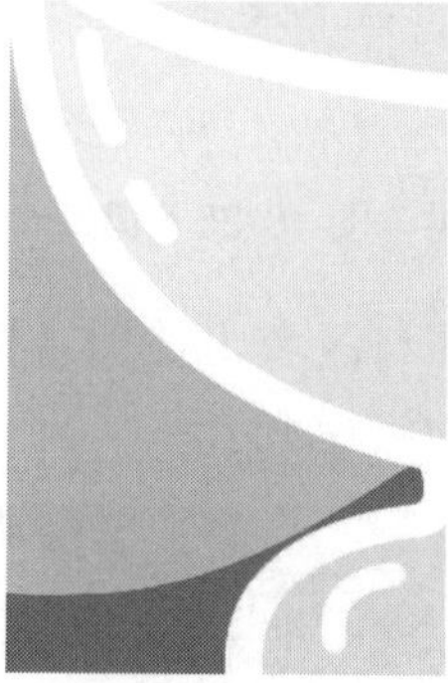

图 10-18　描边

图 10-19　模糊操作

图 10-20　玻璃杯完成效果

步骤 3　制作冰淇淋。

（1）绘制第 1 个冰淇淋。使用【椭圆工具】绘制一个圆，设置前景色（#abf2ec），按【Alt】+【Delete】键填充前景色；使用同样的方法绘制巧克力浆路径，设置填充颜色（#55c4ba）并填充，如图 10-21 所示。

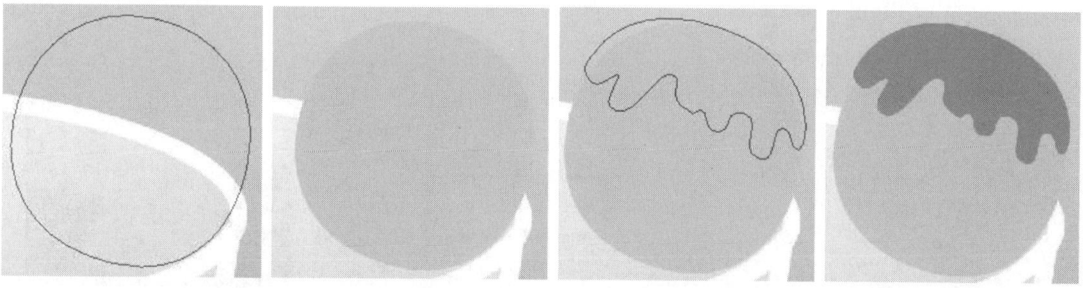

（a）绘制一个圆　（b）填充前景色　（c）绘制巧克力浆路径　（d）填充巧克力浆颜色

图 10-21　绘制第 1 个冰淇淋

（2）绘制其他 4 个冰淇淋，其他 4 个冰淇淋的主体填充颜色和巧克力浆填充颜色如表 10-1 所示。

表 10-1　其他 4 个冰淇淋的主体填充颜色和巧克力浆填充颜色

对　　象	主体填充颜色	巧克力浆填充颜色
第 2 个冰淇淋	#f2a4cb	#de6fa6
第 3 个冰淇淋	#f9f27c	#faf7ca
第 4 个冰淇淋	#c5bb04	#eef5c1
第 5 个冰淇淋	#9098d5	#d4d4ea

绘制效果如图 10-22～图 10-25 所示。

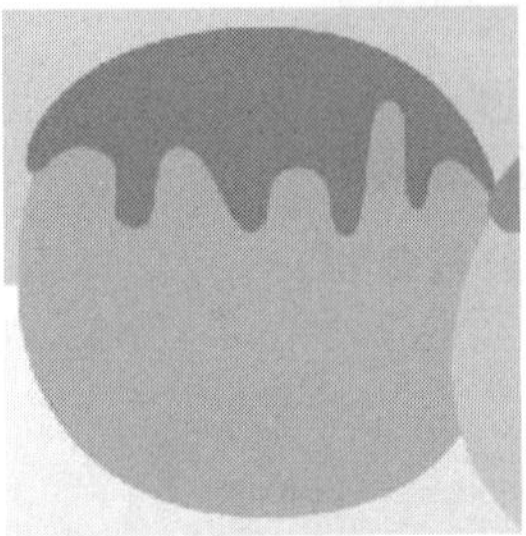
图 10-22　第 2 个冰淇淋

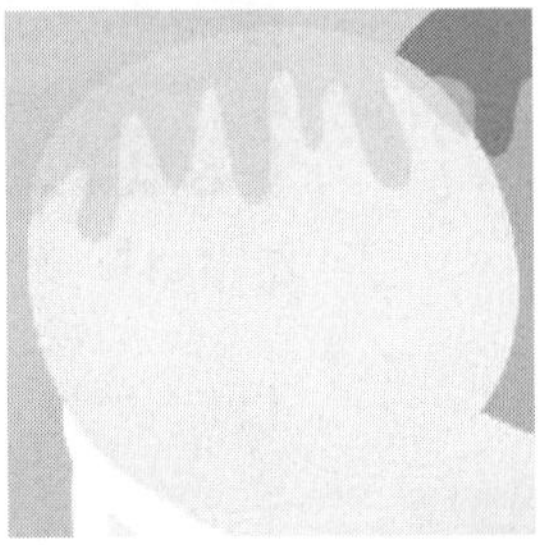
图 10-23　第 3 个冰淇淋

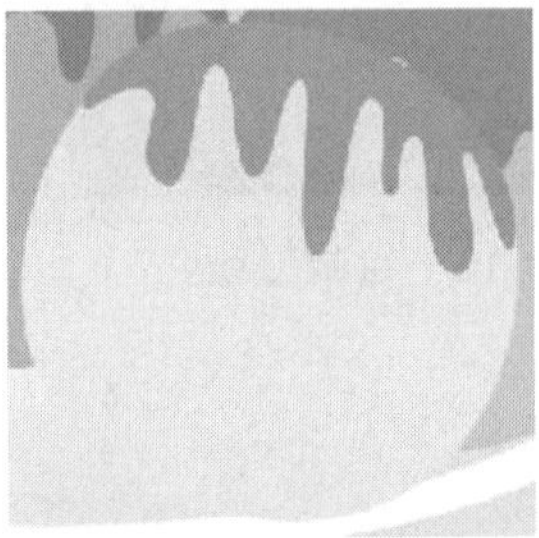
图 10-24　第 4 个冰淇淋

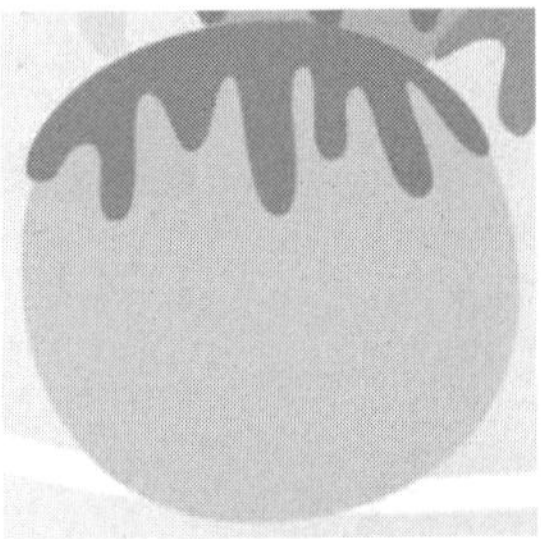
图 10-25　第 5 个冰淇淋

（3）将超出杯口部分的冰淇淋擦除。使用【魔棒工具】选中杯口区域，使用【橡皮擦工具】擦除第 4 个冰淇淋和第 5 个冰淇淋的多余部分，效果如图 10-26 所示。

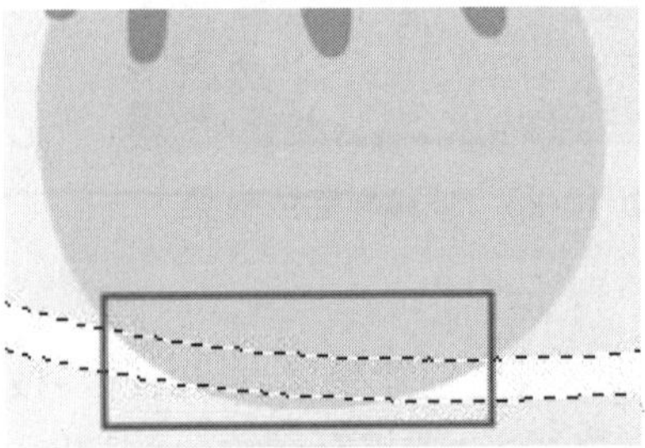
(a) 使用【魔棒工具】选中杯口区域

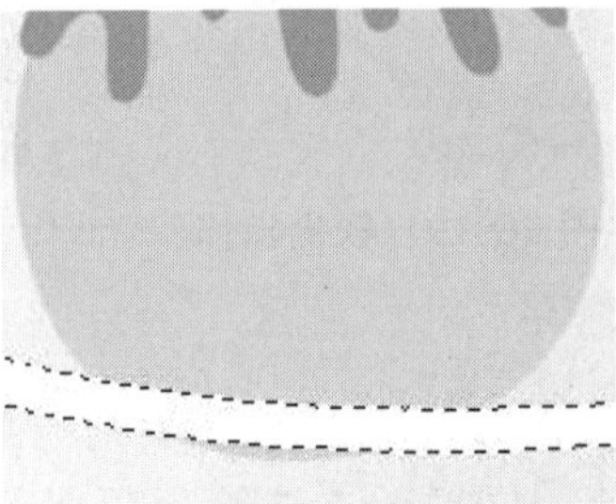
(b) 使用【橡皮擦工具】擦除杯沿部分

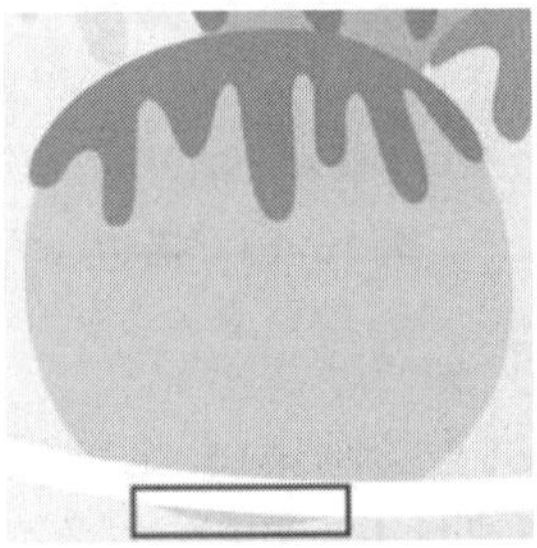
(c) 擦除第 5 个冰淇淋多余的部分

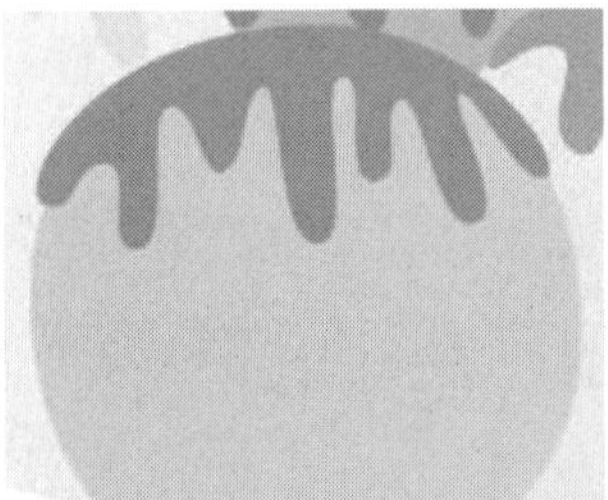
(d) 第 5 个冰淇淋多余部分擦除效果

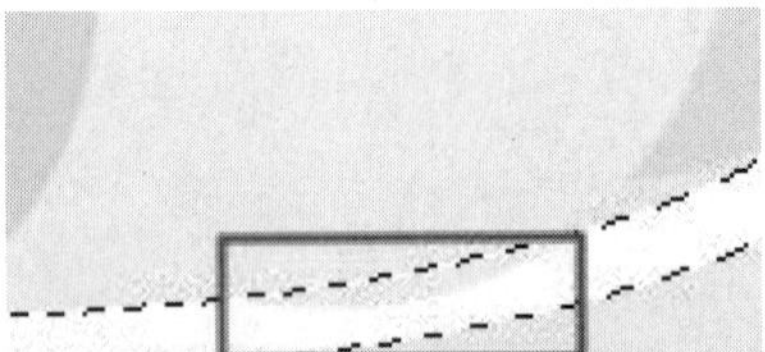
(e) 擦除第 4 个冰淇淋多余的部分

(f) 完成擦除

图 10-26　擦除多余部分后的效果

步骤 4　绘制吸管。

（1）创建新组，命名为“吸管”。使用【移动工具】选择【拾色器】，设置前景色为白色（#ffffff）。接下来使用【矩形工具】绘制一个矩形，设置吸管的宽和高，如图 10-27、图 10-28 所示。

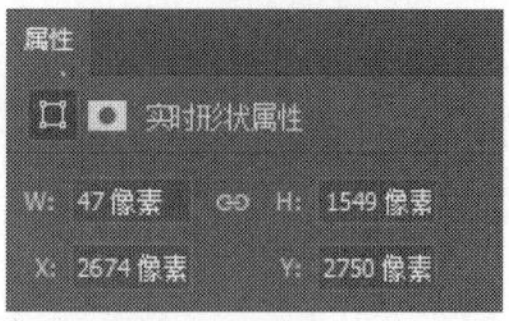

图 10-27　设置吸管的宽和高

（2）绘制吸管的条纹。使用【移动工具】选择【拾色器】，设置前景色为浅蓝色（#a3fefa）。使用【矩形工具】绘制横向的矩形，得到“矩形 1”形状图层，如图 10-29 所示。在按下【Alt】键的同时，使用【路径选择工具】将矩形选中，复制出多个矩形，效果如图 10-30 所示。

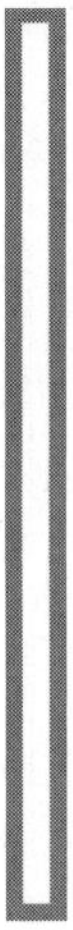
图 10-28　绘制矩形

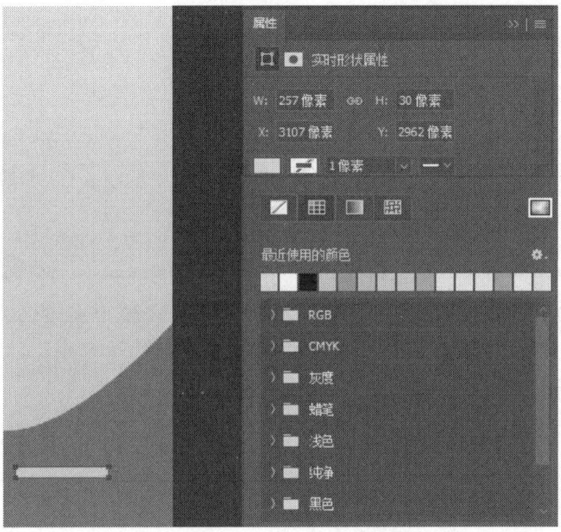

图 10-29　绘制横向的矩形

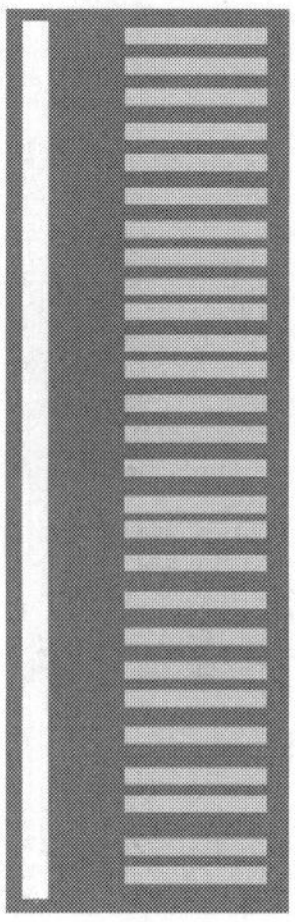
图 10-30　复制出多个矩形

（3）将所有矩形选中，在选项栏中单击【路径对齐方式】按钮，完成所有横向矩形水平垂直居中分布设置，如图 10-31 所示，效果如图 10-32 所示。然后设置所有横向矩形旋转 5° 5.00 度，效果如图 10-33 所示。最后选中“矩形 1”形状图层，按【Alt】+【Ctrl】+【G】键，创建剪贴蒙版，完成第 1 根吸管的制作，将制作好的第 1 根吸管移动到合适的位置处，第 1 根吸管完成效果如图 10-34 所示。

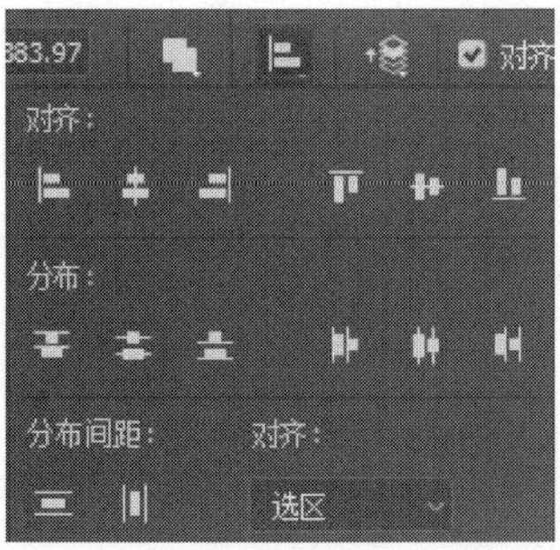

图 10-31　设置水平垂直居中分布

图 10-32　水平垂直居中分布效果

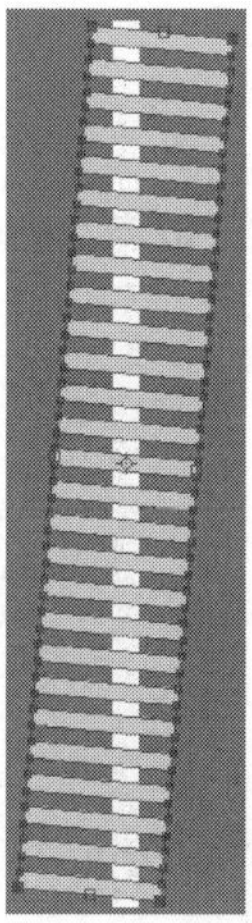
图 10-33　旋转后的效果

（4）制作第 2 根吸管。复制“吸管”组，得到“吸管 拷贝”组。选择【路径选择工具】，在选项栏中设置填充颜色为浅粉色（#fea3ce），将制作好的第 2 根吸管移动到合适的位置处。第 2 根吸管完成效果如图 10-35 所示。

图 10-34　第 1 根吸管完成效果

图 10-35　第 2 根吸管完成效果

步骤 5 制作海报主体文字——ICECREAM。

（1）输入文字。使用【移动工具】选择【横排文字工具】，设置字体为 Arial Rounded MT Bold，字号为 160 点，字体颜色为蓝色（#0ce0f9），输入文字“ICECREAM”，如图 10-36 所示。

（2）文字描边。执行【编辑】→【描边】命令，描边的参数设置如图 10-37 所示。文字描边效果如图 3-38 所示。

图 10-36　输入文字

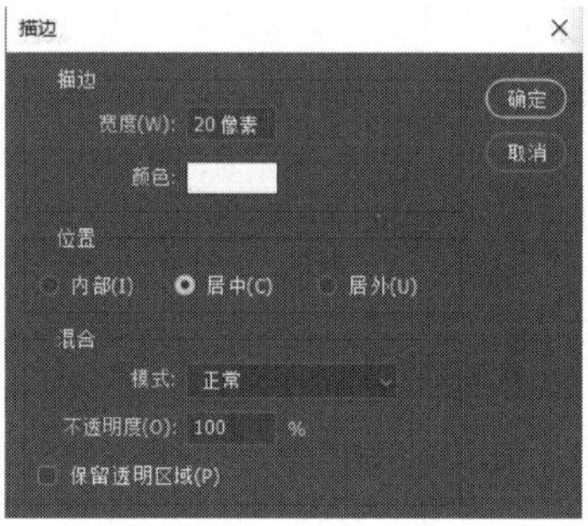

图 10-37　描边的参数设置

图 10-38　文字描边效果

步骤 6 制作彩色气球

（1）创建新组，命名为“气球”。设置前景色为浅紫色（#f4c1f6），选择【椭圆工具】，在选项栏中选择【形状】模式，绘制一个椭圆作为气球，如图 10-39 所示。接下来使用【钢笔工具】绘制气球的棉线，如图 10-40 所示。然后选择【画笔工具】，在选项栏中设置画笔参数，如图 10-41 所示。设置棉线的颜色为白色（#ffffff），参考本任务步骤 2 中的第（2）步，完成棉线的描边。第 1 个气球完成效果如图 10-42 所示。

图 10-39　绘制椭圆

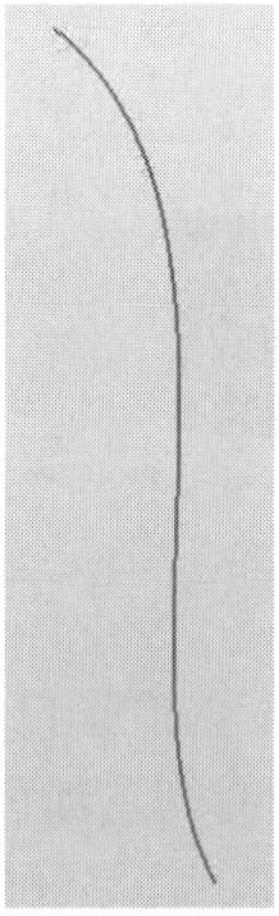

图 10-40　绘制棉线

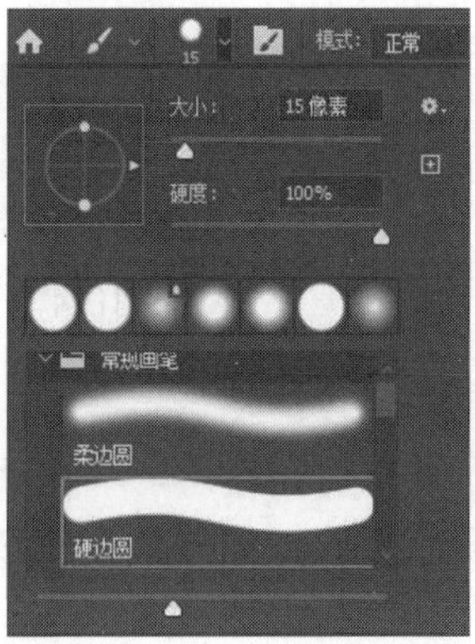

图 10-41　设置画笔参数

（2）参考上面的步骤，完成第 2、3 个气球的绘制。3 个气球完成效果如图 10-43 所示。

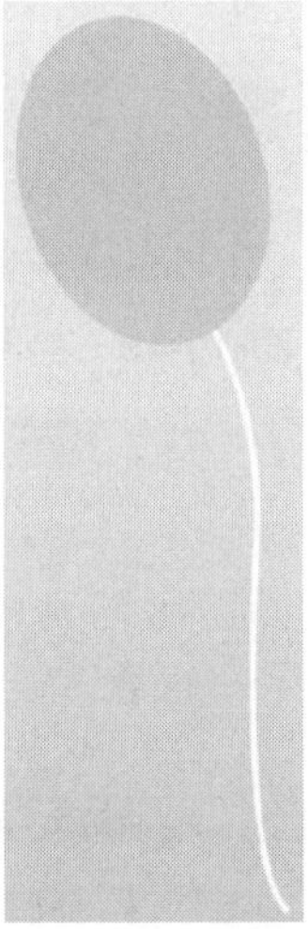

图 10-42　第 1 个气球完成效果

图 10-43　3 个气球完成效果

（3）绘制蝴蝶结。

创建新组，命名为“蝴蝶结”。使用【钢笔工具】绘制蝴蝶结形状，使用【转换点工具】调整好蝴蝶结形状，如图 10-44 所示。设置蝴蝶结的填充颜色为紫色（#f386f7）并完成填充，如图 10-45 所示。填充完毕后，执行【选择】→【修改】→【收缩】命令，设置收缩量，如图 10-46 所示。接下来设置内部填充颜色为浅紫色（#f4c1f6）并填充，如图 10-47 所示。然后将蝴蝶结移到合适的位置，实现的效果如图 10-48 所示。

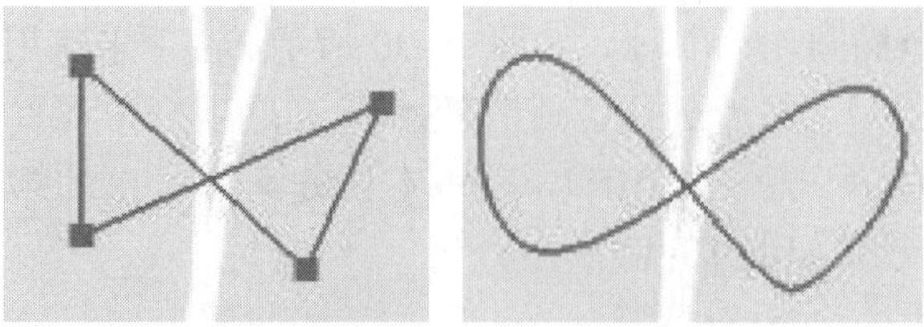

图 10-44　绘制蝴蝶结

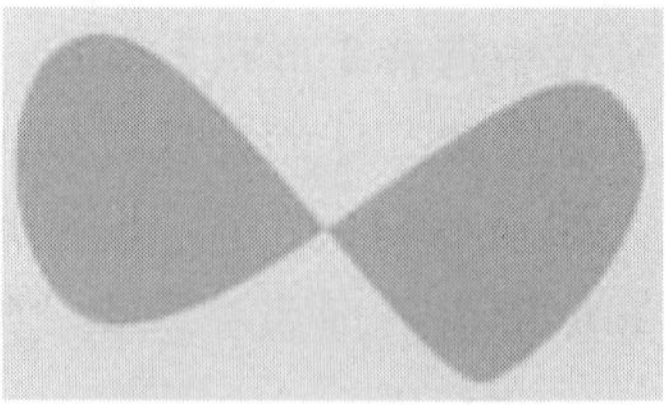

图 10-45　填充颜色

图 10-46　设置收缩量

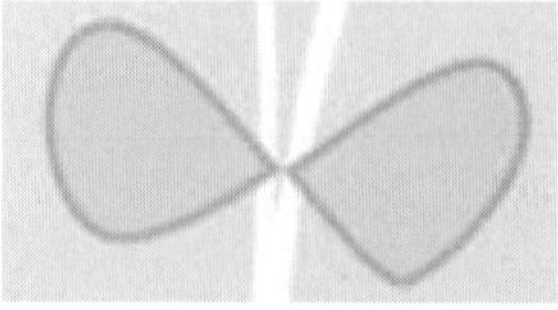

图 10-47　内部填充颜色

步骤 7　制作价格。

（1）创建新组，命名为“价格”。设置前景色为白色（#ffffff），选择【椭圆工具】，在选项栏中选择【形状】模式，绘制多个椭圆，如图 10-49 所示。使用【路径选择工具】将所有椭圆选中，按【Ctrl】+【Enter】键，将路径转换为选区，如图 10-50 所示。按【Alt】+【Delete】键填充前景色，绘制白色云朵，如图 10-51 所示。

图 10-48　实现的效果

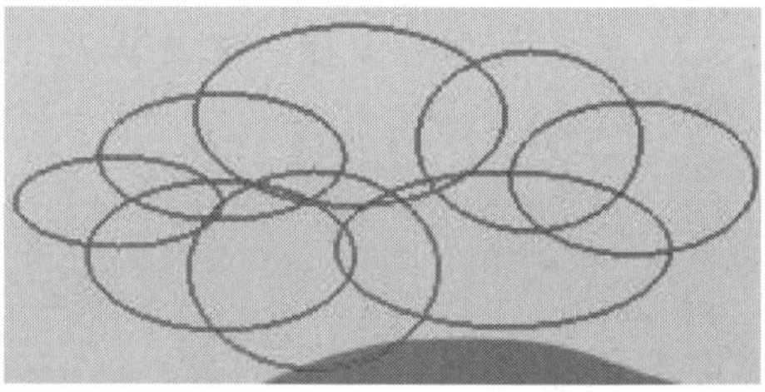

图 10-49　绘制多个椭圆

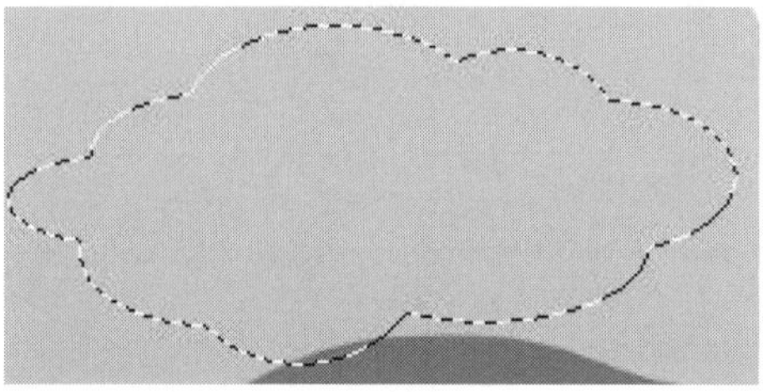

图 10-50　将路径转换为选区

图 10-51　绘制白色云朵

（2）重新设置前景色为浅绿色（#a2fab0）。使用【路径选择工具】将所有椭圆选中，在选项栏中设置【W】和【H】为 80%，将其缩小为原来的 80%，效果如图 10-52 所示。参考上面的步骤（1），完成将路径转换为选区操作并填充颜色，效果如图 10-53 所示。

（3）输入文字。使用【移动工具】选择【横排文字工具】，设置字体为华康娃娃体 W5（P），字号为 54 点。使用【移动工具】选择【拾色器】，设置字体颜色为橘色（#e0ba06），输入文字“新品上市”，如图 10-54 所示。设置前景色为白色（#ffffff），输入价格“18 元/杯”，如图 10-55 所示。

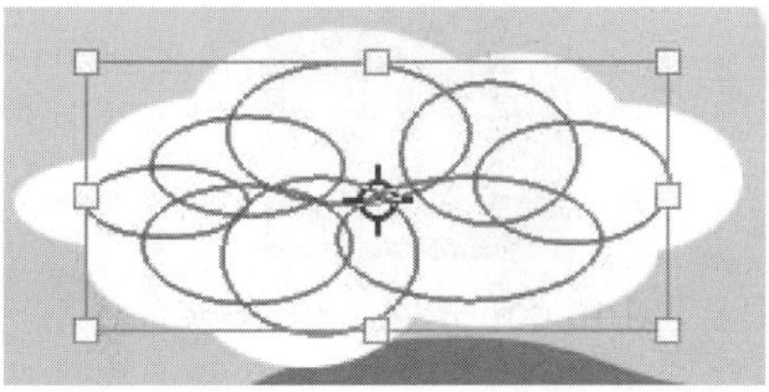

图 10-52 选中所有椭圆

图 10-53 将路径转换为选区并填充颜色

图 10-54 输入文字“新品上市”

图 10-55 输入价格“18 元/杯”

步骤8 制作广告语 1——冰爽一夏。

（1）创建新组，命名为“广告语”。使用【移动工具】选择【横排文字工具】，设置字体为华康娃娃体 W5（P），字号为 120 点。使用【移动工具】选择【拾色器】，设置字体颜色为白色（#ffffff），输入文字“冰爽一夏”，如图 10-56 所示。

（2）制作“冰”字艺术效果。创建一个图层，命名为“水”。设置前景色为黄色（#ffff00）。使用【移动工具】单击“冰爽一夏”文字图层，接下来单击该图层的缩略图，如图 10-57 所示，选中所有文字区域，如图 10-58 所示。然后使用【移动工具】选择【矩形选框工具】，在选项栏中单击【与选区交叉】按钮，在“冰”字右侧“水”字所属的位置绘制一个矩形，得到“水”字所属的选区，如图 10-59 所示，按【Alt】+【Enter】键填充前景色，如图 10-60 所示。

图 10-56 输入文字“冰爽一夏”

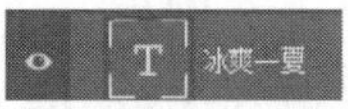

图 10-57 单击缩略图

图 10-58 选中所有文字区域

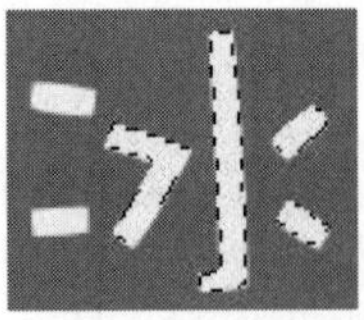

图 10-59　得到“水”字所属的选区

图 10-60　填充“水”字颜色

（3）下面来制作“冰”字左侧两点水的艺术效果。创建一个图层，命名为“水-两点”。用鼠标右键单击文字图层“冰爽一夏”，执行【栅格化文字】命令，得到普通图层。使用【橡皮擦工具】擦除掉“冰”字左侧的两点水。然后选择【画笔工具】，设置画笔参数，如图 10-61 所示，使用【画笔工具】绘制第 1 个圆点，如图 10-62 所示。再次设置画笔参数，如图 10-63 所示，使用【画笔工具】绘制第 2 个圆点，如图 10-64 所示。设置“水-两点”图层的混合模式为“溶解”，完成“冰”字艺术效果，如图 10-65 所示。

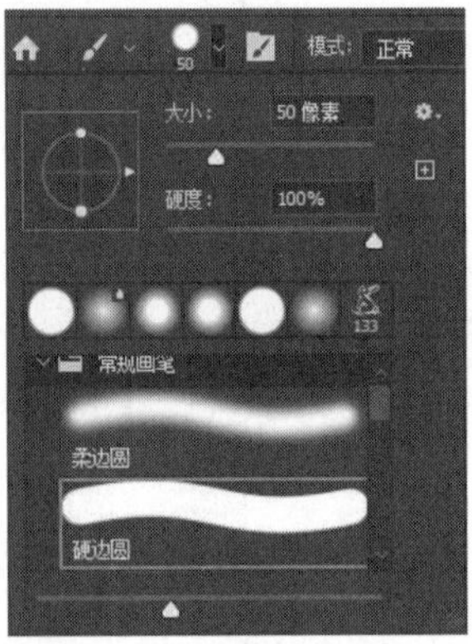

图 10-61　设置画笔参数

图 10-62　绘制第 1 个圆点

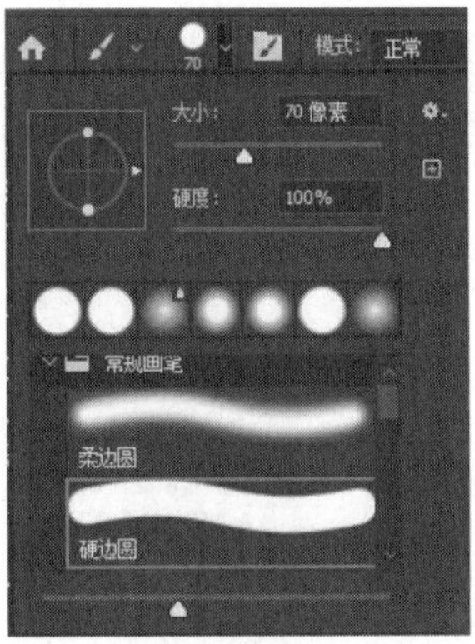

图 10-63　再次设置画笔参数

图 10-64　绘制第 2 个圆点

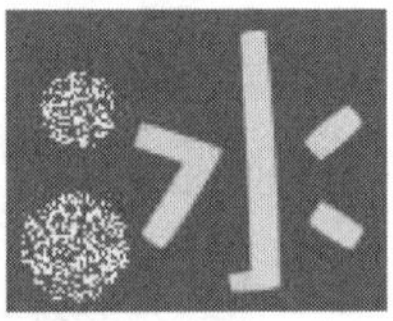

图 10-65　“冰”字艺术效果

（4）制作“爽”字艺术效果。创建一个图层，命名为“爽”。参考上面的第（2）步，完成“爽”字艺术效果，填充颜色为绿色（#14c16e），效果如图 10-66 所示。

（5）制作“夏”字艺术效果。创建一个图层，命名为“夏”。参考上面的第（2）步，完成“夏”字艺术效果，填充颜色为绿色（#14c16e），效果如图 10-67 所示。

“冰爽一夏”艺术字完成效果如图 10-68 所示。

图 10-66　“爽”字艺术效果

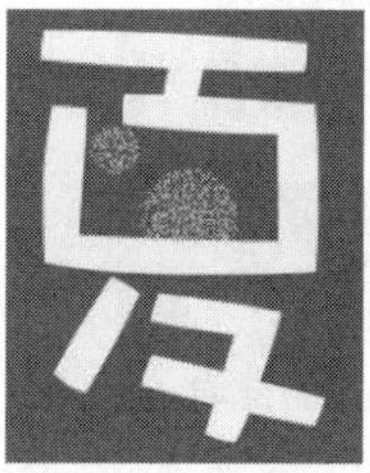

图 10-67　“夏”字艺术效果

图 10-68　“冰爽一夏”艺术字完成效果

步骤 9　制作广告语 2——快乐无限。

（1）参考步骤 8，完成广告语 2“快乐无限”的文字输入、栅格化图层和多余部分的擦除，如图 10-69、图 10-70 所示。

（2）制作“快”字艺术效果。创建一个图层，命名为“快”。参考步骤 8 第（2）步完成“快”字艺术效果，填充颜色为粉色（#f7b1c5），效果如图 10-71 所示。

图 10-69　输入文字“快乐无限”

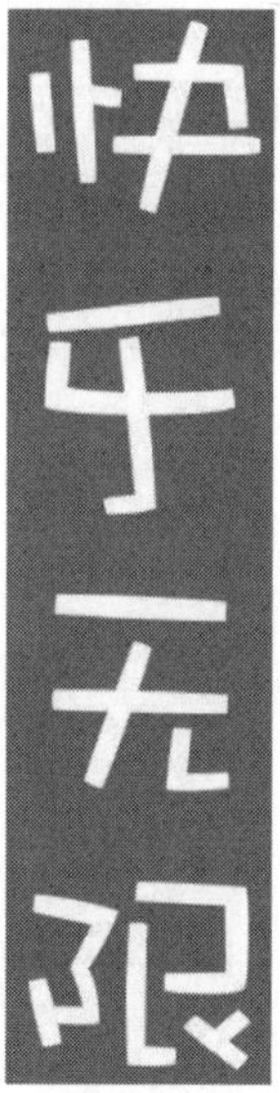

图 10-70　擦除多余的部分

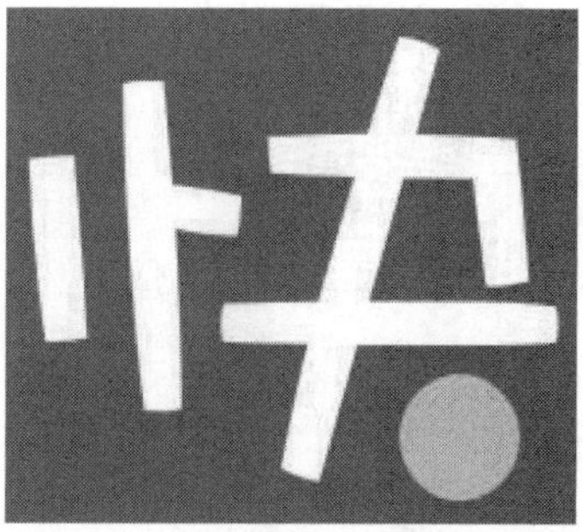

图 10-71　“快”字艺术效果

（3）制作“乐”字艺术效果。创建一个图层，命名为“乐”。参考步骤 8 第（2）步完成“乐”字艺术效果，填充颜色为浅绿色（#72c25e），效果如图 10-72 所示。

（4）制作“限”字艺术效果。创建一个图层，命名为“限”。参考步骤 8 第（2）步完成“限”字艺术效果，填充颜色为墨绿色（#727e5e），效果如图 10-73 所示。

“快乐无限”艺术字完成效果如图 10-74 所示。至此，得到本任务完成的效果图。

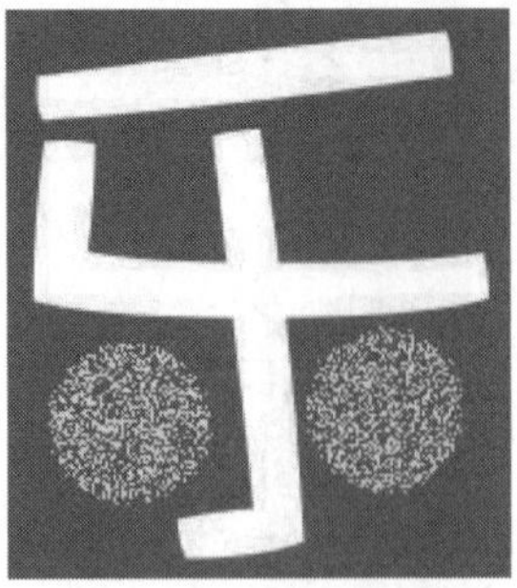

图 10-72 “乐”字艺术效果

图 10-73 “限”字艺术效果

图 10-74 “快乐无限”艺术字完成效果

任务 2　绘制国画兰花

10.2.1　任务目标及效果说明

综合使用画笔工具、钢笔工具、涂抹工具、加深减淡工具、模糊工具、文字工具、矩形选框工具、【描边】命令等，绘制“梅兰菊竹”四大君子之一“兰”。本任务的素材如图 10-75 所示，完成的效果图如图 10-76 所示。

彩图

图 10-75　素材

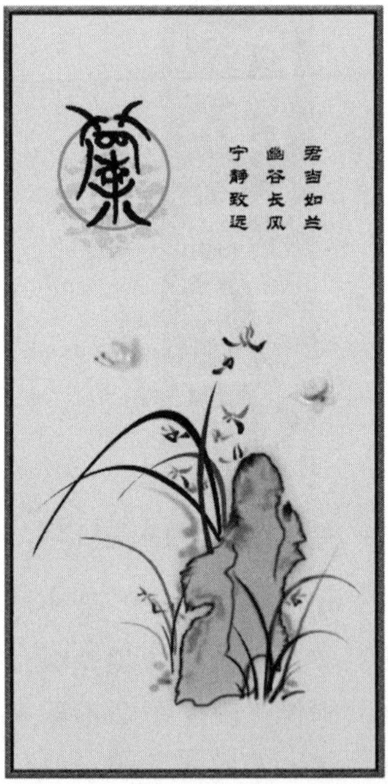

图 10-76　完成的效果图

10.2.2　制作步骤

步骤 1　执行【文件】→【新建】命令，新建一个 60 厘米×30 厘米，分辨率为 100 像素/英寸的空白文档。

步骤 2　单击【图层】面板下方的【创建新组】按钮，创建一个“组 1”，将其重命名为“山”。在“山”组下面创建一个图层，将其命名为“山形”。将前景色设置为黑色，选择【画笔工具】，设置画笔样式为【硬边圆】，大小为【3 像素】，绘制山的形状，效果如图 10-77 所示。

步骤 3　选择【涂抹工具】，如图 10-78 所示，在选项栏中将模式设为【正常】，强度设为【50%】，大小设为【6】，进行仔细涂抹，效果如图 10-79 所示。

图 10-77　绘制山的形状

图 10-78　选择【涂抹工具】

图 10-79　涂抹效果

步骤 4　将前景色设置为棕色（#877a69），使用【画笔工具】绘制山的纹路，以及使用【涂抹工具】进行仔细涂抹，效果如图 10-80 所示。

步骤 5　将前景色设置浅棕色（#c2b29a），设置【画笔工具】的画笔样式为【柔边圆】，对“山”进行上色，效果如图 10-81、图 10-82 所示。

图 10-80　绘制及涂抹

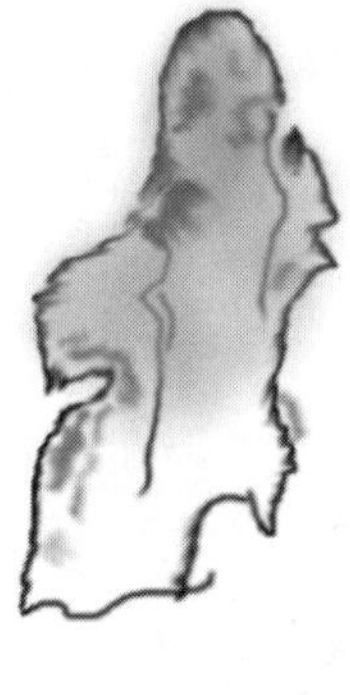

图 10-81　对“山”进行上色

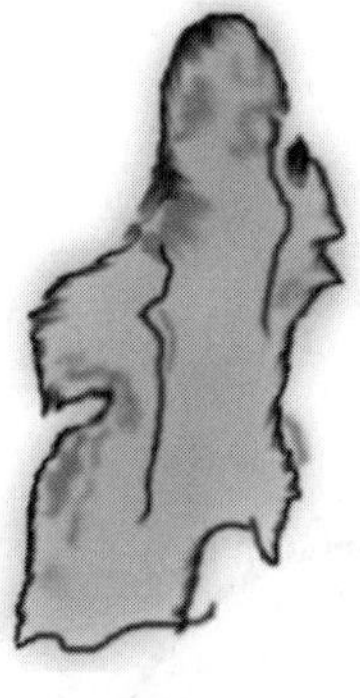

图 10-82　完成“山”的绘制

步骤 6　单击【图层】面板下方的【创建新组】按钮，创建一个“组 1”，将其重命名为“左上兰花”。在“左上兰花”组下面创建一个图层，将其命名为“叶子 1”。将前景色设置为黑色，选择【画笔工具】，对画笔参数进行如图 10-83 所示的设置，按住【Shift】键绘制一条直线，并对其进行自由变换，效果如图 10-84、图 10-85 所示。

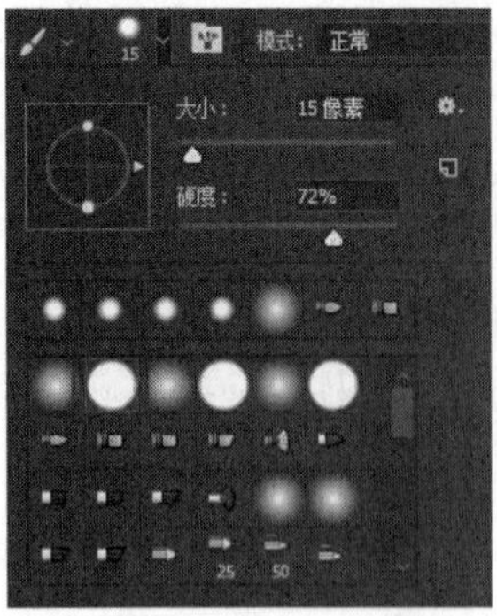

图 10-83　设置画笔参数

图 10-84　绘制一条直线

图 10-85　进行自由变换

步骤 7 执行【编辑】→【变换】→【变形】命令，进行如图 10-86 所示的变形，完成“叶子 1”绘制，效果如图 10-87 所示。

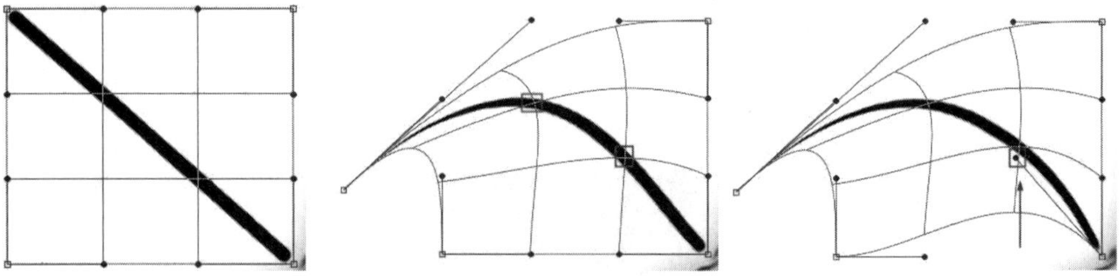

图 10-86　进行变形操作

步骤 8 在“左上兰花”组下面创建一个图层，将其命名为“叶子 2”。将前景色设置为深棕色(#504444)。用同样的方法绘制直线，对直线进行自由变换和变形操作，如图 10-88、图 10-89 所示，完成“叶子 2”绘制，效果如图 10-90 所示。

图 10-87　“叶子 1”效果

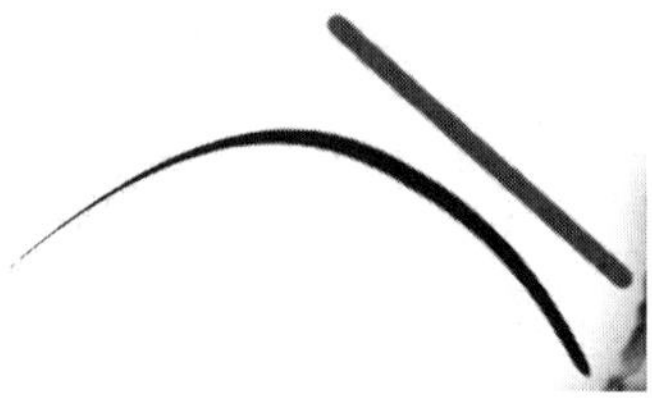

图 10-88　绘制直线并进行自由变换

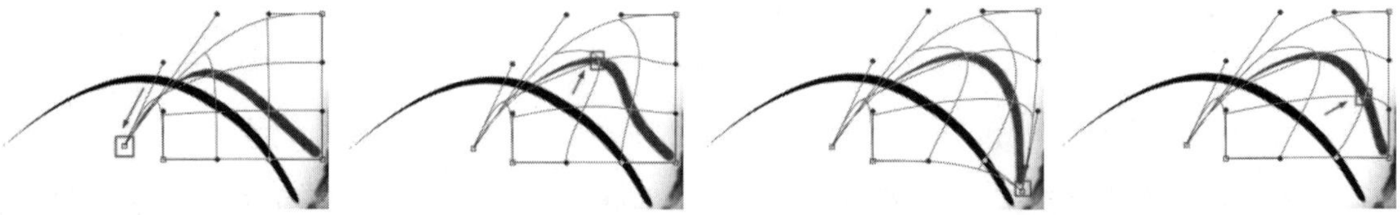

图 10-89　进行变形操作

步骤 9 在“左上兰花”组下面创建一个图层，将其命名为“叶子 3”。将前景色设置为黑色，用同样的方法绘制直线，对直线进行自由变换和变形操作，如图 10-91、图 10-92 所示，完成“叶子 3”绘制，效果如图 10-93 所示。

图 10-90　“叶子 2”效果

图 10-91　绘制直线并进行自由变换

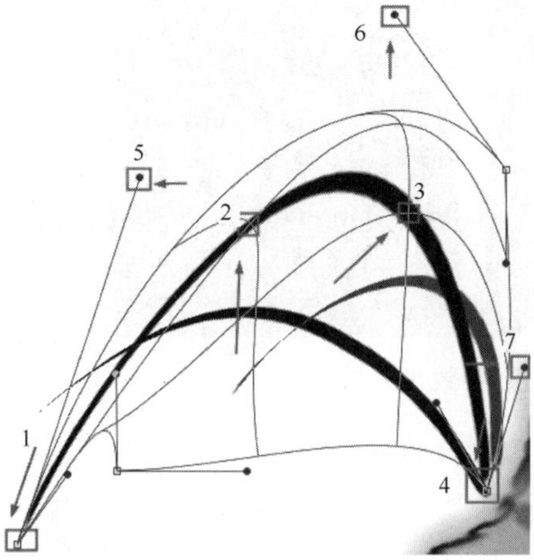

图 10-92　进行变形操作

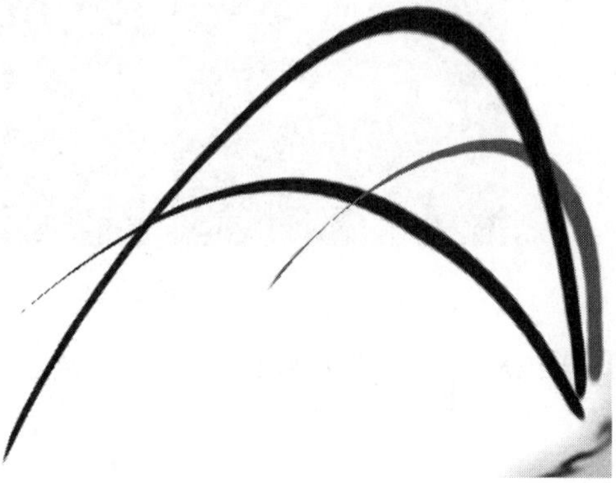

图 10-93　“叶子 3”效果

步骤 10　在“左上兰花”组下面创建一个图层，将其命名为“叶子 4”。设置前景色（#1a1b16），将画笔大小改为 10 像素。用同样的方法绘制直线，对直线进行自由变换和变形操作，如图 10-94、图 10-95 所示。到此，完成“左上兰花”叶子绘制，效果如图 10-96 所示。

步骤 11　在“左上兰花”组下面创建一个图层，将其命名为“兰花 1”。将设置前景色（#300611）和背景色（#c15d72）。

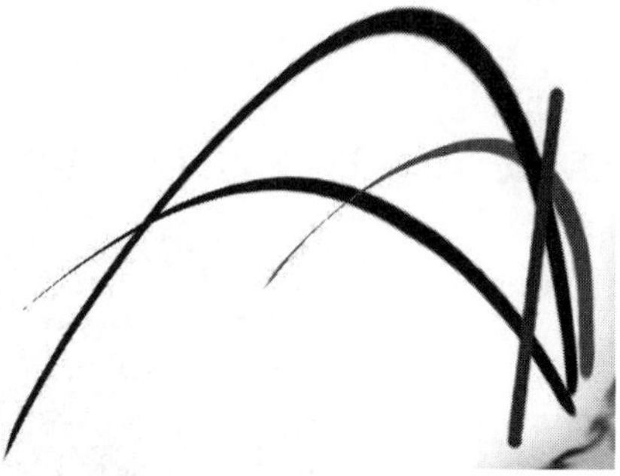

图 10-94　绘制直线并进行自由变换

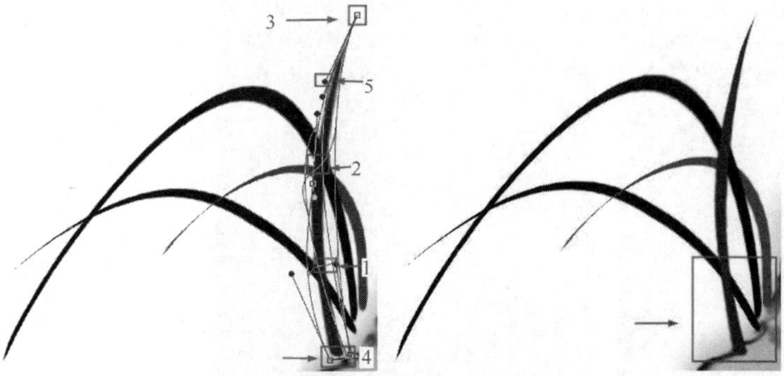

图 10-95　进行变形操作

图 10-96　“左上兰花”叶子效果

步骤 12 选择【画笔工具】，进行如图 10-97 所示的设置。

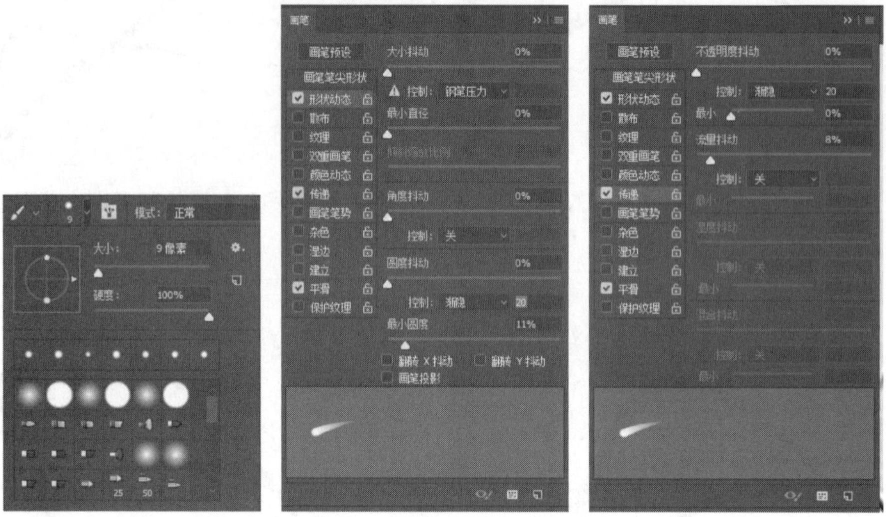

图 10-97 设置【画笔工具】参数 1

步骤 13 使用【画笔工具】绘制“兰花 1”，效果如图 10-98 所示。

图 10-98 “兰花 1”效果

步骤 14 选择【画笔工具】，进行如图 10-99 所示的设置。

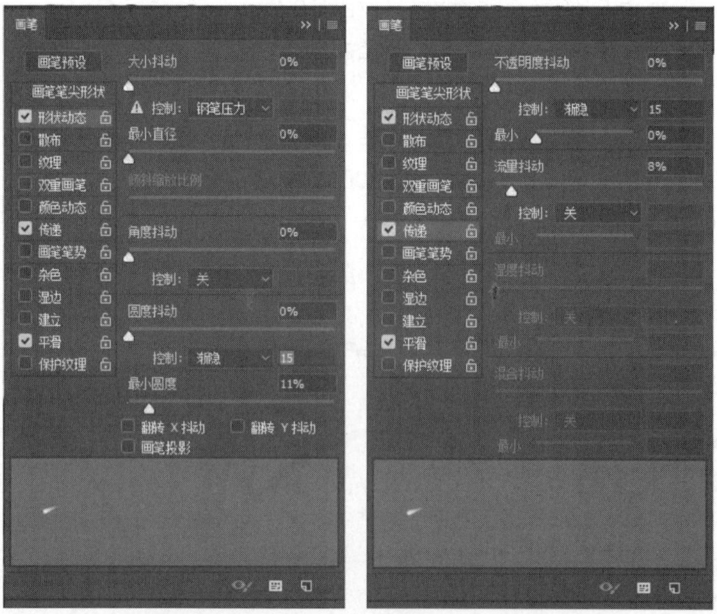

图 10-99 设置【画笔工具】参数 2

步骤 15 使用【画笔工具】绘制“兰花 2”，效果如图 10-100 所示。

图 10-100 “兰花 2”效果

步骤 16 使用同样的方法绘制“兰花 3” ~ “兰花 9”，效果如图 10-101 ~ 图 10-107 所示。

图 10-101 “兰花 3”效果

图 10-102 “兰花 4”效果

图 10-103 “兰花 5”效果

图 10-104 “兰花 6”效果

图 10-105 “兰花 7”效果

步骤 17 设置前景色（#a49d92），设置画笔大小为 10 像素，绘制阴影，效果如图 10-108 所示。

步骤 18 单击【图层】面板下方的【创建新组】按钮，将其重命名为“左下兰花”。在“左下兰花”组下面创建一个图层，将其命名为“叶子 1”。设置前景色（#a8a195），选择【画笔工具】，设置【画笔工具】参数，如图 10-109 所示。参照前面介绍的绘制叶子的方法，完成“左下兰花-叶子 1”绘制，效果如图 10-110 所示。

图 10-106 “兰花 8”效果

图 10-107 “兰花 9”效果

图 10-108 绘制阴影

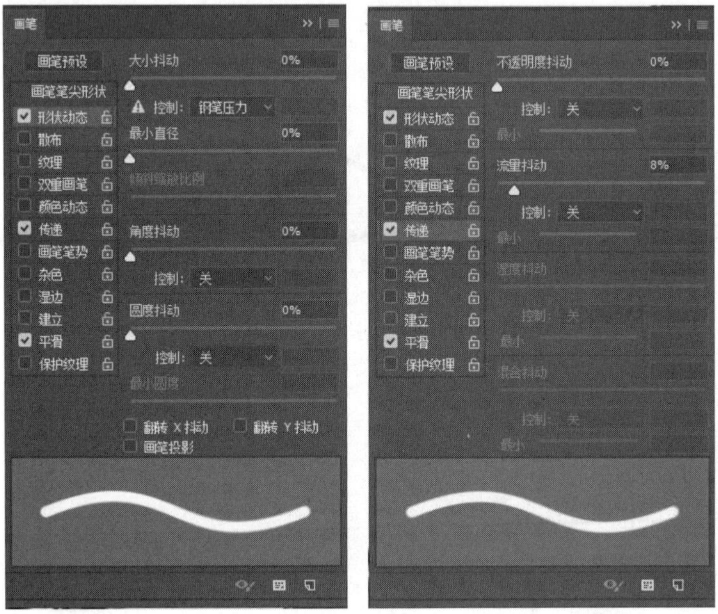

图 10-109 设置【画笔工具】参数

图 10-110 “左下兰花-叶子 1”效果

步骤 19 在“左下兰花”组下面创建一个图层，将其命名为“叶子 2”。设置前景色（#6d6f65），用同样的方法，完成“左下兰花-叶子 2”绘制，效果如图 10-111 所示。

步骤 20 在“左下兰花”组下面创建一个图层，将其命名为“叶子 3”。设置前景色（#717165），用同样的方法，完成“左下兰花-叶子 3”绘制，效果如图 10-112 所示。

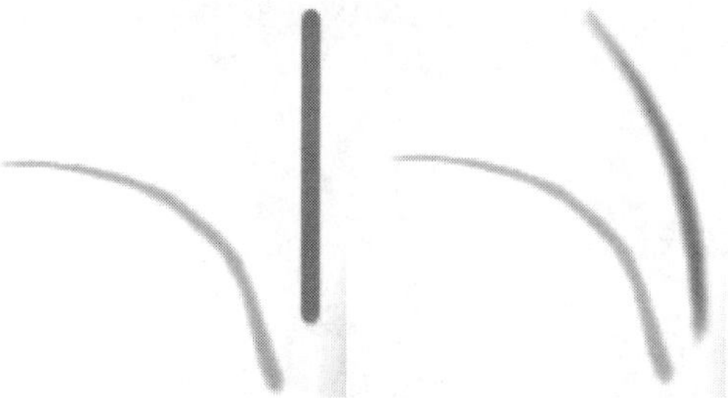

图 10-111　“左下兰花-叶子 2”效果

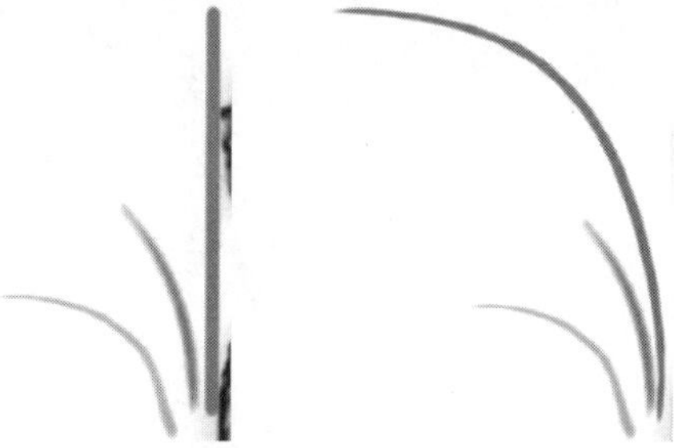

图 10-112　“左下兰花-叶子 3”效果

步骤 21　在“左下兰花”组下面创建一个图层，将其命名为“叶子 4”。设置前景色(#181412)，用同样的方法，完成“左下兰花-叶子 4”“左下兰花-叶子 5”绘制，效果如图 10-113、图 10-114 所示。

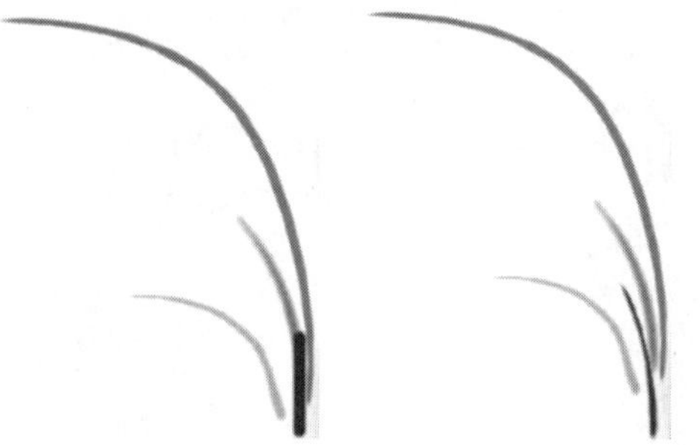

图 10-113　“左下兰花-叶子 4”效果

图 10-114　“左下兰花-叶子 5”效果

步骤 22　设置前景色(##a49d92)，将画笔大小设置为 10 像素，绘制小石头，效果如图 10-115 所示。

步骤 23　参照“左上兰花”的方法绘制“左下兰花”，“左下兰花-兰花 1”～“左下兰花-兰花 4”绘制效果如图 10-116～图 10-119 所示。

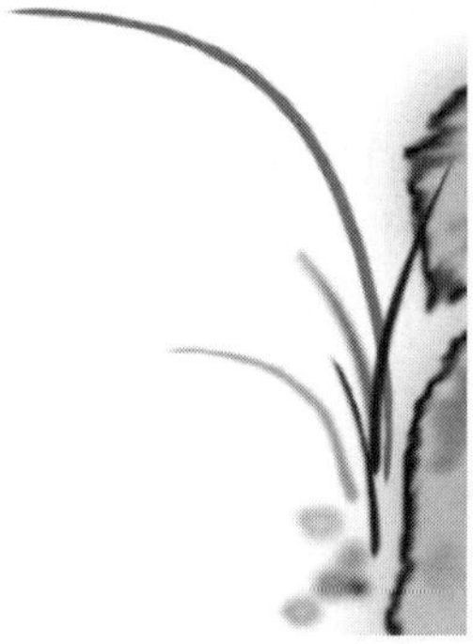

图 10-115　绘制小石头

图 10-116　“左下兰花-兰花 1”效果

图 10-117　“左下兰花-兰花 2”效果

步骤 24　单击【图层】面板下方的【创建新组】按钮，将其重命名为“右下兰花”。参照前面绘制叶子的方法，完成“右下兰花-叶子”绘制，效果如图 10-120 所示。参照前面绘制兰花的方法，完成“右下兰花-兰花”绘制，效果如图 10-121 所示。

图 10-118 “左下兰花-兰花 3”效果

图 10-119 “左下兰花-兰花 4”效果

图 10-120 “右下兰花-叶子”效果

到此，山和兰花绘制完成，效果如图 10-122 所示。

图 10-121 “右下兰花-兰花”效果

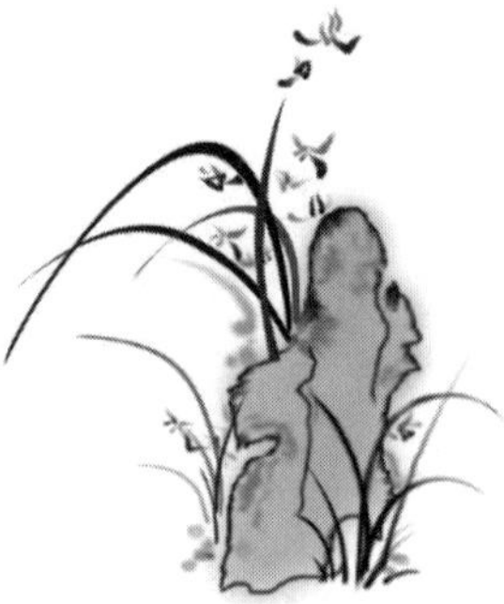

图 10-122 山和兰花绘制效果

步骤 25 设置前景色（#c0b9af），按下【Alt】+【Delete】键，填充山和兰花的背景，得到如图 10-123 所示的效果。

步骤 26 单击【图层】面板下方的【创建新组】按钮，将其重命名为“蝴蝶”。在“蝴蝶”组下面创建一个图层，将其命名为“蝴蝶 1”。设置前景色（#a3a3a1），作为蝴蝶轮廓的颜色。

步骤 27 选择【画笔工具】，将样式设置为【硬边圆】，大小设置为 3，进行蝴蝶形状绘制，如图 10-124 所示。接下来设置不同的颜色，使用【画笔工具】对蝴蝶进行进一步美化，如图 10-125 所示。完成“蝴蝶 1”绘制的效果如图 10-126 所示。

图 10-123 填充山和兰花的背景

图 10-124 蝴蝶形状绘制

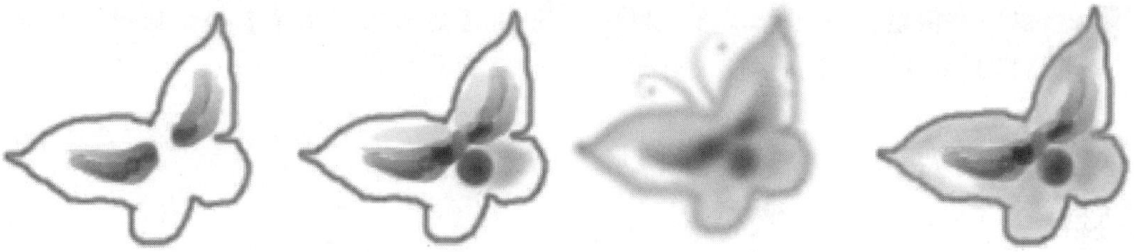

图 10-125　对蝴蝶进行进一步美化

步骤 28　使用同样的方法绘制“蝴蝶 2”，效果如图 10-127 所示。

图 10-126　完成“蝴蝶 1”效果

图 10-127　完成“蝴蝶 2”效果

步骤 29　创建一个图层，将其命名为“圆圈”。选择【椭圆工具】，按下【Alt】+【Shift】键绘制圆形。接下来执行【编辑】→【描边】命令，打开【描边】对话框，进行相关参数设置，如图 10-128 所示。设置完成后，单击【确定】按钮，得到如图 10-129 所示的效果。

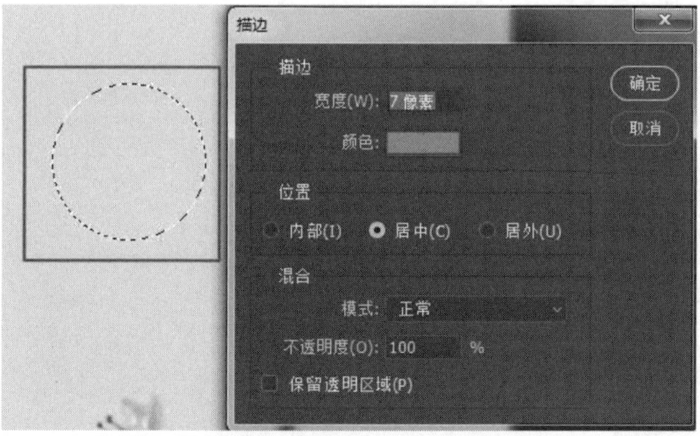

图 10-128　设置【描边】参数

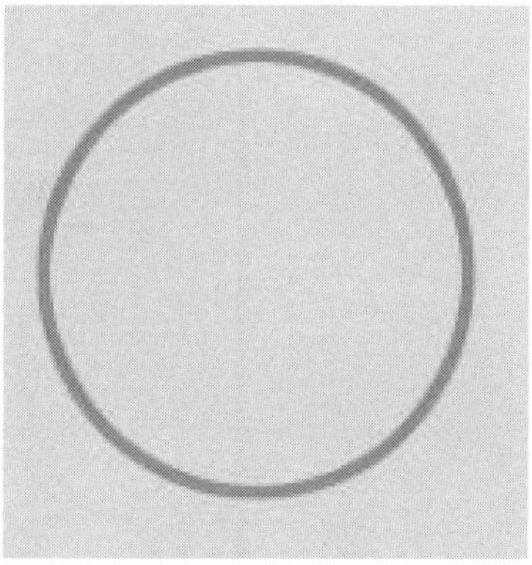

图 10-129　得到圆形

步骤 30　执行【文件】→【打开为智能对象】命令，将素材“蘭.jpg”打开，调整其大小和位置。使用【文字工具】，设置字体为隶书，输入相关文字，得到如图 10-130 所示的效果。

步骤 31 创建一个图层，将其命名为“相框”。使用【矩形选框工具】绘制矩形，然后执行【编辑】→【描边】命令，进行相关参数设置，得到如图 10-131 所示的效果。

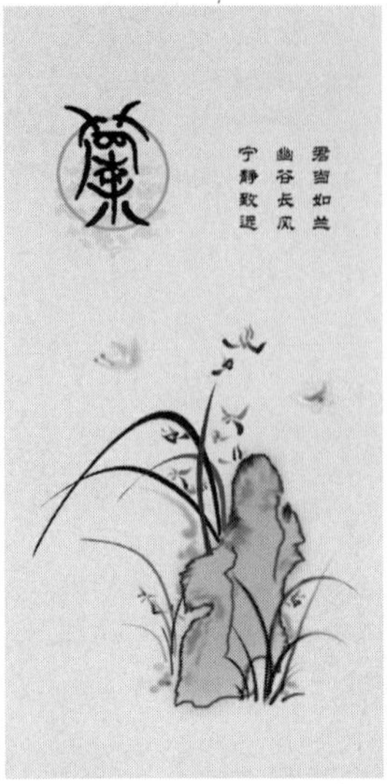

图 10-130 输入文字

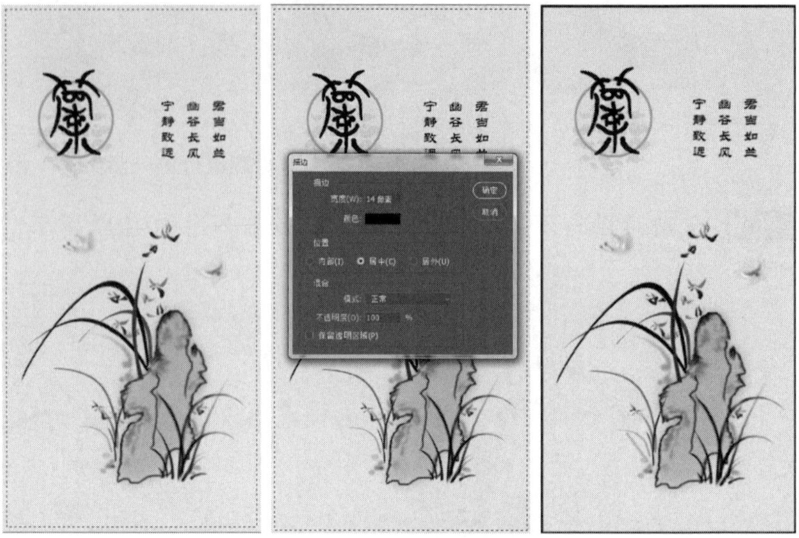

图 10-131 对矩形进行描边

步骤 32 再次执行【编辑】→【描边】命令，进行相关参数设置，得到如图 10-132 所示的效果。

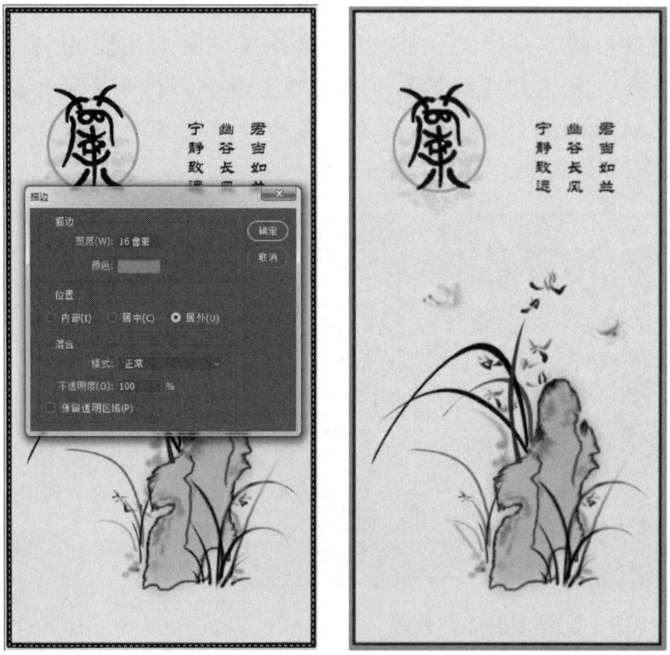

图 10-132 再次对矩形进行描边

步骤 33 为了美化相框，选中“相框”图层，单击鼠标右键，执行【图层样式】命令，打开【图层样式】对话框，进行斜面和浮雕、内发光的参数设置，如图 10-133 所示。

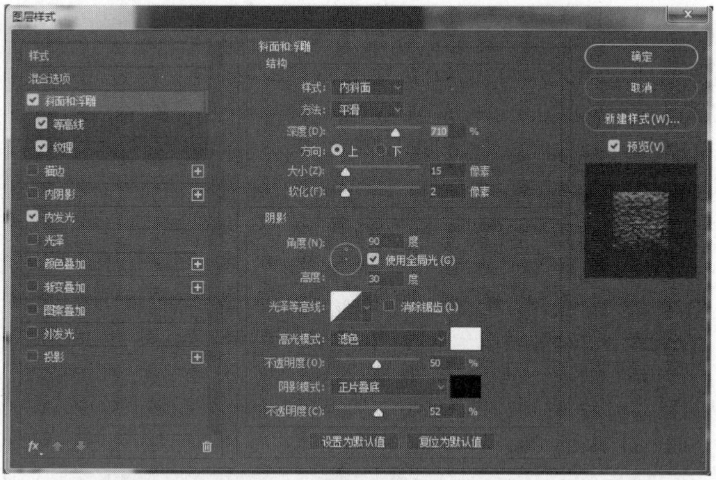

(a) 斜面和浮雕

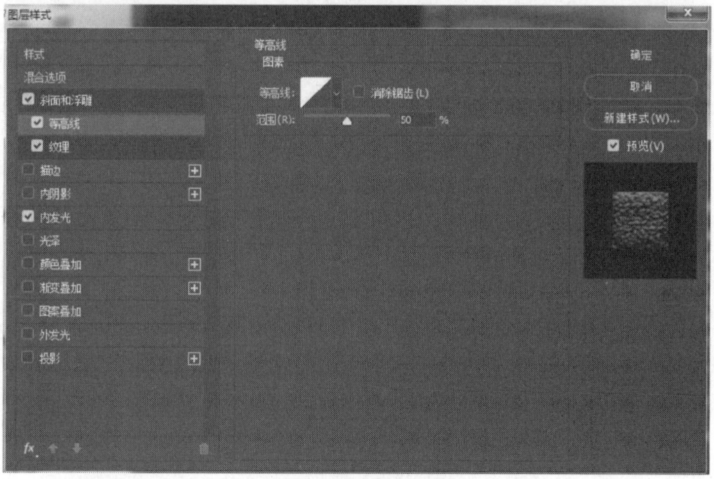

(b) 斜面和浮雕-等高线

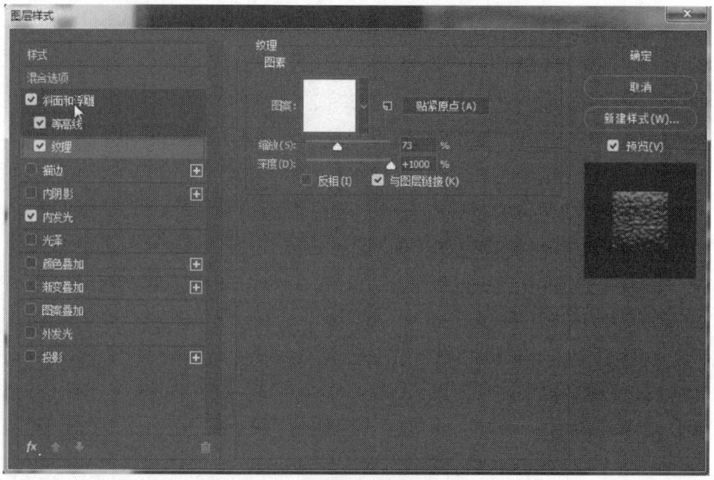

(c) 斜面和浮雕-纹理

图 10-133 设置【图层样式】参数

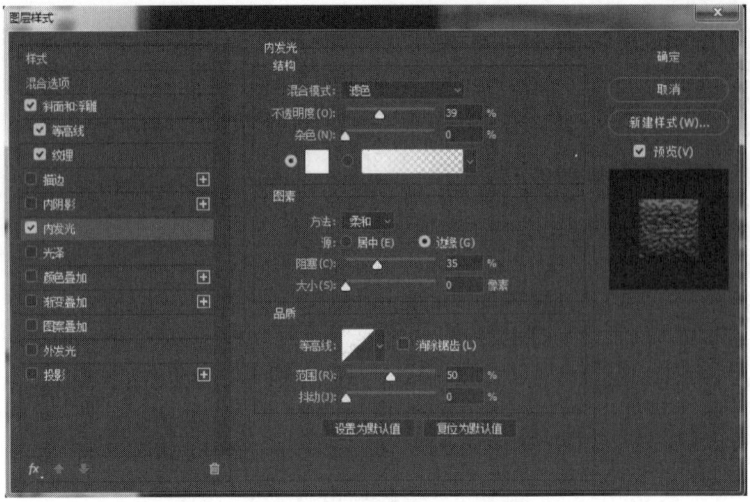

(d) 内发光

图 10-133　设置【图层样式】参数（续）

到此，得到本任务完成的效果图。

课后习题

1. 制作某校迎接新生晚会的背景图片、节目单、邀请函。
2. 制作某大型会议邀请函、指路标志、会议背景、X 展架、旗帜等。
3. 制作某网店的首页，重点制作网店 Logo、广告区、新品区、特卖区。